W0258003

Ausgewählte funktionelle Gruppen

Verbindungs-klasse	Funktionelle Gruppe	Beispiel, übl. Name	Lösl. in H_2O Dichte g/cm^3	typische Reaktionen
Alkan	–	$CH_3CH_2CH_2CH_2CH_3$ n-Pentan	unlöslich 0,63	Oxidation Substitution
Alken	$>C = C<$	$CH_3CH_2CH_2CH = CH_2$ 1-Penten	unlöslich 0,64	Addition Reduktion Oxidation
Alkin	$-C \equiv C-$	$CH_3CH_2CH_2C \equiv CH$ 1-Pentin	unlöslich 0,69	Addition Reduktion
Aromat	(Benzolring)	Benzol	wenig löslich 0,88	Substitution
Halogen-alkan	$-\overset{\mid}{\underset{\mid}{C}} - X$ (X = F, Cl, Br, I)	CH_3CH_2Br Bromethan (Ethylbromid)	wenig löslich 1,46	Substitution Eliminierung
Alkohol	$-\overset{\mid}{\underset{\mid}{C}} - OH$	CH_3CH_2OH Ethanol	unbegrenzt löslich 0,78	Oxidation Substitution Eliminierung Säure-Base
Ether	$-\overset{\mid}{\underset{\mid}{C}} - O - \overset{\mid}{\underset{\mid}{C}} -$	$CH_3CH_2OCH_2CH_3$ Diethylether (Ether)	wenig löslich 0,71	Substitution
Amin	$-\overset{\mid}{\underset{\mid}{C}} - \overset{\mid}{N} -$	$CH_3CH_2CH_2CH_2NH_2$ n-Butylamin	unbegrenzt löslich 0,76	Substitution Säure-Base
Aldehyd	$-\overset{O}{\overset{\parallel}{C}} - H$	$CH_3CH = O$ Acetaldehyd Ethanol	unbegrenzt löslich 0,78	Oxidation Reduktion Addition Substitution
Keton	$-\overset{\mid}{\underset{\mid}{C}} - \overset{O}{\overset{\parallel}{C}} - \overset{\mid}{\underset{\mid}{C}} -$	CH_3CCH_3 $\overset{\parallel}{O}$ Aceton	unbegrenzt löslich 0,79	Reduktion Addition Substitution
Carbonsäure	$-\overset{O}{\overset{\parallel}{C}} - OH$	CH_3COOH Essigsäure Ethansäure	unbegrenzt löslich 1,05	Säure-Base Substitution
Carbon-säure-chlorid	$-\overset{O}{\overset{\parallel}{C}} - Cl$	CH_3COCl Acetylchlorid	Hydrolyse 1,10	Substitution Reduktion
Carbonsäure-ester	$-\overset{O}{\overset{\parallel}{C}} - O - \overset{\mid}{\underset{\mid}{C}} -$	$CH_3COOCH_2CH_3$ Essigsäureethylester Ethansäureethylester	wenig löslich 0,90	Substitution Reduktion
Carbonsäure-amid	$-\overset{O}{\overset{\parallel}{C}} - \overset{\mid}{N} -$	CH_3CONH_2 Acetamid	löslich 0,99	Substitution Reduktion
Nitril	$-C \equiv N$	CH_3CN Acetonitril	unbegrenzt löslich 0,78	Addition Reduktion

H.P. Latscha   H.A. Klein   K. Gulbins

Chemie
für Laboranten und
Chemotechniker

Organische Chemie

Zweite, überarbeitete Auflage
mit 58 Abbildungen
46 Tabellen und 630 Formeln

Springer-Verlag

Berlin Heidelberg New York
London Paris Tokyo
Hong Kong Barcelona
Budapest

Professor Dr. Hans Peter Latscha
Anorganisch-Chemisches Institut
der Universität Heidelberg
Im Neuenheimer Feld 270
6900 Heidelberg 1

Dr. Helmut Alfons Klein
Bundesministerium für Arbeit und Sozialordnung
U-Abt. Arbeitsschutz/Arbeitsmedizin
Rochusstr. 1, 5300 Bonn 1

Dr. Klaus Gulbins
BASF Aktiengesellschaft
DPB/Naturwissenschaftliche Berufsbildung
6700 Ludwigshafen

ISBN 978-3-540-54114-1   ISBN 978-3-642-85881-9 (eBook)
DOI 10.1007/978-3-642-85881-9

Die Deutsche Bibliothek – CIP-Einheitsaufnahme
Latscha, Hans P.: Chemie für Laboranten und Chemotechniker / H. P. Latscha ; H. A.
Klein ; K. Gulbins. – Berlin ; Heidelberg ; New York ; London ; Paris ; Tokyo ; Hong
Kong ; Barcelona ; Budapest : Springer.
NE: Klein, Helmut A.:; Gulbins, Klaus:
Organische Chemie : mit 46 Tabellen und 630 Formeln. – 2., überarbeitete Aufl. – 1992.
ISBN 978-3-540-54114-1

Vorwort zur zweiten Auflage

Die Ausbildung zum Chemielaboranten ist seit der ersten Auflage neu geordnet worden. Es hat sich bestätigt, daß jetzt dabei die *„Organische Chemie"* stärker berücksichtigt wird.
Diese vorauszusehende Entwicklung haben die Autoren bereits bei der Grundkonzeption der „Chemie für Laboranten und Chemotechniker" beachtet. Die 2. Auflage entspricht daher noch mehr der jetzt geltenden Ausbildungsordnung.
Herrn Dr. K. Knapp, Berufsbildende Schule Naturwissenschaften Ludwigshafen/Rhein, danken wir für die kritische Durchsicht und wertvolle Anregungen zu dieser zweiten Auflage.

Heidelberg, Bonn, Ludwigshafen   H. P. Latscha
im Oktober 1992   H. A. Klein
                 K. Gulbins

Vorwort zur ersten Auflage

Die „Verordnung zur Berufsausbildung von Chemielaboranten" bildet
zur Zeit den Rahmen für die Ausbildung der Chemielaboranten.
Sie beschreibt die zu vermittelnden Fertigkeiten und theoretischen
Kenntnisse der zukünftigen Chemielaboranten.
Diese Verordnung stammt vom 28. 6. 1974.
Inzwischen wird eine Neuordnung des Chemielaborantenberufes vor-
bereitet.
Es ist zu erwarten, daß die Entwicklung der letzten Jahre berücksichtigt und die Organische Chemie stärker betont wird. Daher wird auch
die Vermittlung von Kenntnissen aus den Gebieten der makromolekularen Chemie und der Naturstoffchemie an Bedeutung gewinnen.
Das vorliegende Buch versucht, diesen Anforderungen Rechnung zu
tragen.
Der Band Organische Chemie, „Chemie für Laboranten und Chemotechniker", ist in sich abgeschlossen. Gleichzeitig ist er als Teil eines
alle Zweige des chemischen Grundwissens für Chemielaboranten
umfassenden Gesamtwerkes konzipiert.
„Chemie für Laboranten und Chemotechniker" soll in erster Linie dem
Chemielaboranten in Ausbildung helfen, sowohl den Anforderungen
des Ausbildungsbetriebes wie auch der Berufsbildenden Schule gerecht
zu werden.
Darüber hinaus soll es auch als Nachschlagewerk für den ausgebildeten
Chemielaboranten dienen.
Schließlich kann es auch als Grundlage bei der Aus- und Fortbildung
zum Chemotechniker benutzt werden.

Heidelberg, im Juni 1985   H. P. Latscha
               H. A. Klein
               K. Gulbins

Inhaltsverzeichnis

Verbindungen mit ungesättigten funktionellen Gruppen

Teil II Chemie und Biochemie von Naturstoffen

Teil III Angewandte Chemie

Teil IV Trennmethoden und Spektroskopie

Teil I
Grundlagen der organischen Chemie

1 Chemische Bindung in organischen Molekülen

1.1 Einleitung

Die Chemie befaßt sich mit der Zusammensetzung, Charakterisierung und Umwandlung von Materie. Die <u>Organische Chemie</u> ist der Teilbereich, der sich mit der Chemie der Kohlenstoff-Verbindungen beschäftigt. Der Begriff "organisch" hatte im Lauf der Zeit unterschiedliche Bedeutung. Im 16. und 17. Jhdt. unterschied man mineralische, pflanzliche und tierische Stoffe. In der zweiten Hälfte des 18. Jhdt. wurde es üblich, die mineralischen Stoffe als "unorganisierte Körper" von den "organisierten Körpern" pflanzlichen und tierischen Ursprungs abzugrenzen. Berzelius führte um 1810 den Begriff "<u>organisch</u>" ein, wobei er es für unmöglich hielt, solche Stoffe künstlich herzustellen. Vielmehr nahm er an, daß nur eine im lebendigen Wesen existierende "Lebenskraft" in der Lage sei, solche Verbindungen herzustellen.

Aber schon 1828 stellte der deutsche Chemiker Wöhler Harnstoff künstlich her, eine Verbindung, die man bisher als typisch organischen Stoff aufgefaßt hatte. Wöhler selbst war sich bewußt, daß er damit die Annahme der "Lebenskraft" für überflüssig gemacht hatte; an Berzelius schrieb er: "Ich muß Ihnen sagen, daß ich Harnstoff machen kann, ohne dazu Nieren oder überhaupt ein Tier, sei es Mensch oder Hund, nötig zu haben."

Heute benutzt man die Bezeichnung "Organische Chemie" für die Chemie der Kohlenstoff-Verbindungen. Die organischen Verbindungen sind im Gegensatz zu den anorganischen Verbindungen überwiegend aus <u>neutralen Molekülen</u> aufgebaut, in denen die Atome durch sogenannte Atombindungen zusammengehalten werden.

Die <u>anorganischen Stoffe</u> bilden dagegen häufig Ionengitter mit hoher Gitterenergie.

Die Zusammenfassung der Kohlenstoffverbindungen zu einer eigenen Gruppe
wird auch dadurch gerechtfertigt, daß vom Kohlenstoff mehr Verbindungen
bekannt sind, als von allen anderen Elementen zusammen. Diese Sonderstellung wiederum hängt mit der Möglichkeit des Kohlenstoffs zusammen,
4 Atombindungen einzugehen, wobei in einem Molekül der Kohlenstoff
sich nahezu unbegrenzt zu Ketten, Ringen, Netzen und dreidimensionalen
Gerüsten verbinden kann. Daneben sind Doppel- und Dreifachbindungen
möglich. Es gibt z. Zt. etwa 7,2 Millionen organische Verbindungen
und etwa 800 000 anorganische Verbindungen. Die Sonderstellung des
Kohlenstoffs hängt in hohem Maße mit den speziellen Verhältnissen
der chemischen Bindung zusammen, die beim Kohlenstoffatom möglich
sind, weswegen wir uns zunächst der chemischen Bindung zuwenden
wollen.

1.2 Grundlagen der chemischen Bindung

In Molekülen sind die Atome durch Bindungselektronen verknüpft. Zur
Beschreibung der Elektronenzustände der Atome, insbesondere ihrer
Energie- und Ladungsdichteverteilung, gibt es Modellvorstellungen.
Die nachfolgend skizzierte wellenmechanische Atomtheorie liefert eine
Grundlage zur Erklärung der Kräfte, die den Zusammenhalt der Atome im
Molekül bewirken.

1.2.1 Wellenmechanisches Atommodell des Wasserstoff-Atoms; Atomorbitale

Das wellenmechanische Modell geht von der Beobachtung aus, daß sich
Elektronen je nach der Versuchsanordnung wie Teilchen mit Masse,
Energie und Impuls oder aber wie Wellen verhalten. Ferner beachtet es
die Heisenbergsche Unschärfebeziehung, wonach es im atomaren Bereich
unmöglich ist, von einem Teilchen gleichzeitig Ort und Impuls mit be-
liebiger Genauigkeit zu bestimmen.

Das Elektron des Wasserstoffatoms wird als eine kugelförmige, stehende
(in sich selbst zurücklaufende) Welle im Raum um den Atomkern aufgefaßt. Die maximale Abmplitude einer solchen Welle ist eine Funktion
der Ortskoordinaten x, y und z, also ψ (x, y, z). ψ selbst hat keine
anschauliche Bedeutung. Nach E. Schrödinger läßt sich das Elektron als
eine Ladungswolke mit der Dichte ψ^2 auffassen (Elektronendichteverteilung).

Schrödinger verknüpfte 1926 Energie und Welleneigenschaften eines Systems wie des Elektrons im Wasserstoffatom durch eine Differentialgleichung zweiter Ordnung.

Wellenfunktionen ψ (s. oben), die Lösungen der Schrödinger-Gleichung sind, heißen <u>Eigenfunktionen</u>. Die Energiewerte E, die zu diesen Funktionen gehören, nennt man <u>Eigenwerte</u>. Diese Eigenfunktionen (Einteilchen-Wellenfunktionen) nennt man auch <u>Atomorbitale</u> (AO) (Mulliken, 1931). Das Wort Orbital ist ein Kunstwort (englisch: orbit = Planetenbahn, Bereich). Die Energie eines Elektrons in einem Atom kann nur ganz bestimmte Werte annehmen; sie ist gequantelt. Um die Energiezustände eines Elektrons zu beschreiben, benötigt man 3 Kennzahlen, sogenannte Quantenzahlen. Die <u>Hauptquantenzahl n</u> macht eine Aussage über den mittleren Abstand Kern - Elektron. Die Energie des Elektrons wird also in hohem Maße von n bestimmt. Die räumliche Orientierung des Elektrons um den Kern beschreibt die <u>Nebenquantenzahl l</u>. Die <u>magnetische Quantenzahl m</u> schließlich beschreibt die Orientierung der Elektronenbahn im Raum relativ zu einem äußeren elektrischen oder magnetischen Feld.

Im einzelnen können die Quantenzahlen n, l und m folgende Werte annehmen:

$$n = 1,2,3,\ldots \quad \text{(ganze Zahlen)}$$
$$l = 0,1,2,\ldots \text{ bis } n - 1$$
$$m = +l, +(l-1) \ldots 0 \ldots -(l-1), -l$$
$$m \text{ kann maximal } 2\,l+1 \text{ Werte annehmen.}$$

Bei den Nebenquantenzahlen l ordnet man den Zahlenwerten aus historischen Gründen Buchstaben in folgender Weise zu:

$$l = 0, \quad 1, \quad 2, \quad 3, \ldots$$
$$\quad s, \quad p, \quad d, \quad f, \ldots$$

Man sagt, ein Elektron besetzt ein Atomorbital, und meint damit, daß es durch eine Wellenfunktion beschrieben werden kann, die eine Lösung der Schrödinger-Gleichung ist. Speziell spricht man von einem s-Orbital bzw. p-Orbital und versteht darunter ein Atomorbital, für das die Nebenquantenzahl l den Wert 0 bzw. 1 hat.

Zustände gleicher Hauptquantenzahl bilden eine sog. *Schale*. Innerhalb einer Schale bilden die Zustände gleicher Nebenquantenzahl ein sog. *Niveau* (Unterschale): z.B. s-Niveau, d-Niveau, f-Niveau. Den Schalen mit den Hauptquantenzahlen n = 1,2,3,... werden die Buchsta-

ben K, L, M usw. zugeordnet. Elektronenzustände, welche die gleiche
Energie haben, nennt man _entartet_. Im freien Atom besteht das p-Niveau aus drei, das d-Niveau aus fünf und das f-Niveau aus sieben ent-
arteten AO.

Elektronenspin

Die Quantenzahlen n, l und m genügen nicht zur vollständigen Erklärung
der Atomspektren, denn sie beschreiben gerade die Hälfte der erforderlichen Elektronenzustände. Dies veranlaßte 1925 Uhlenbeck und Goudsmit
zu der Annahme, daß jedes Elektron neben seinem räumlich gequantelten
Bahndrehimpuls einen Eigendrehimpuls hat. Dieser kommt durch eine
Drehung des Elektrons um seine eigene Achse zustande und wird _Elektro-
nenspin_ genannt. Der Spin ist ebenfalls gequantelt. Je nachdem, ob
die Spinstellung parallel oder antiparallel zum Bahndrehimpuls ist,
nimmt die _Spinquantenzahl_ s die Werte +1/2 oder -1/2 an. Die Spin-
richtung wird durch einen Pfeil angedeutet: ↑ bzw. ↓.

Graphische Darstellung der Atomorbitale

Der Übersichtlichkeit wegen zerlegt man oft die Wellenfunktion in
ihren sog. Radialteil, der nur vom Radius r abhängt und in die sog.
Winkelfunktion. Beide Komponenten werden meist getrennt betrachtet.
Die Winkelfunktionen sind von der Hauptquantenzahl n unabhängig. Sie
sehen daher für alle Hauptquantenzahlen gleich aus.

Zur bildlichen Darstellung der Winkelfunktion benutzt man häufig sog.
Polardiagramme. Diese Polardiagramme haben für unterschiedliche Kombinationen von l und m verschiedene Formen oder Orientierungen.

Für _s-Orbitale_ ist l = 0. Daraus folgt: m kann 2 · 0 + 1 = 1 Wert annehmen, d.h. m kann nur Null sein. Das Polardiagramm für s-Orbitale
ist daher kugelsymmetrisch.

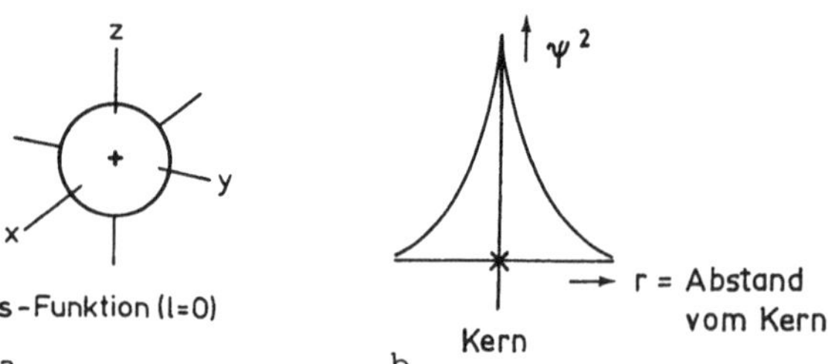

Abb. 1. a) Graphische Darstellung der Winkelfunktion $Y_{0,0}$.
b) Elektronendichteverteilung im 1s-AO

Für *p-Orbitale* ist l = 1. m kann demnach die Werte -1,0,+1 annehmen.
Diesen Werten entsprechen <u>drei</u> Orientierungen der p-Orbitale im Raum.
Die Richtungen sind identisch mit den Achsen des kartesischen Koordi-
natenkreuzes. Deshalb unterscheidet man meist zwischen p_x-, p_y- und
p_z-Orbitalen. Die Polardiagramme dieser Orbitale ergeben <u>hantelförmige
Gebilde</u>. Beide Hälften einer solchen Hantel sind durch eine sog.
Knotenebene getrennt. In dieser Ebene ist die Aufenthaltswahrschein-
lichkeit eines Elektrons Null.

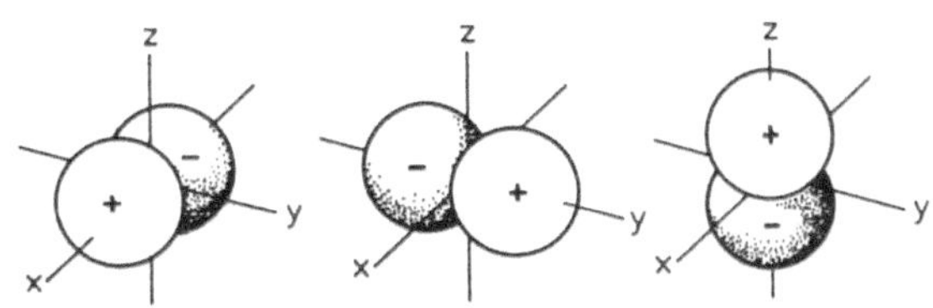

Abb. 2. Graphische Darstellung der Winkelfunktion $Y_{1,m}$

Die Vorzeichen in den Abb. 1 und 2 ergeben sich aus der mathematischen
Beschreibung der Elektronen durch Wellenfunktionen. Bei der Kombina-
tion von Orbitalen bei der Bindungsbildung und der Konstruktion von
Hybrid-Orbitalen werden die Vorzeichen berücksichtigt.

1.2.2 Mehrelektronen-Atome

Die Schrödinger-Gleichung läßt sich für Atome mit mehr als einem Elektron nicht exakt lösen. Man kann aber die Elektronenzustände in einem
Mehrelektronen-Atom durch Wasserstoff-Orbitale wiedergeben, wenn man
die Abhängigkeit der Orbitale von der Hauptquantenzahl berücksichtigt.
Die Anzahl der Orbitale und ihre Winkelfunktionen sind die gleichen
wie im Wasserstoff-Atom.

Jedes Elektron eines Mehrelektronen-Atoms wird wie das Elektron des
Wasserstoff-Atoms durch die vier Quantenzahlen n, l, m und s beschrieben.

Nach einem von Pauli ausgesprochenen Prinzip *(Pauli-Prinzip, Pauli-
Verbot)* stimmen zwei Elektronen <u>nie</u> in allen vier Quantenzahlen über-
ein.

Haben zwei Elektronen z.B. gleiche Quantenzahlen n, l, m, müssen sie
sich in der <u>Spinquantenzahl s</u> unterscheiden. Hieraus folgt:

Ein Atomorbital kann höchstens mit zwei Elektronen, und zwar mit anti-
parallelem Spin, besetzt werden.

Besitzt ein Atom energetisch gleichwertige (entartete) Elektronenzustände, z.B. für l = 1 entartete p-Orbitale, und werden mehrere Elektronen eingebaut, so erfolgt der Einbau derart, daß die Elektronen
die Orbitale zuerst mit parallelem Spin besetzen *(Hundsche Regel)*.
Anschließend folgt eine paarweise Besetzung mit antiparallelem Spin,
falls genügend Elektronen vorhanden sind.

Beispiel: Es sollen drei und vier Elektronen in ein p-Niveau eingebaut
werden:

Niveaus unterschiedlicher Energie werden in der Reihenfolge zunehmender Energie mit Elektronen besetzt.

Die Elektronenzahl in einem Niveau wird als Index rechts oben an das
Orbitalsymbol geschrieben. Die Kennzeichnung der Schale, zu welcher
das Niveau gehört, erfolgt, indem man die zugehörige Hauptquantenzahl
vor das Orbitalsymbol schreibt. Beispiel: $1\,s^2$ (sprich: eins s zwei)
bedeutet: In der K-Schale ist das s-Niveau mit zwei Elektronen besetzt.

Die Elektronenanordnung in einem Atom nennt man auch seine *Elektronen-*
konfiguration. Jedes Element hat seine charakteristische Elektronenkonfiguration.

1.3 Die Atombindung (kovalente oder homöopolare Bindung)

Die kovalente Bindung (Atom-, Elektronenpaarbindung) bildet sich zwischen Elementen ähnlicher Elektronegativität aus: "Ideale" kovalente
Bindungen findet man nur zwischen Elementen gleicher Elektronegativität und bei Kombination der Elemente selbst (z.B. H_2, Cl_2, N_2). Im
Gegensatz zur elektrostatischen Bindung ist sie gerichtet, d.h. sie
verbindet ganz bestimmte Atome miteinander. Zwischen den Bindungs-
partnern befindet sich ein Ort erhöhter Elektronendichte. Zur Beschreibung dieser Bindungsart benutzt der Chemiker im wesentlichen
zwei Theorien. Diese sind als *Molekülorbitaltheorie (MO-Theorie)* und

Valenzbindungstheorie (VB-Theorie) bekannt. Beide Theorien sind Näherungsverfahren zur Lösung der Schrödinger-Gleichung für Moleküle.

1.3.1 MO-Theorie der kovalenten Bindung

In der MO-Theorie beschreibt man die Zustände von Elektronen in einem Molekül ähnlich wie die Elektronenzustände in einem Atom durch Wellenfunktionen. Die Wellenfunktion, welche eine Lösung der Schrödinger-Gleichung ist, heißt Molekülorbital (MO). Eine derartige Wellenfunktion ist durch Quantenzahlen charakterisiert, die ihre Form und Energie bestimmen.

Im Gegensatz zu den Atomorbitalen sind die MO mehrzentrig, z.B. zweizentrig für ein Molekül A-A (z.B. H_2). Eine exakte Formulierung der Wellenfunktion ist in fast allen Fällen unmöglich.

Durch die Linearkombination zweier Atomorbitale (AO) erhält man zwei Molekülorbitale, nämlich MO(I) durch Addition der AO und MO(II) durch Substraktion der AO. MO(I) hat eine kleinere potentielle Energie als die isolierten AO. Die Energie von MO(II) ist um den gleichen Betrag höher als die der isolierten AO. MO(I) nennt man ein bindendes Molekülorbital und MO(II) ein antibindendes oder lockerndes. (Das antibindende MO wird oft mit * markiert.) Abb. 3 zeigt das Energieniveauschema des H_2-Moleküls.

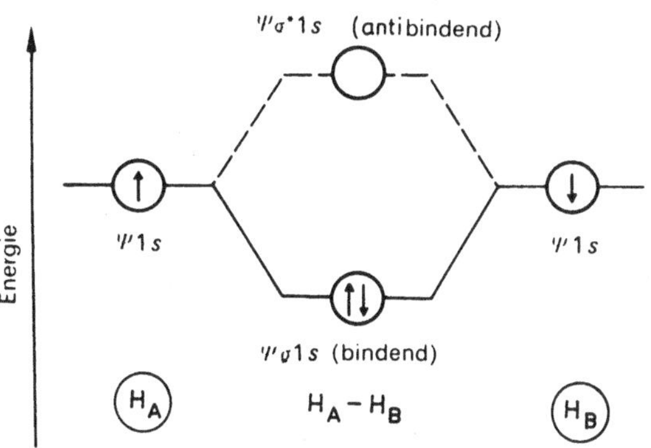

Abb. 3. Bildung des bindenden und des antibindenden MO aus zwei AO beim H_2-Molekül

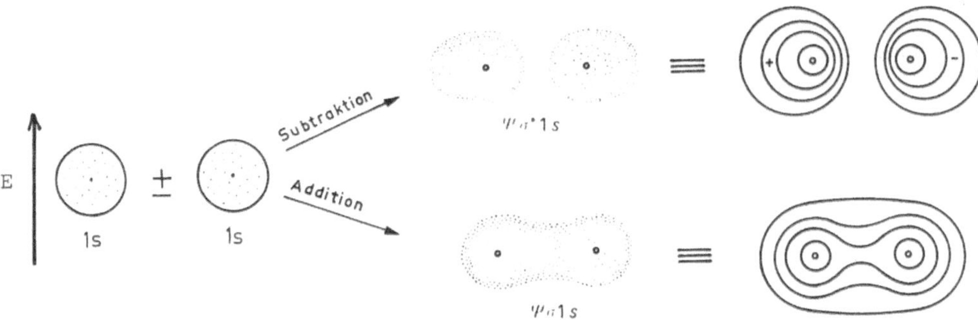

Abb. 4. Graphische Darstellung der Bildung von ψ1s-MO

Der Einbau der Elektronen in die MO erfolgt unter Beachtung von Hundscher Regel und Pauli-Prinzip in der Reihenfolge zunehmender potentieller Energie. Ein MO kann von maximal zwei Elektronen mit antiparallelem Spin besetzt werden.

In Molekülen mit ungleichen Atomen wie CO können auch sog. nichtbindende Zustände auftreten.

In der MO-Theorie befinden sich die Valenzelektronen der Atome nicht in der Nähe bestimmter Kerne, sondern in Molekülorbitalen, die sich über das Molekül erstrecken.

Tabelle 1. Bindungseigenschaften einiger zweiatomiger Moleküle

Molekül	Valenzelektronen	Bindungsenergie kJ/mol	Kernabstand pm
$H_2^{\oplus}$	1	269	106
H_2	2	435	74
$He_2^{\oplus}$	3	$\sim$300	108
"He_2"	4	O	–

Die Konstruktion der MO von mehratomigen Molekülen geschieht prinzipiell auf dem gleichen Weg. Jedoch werden die Verhältnisse mit zunehmender Zahl der Bindungspartner immer komplizierter.

1.3.2 VB-Theorie der kovalenten Bindung

Erläuterung der Theorie an Hand von Beispielen

1.3.2.1 Moleküle mit Einfachbindungen

① *Beispiel:* Das Wasserstoff-Molekül H_2

Dieses Molekül besteht aus zwei Protonen und zwei Elektronen. Isolierte H-Atome besitzen je ein Elektron in einem 1s-Orbital. Eine
Bindung zwischen den H-Atomen kommt nun dadurch zustande, daß sich
ihre Ladungswolken durchdringen, d.h. daß sich ihre 1s-Orbitale "überlappen" (Abb. 5). Der Grad der Überlappung ist ein Maß für die Stärke
der Bindung. In der Überlappungszone ist eine endliche Aufenthaltswahrscheinlichkeit für die beiden Elektronen vorhanden.

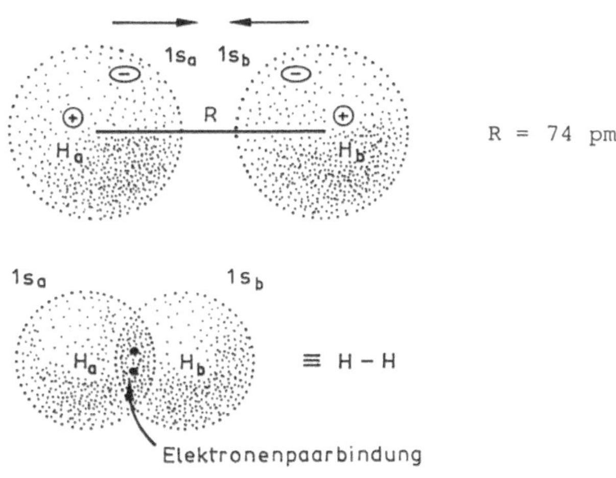

Abb. 5. VB-Modell für das H_2-Molekül

Die reine kovalente Bindung ist meist eine *Elektronenpaarbindung*.
Die beiden Elektronen der Bindung stammen von beiden Bindungspart-
nern. Es ist üblich, ein Elektronenpaar, das die Bindung zwischen
zwei Atomen herstellt, durch einen Strich <u>(Valenzstrich)</u> darzustel-
len. Eine mit Valenzstrichen aufgebaute Molekülstruktur nennt man
Valenzstruktur. Für manche Moleküle lassen sich mehrere Valenzstruk-
turen angeben.
Beispiel: Benzol

Die tatsächliche Elektronenverteilung kann durch keine Valenzstruktur allein wiedergegeben werden. *Jede einzelne Valenzstruktur ist nur eine Grenzstruktur ("mesomere Grenzstruktur"). Die wirkliche Elektronenverteilung ist ein Resonanzhybrid oder mesomerer Zwischenzustand, d.h. eine Überlagerung aller denkbaren Grenzstrukturen* (besser Grenzstrukturformeln). Diese Erscheinung heißt *Mesomerie* oder *Resonanz*.

Das Mesomeriezeichen $\longleftrightarrow$ darf <u>nicht</u> mit einem Gleichgewichtszeichen verwechselt werden!

Elektronenpaare eines Atoms, die sich nicht an einer Bindung beteiligen, heißen einsame oder *freie Elektronenpaare*. Sie werden am Atom durch einen Strich symbolisiert.

Beispiele: $H_2\overline{O}$, $|NH_3$, $H_2\overline{S}$, $R-\overline{O}H$, $R-\overline{O}-R$, $H-\overline{\overline{F}}|$, $R-\overline{N}H_2$

② *Beispiel:* das Methan-Molekül CH_4

Strukturbestimmungen am CH_4-Molekül haben gezeigt, daß das Kohlenstoff-Atom von vier Wasserstoff-Atomen in Form eines Tetraeders umgeben ist. Die Bindungswinkel H-C-H sind $109,5^{\circ}$ (Tetraederwinkel). Die Abstände vom C-Atom zu den H-Atomen sind gleich lang (gleiche Bindungslänge). Eine mögliche Beschreibung der Bindung im CH_4 ist folgende:

Im Grundzustand hat das Kohlenstoff-Atom die Elektronenkonfiguration $1\,s^2\,2\,s^2\,2\,p^2$. Es könnte demnach nur zwei Bindungen ausbilden mit einem Bindungswinkel von 90° (denn zwei p-Orbitale stehen senkrecht aufeinander).Damit das Kohlenstoff-Atom vier Bindungen eingehen kann, muß ein Elektron aus dem 2s-Orbital in das leere 2p-Orbital angehoben werden (Abb. 6). Die hierzu nötige Energie (Promotions- oder Promovierungsenergie) wird durch den Energiegewinn, der bei der Molekülbildung realisiert wird, aufgebracht. Das Kohlenstoff-Atom befindet sich nun in einem "angeregten" Zustand. Gleichwertige Bindungen aus s- und p-Orbitalen mit Bindungswinkeln von $109,5^{\circ}$ erhält man nach *Pauling* durch mathematisches Mischen (<u>Hybridisieren</u>) der

Atomorbitale. <u>Aus einem s- und drei p-Orbitalen entstehen vier gleich-wertige sp^3-Hybrid-Orbitale,</u> die vom C-Atom ausgehend in die Ecken eines Tetraeders gerichtet sind (Abb. 6 und 7). Die Bindung zwischen dem C-Atom und den vier Wasserstoff-Atomen im CH_4 kommt nun dadurch zustande, daß jedes der vier Hybrid-Orbitale des C-Atoms mit je einem 1s-Orbital eines Wasserstoff-Atoms überlappt (Abb. 8).

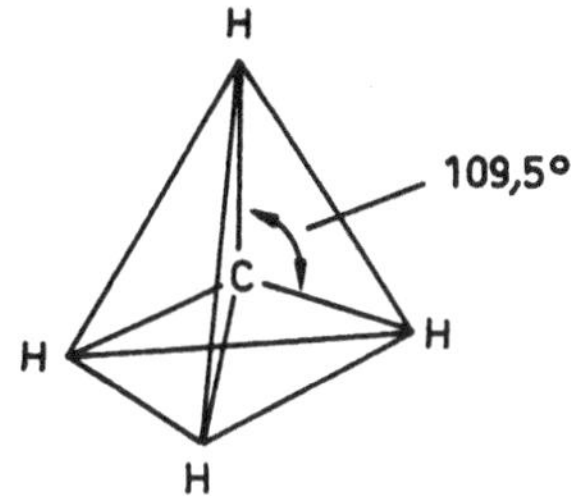

Abstand: C–H = 109 pm

2p ↿ ↿ _   2p ↿ ↿ ↿ sp^3 ↿ ↿ ↿ ↿

2s ⇅   2s ↿

1s ⇅   1s ⇅   1s ⇅

C (Grundzustand)   C* (angeregter Zustand)   C (hybridisierter Zustand)

Abb. 6. Bildung von sp^3-Hybrid-Orbitalen am C-Atom

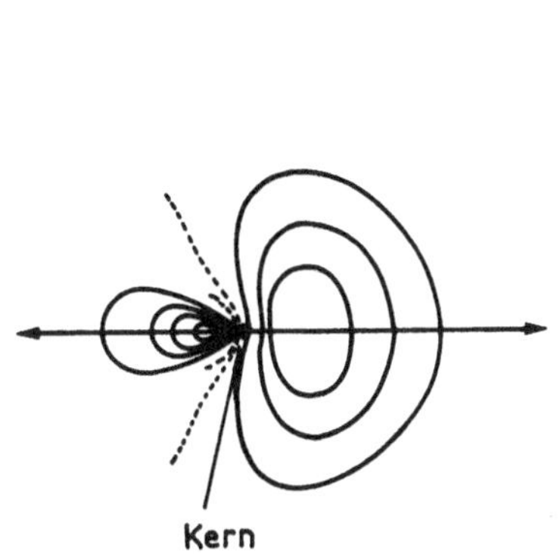

Abb. 7. sp^3-Hybrid-Orbital eines C-Atoms

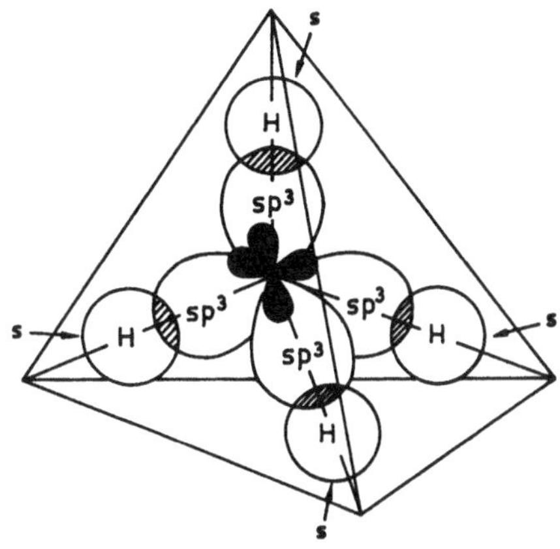

Abb. 8. Entstehung der Valenzbindungsstruktur von CH_4. In dieser und allen weiteren Darstellungen sind die Orbitale vereinfacht gezeichnet

Bindungen, wie sie im Methan ausgebildet werden, sind rotationssymmetrisch um die Verbindungslinie der Atome, die durch eine Bin-

dung verknüpft sind. Sie heißen *σ-Bindungen* (σ = sigma). σ-Bindungen
können beim Überlappen folgender AO entstehen: s + s, s + p und p + p.
Beachte: Die p-Orbitale müssen in der Symmetrie zueinander passen.

Substanzen, die wie Methan die größtmögliche Anzahl von σ-Bindungen
ausbilden, nennt man *gesättigte* Verbindungen. CH_4 ist also ein gesättigter Kohlenwasserstoff.

Hinweis zur Formulierung von Valenzstrichformeln:

Die Elemente der 2. Periode wie C, N, O haben nur s- und p-Valenz-
orbitale zur Verfügung. Bei der Bindungsbildung streben sie die Edel-
gaskonfiguration des Ne an (s^2p^6); dieses Oktett kann von ihnen nicht
überschritten werden *("Oktettregel")*. Durch einfaches Abzählen der
Valenzstriche läßt sich leicht die Richtigkeit einer Valenzstruktur
kontrollieren.

③ *Beispiel:* Ethan C_2H_6

Aus Abb. 9 geht hervor, daß beide C-Atome in diesem gesättigten Kohlenwasserstoff mit jeweils vier sp^3-hybridisierten Orbitalen je vier
σ-Bindungen ausbilden. <u>Drei</u> Bindungen entstehen durch Überlappung
eines sp^3-Hybridorbitals mit je einem 1s-Orbital eines Wasserstoff-
Atoms, während die <u>vierte</u> Bindung durch Überlappung von zwei sp^3-Hy-
bridorbitalen beider C-Atome zustande kommt. Bei dem Ethanmolekül
sind somit zwei Tetraeder über eine Ecke miteinander verknüpft. Am Beispiel der C-C-Bindung ist angedeutet, daß bei Raumtemperatur um jede
σ-Bindung prinzipiell <u>freie Drehbarkeit (Rotation)</u> möglich ist (sterische Hinderungen können sie einschränken oder aufheben).

$$C_2H_6 \equiv H-\underset{\underset{H}{|}}{\overset{\overset{H}{|}}{C}}-\underset{\underset{H}{|}}{\overset{\overset{H}{|}}{C}}-H$$

Abb. 9. Rotation um die C-C-Bindung im Ethan

④ *Beispiel:* Propan C_3H_8

In Abb. 10 ist als weiteres Molekül mit sp^3-hybridisierten Bindungen das Propan-Molekül dargestellt. Beachte die gewinkelte C-C-Kette!

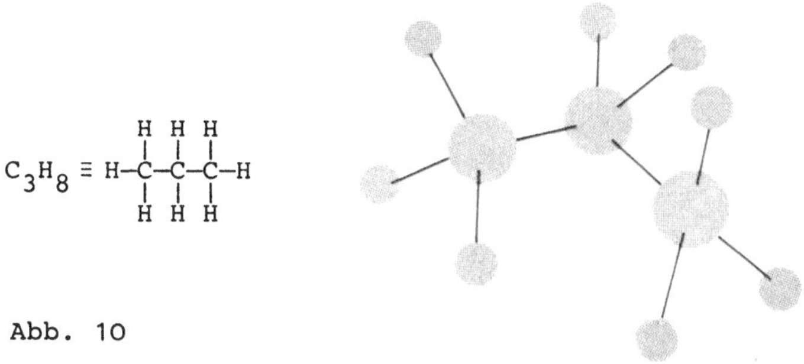

$$C_3H_8 \equiv H-\overset{\overset{H}{|}}{\underset{\underset{H}{|}}{C}}-\overset{\overset{H}{|}}{\underset{\underset{H}{|}}{C}}-\overset{\overset{H}{|}}{\underset{\underset{H}{|}}{C}}-H$$

Abb. 10

1.3.2.2 Moleküle mit Mehrfachbindungen

Als Beispiele für *ungesättigte Verbindungen* betrachten wir das Ethen (Ethylen) C_2H_4 und das Ethin C_2H_2. Ungesättigte Verbindungen sind dadurch von den gesättigten unterschieden, daß ihre Atome weniger als die maximale Anzahl von σ-Bindungen ausbilden.

① *Beispiel:* Ethen C_2H_4

Im Ethen betätigt jedes C-Atom drei σ-Bindungen mit seinen drei Nachbarn (zwei H-Atome, ein C-Atom). Der Winkel zwischen den Bindungen ist etwa $120°$. Jedes C-Atom liegt in der Mitte eines Dreiecks. Dadurch kommen alle Atome in einer Ebene zu liegen (Molekülebene).

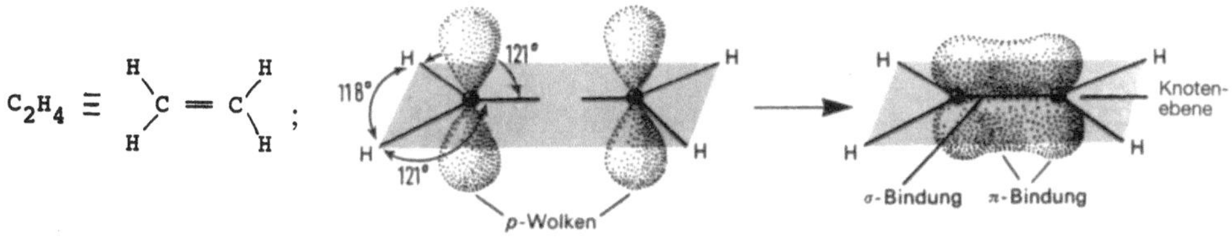

Abb. 11. Bildung einer π-Bindung durch Überlagerung zweier p-AO im Ethen

Das σ-Bindungsgerüst läßt sich durch *sp²-Hybridorbitale* an den C-Atomen aufbauen. Hierbei wird ein Bindungswinkel von 120° erreicht. Wählt man als Verbindungslinie zwischen den C-Atomen die x-Achse des Koordinatenkreuzes, besetzt das übriggebliebene p-Elektron das p_z-Orbital.

Im Ethen können sich die p_z-Orbitale beider C-Atome wirksam überlappen. Dadurch bilden sich Bereiche hoher Ladungsdichte oberhalb und unterhalb der Molekülebene. In der Molekülebene selbst ist die Ladungsdichte (Aufenthaltswahrscheinlichkeit der Elektronen) praktisch Null. *Eine solche Ebene nennt man Knotenebene. Die Bindung heißt π-Bindung*.

Bindungen aus einer σ- und einer oder zwei π-Bindungen nennt man Mehrfachbindungen.

Im Ethen haben wir eine sog. *Doppelbindung* >C=C< vorliegen. σ- und π-Bindungen beeinflussen sich in einer Mehrfachbindung gegenseitig.

Man kann experimentell zwar zwischen einer Einfachbindung (σ-Bindung) und einer Mehrfachbindung (σ+π-Bindungen) unterscheiden, aber nicht zwischen den σ- und π-Bindungen einer Mehrfachbindung.

Mehrfachbindungen heben die Rotationsmöglichkeit um die Bindungsachsen auf. Sie wird wieder möglich, wenn die Mehrfachbindung gelöst wird (z.B. indem man das ungesättigte Molekül durch eine Additionsreaktion in ein gesättigtes überführt).

② *Beispiel:* Ethin C_2H_2

Ethin (Acetylen) enthält eine σ-Bindung und zwei π-Bindungen. Das Bindungsgerüst ist linear, und die C-Atome sind *sp-hybridisiert* (∡ 180°).

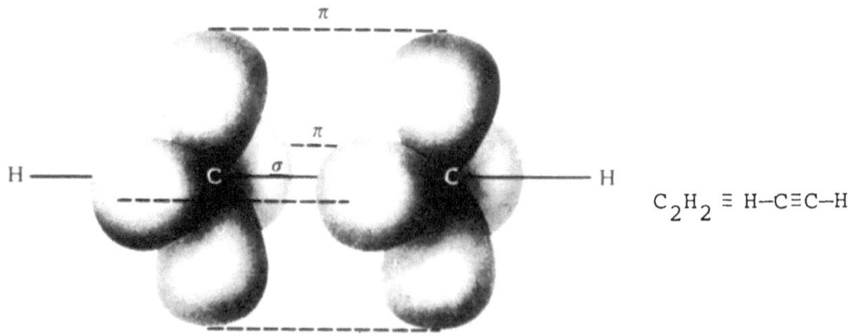

$$C_2H_2 \equiv H{-}C{\equiv}C{-}H$$

Abb. 12. Bildung der π-Bindungen beim Ethin (Acetylen)

Die übriggebliebenen zwei p-Orbitale an jedem C-Atom ergeben durch Überlappung zwei π-Bindungen.

Tabelle 2 gibt einen Überblick über C-C-Bindungen in organischen Molekülen.

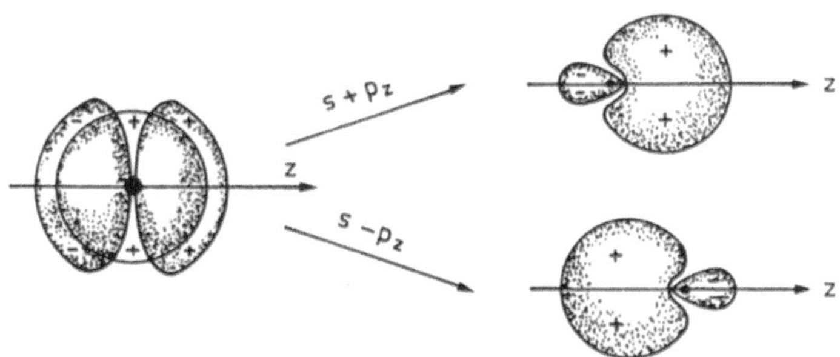

Abb. 13. Schematische Darstellung der Konstruktion zweier sp-Hybrid-Orbitale. Ihre Überlappung ergibt die σ-Bindung in Abb. 12

Tabelle 2. Eigenschaften der Einfach- und Mehrfachbindungen zwischen zwei Kohlenstoff-Atomen. Zum Vergleich: C—H beträgt 109 pm mit 415 kJ·mol^{-1}

Bindung	Bindende Orbitale	Bindungs-typ	Winkel zwischen den Bindungen mit Modell		Bindungs-länge [pm]	Bindungs-energie [kJ·mol^{-1}]	Freie Drehbarkeit um C—C
–C–C–	sp^3	σ	$109,5^{\circ}$		154	331	ja
C=C	sp^2, p_z	$\sigma + \pi_z$	120°		134	620	nein
–C≡C–	sp, p_x, p_z	$\sigma + \pi_x + \pi_z$	180°		120	812	nein

2 Einteilung und Reaktionsverhalten organischer Verbindungen

Die Sonderstellung des Kohlenstoffs sei nachfolgend nochmals dargestellt:

1. Kohlenstoff besitzt <u>4 Valenzelektronen</u>, mit der Möglichkeit, <u>4 Atombindungen</u> einzugehen.

2. Innerhalb eines Moleküls kann sich der Kohlenstoff nahezu unbegrenzt zu <u>Ketten</u>, <u>Ringen</u>, <u>zweidimensionalen Netzen</u> und <u>dreidimensionalen Gerüsten</u> verbinden.

3. Neben der sehr stabilen C-C-Einfachbindung sind auch <u>Doppel</u>- und <u>Dreifachbindungen</u> möglich.

4. Zusätzlich können in organischen Verbindungen auch noch <u>andere Atome</u> auftreten.

Diese Möglichkeit zu einer großen Vielfalt von Verbindungen macht es notwendig, für organische Verbindungen eine eigene Systematik aufzustellen.

2.1 Systematik organischer Verbindungen

Organische Substanzen bestehen in der Regel aus den Elementen <u>C</u>, <u>H</u>, <u>O</u>, <u>N</u>, <u>S</u> und <u>Halogenen</u>. Im Bereich der Biochemie kommt <u>P</u> hinzu. Die Vielfalt der organischen Verbindungen war schon früh Anlaß zu einer systematischen Gruppeneinteilung. Grundlage der Systematisierung ist stets das Kohlenstoffgerüst. Die daranhängenden "funktionellen Gruppen" werden erst im zweiten Schritt beachtet.

Das Vorgehen bei der Ermittlung des Namens einer Verbindung ist dazu analog.

Für Naturstoffe gilt im Prinzip das gleiche.

Systematik der Stoffklassen

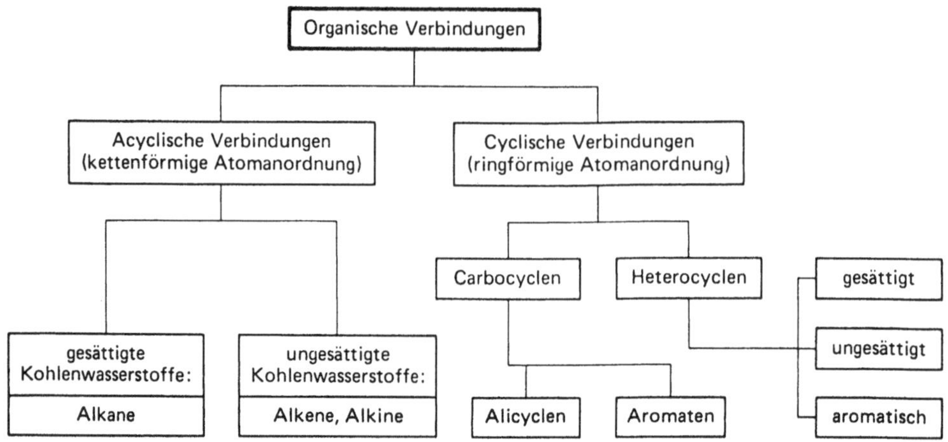

Aufteilung der Untergruppen

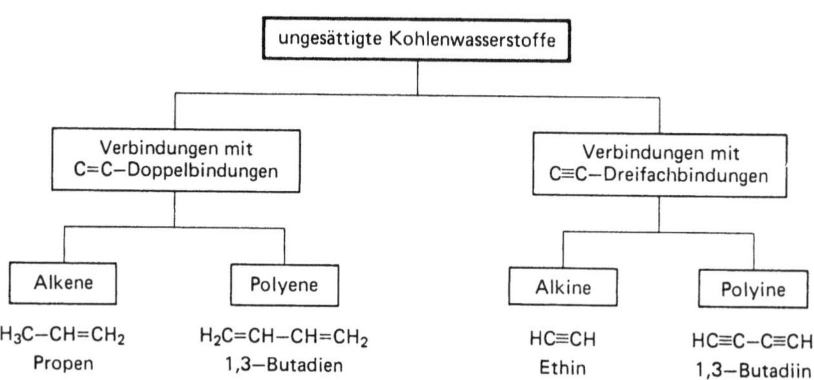

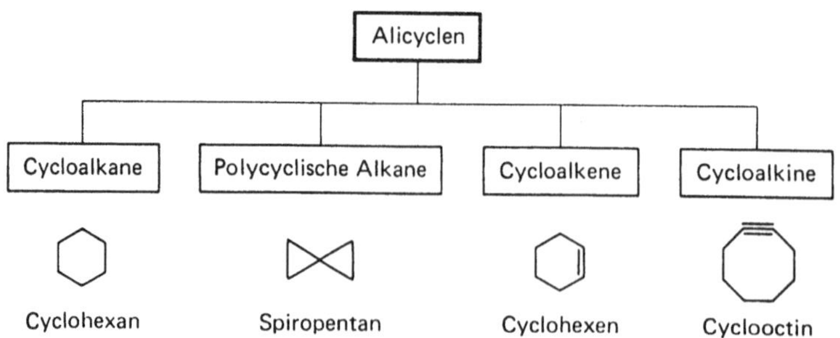

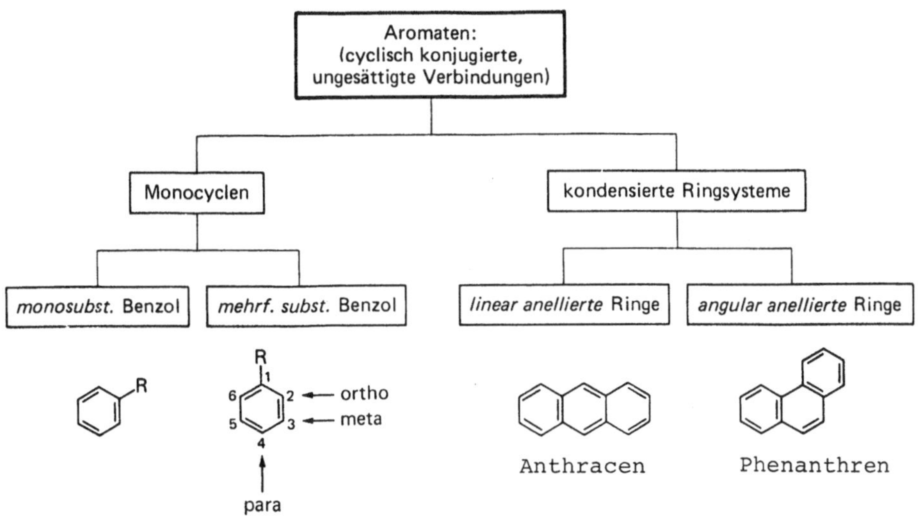

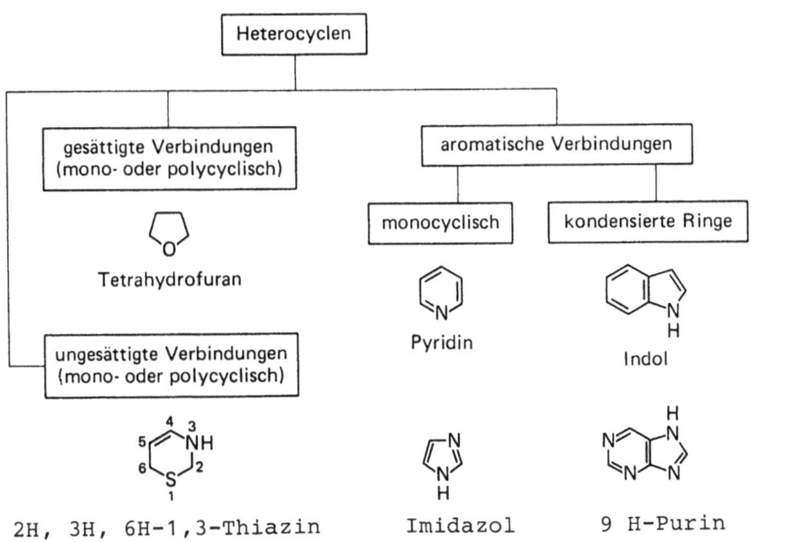

2H, 3H, 6H-1,3-Thiazin   Imidazol   9 H-Purin

Heterocyclen werden (meist) weiter nach der Zahl der Ringglieder und
der Heteroatome eingeteilt.

2.2 Grundbegriffe organisch-chemischer Reaktionen

Man unterscheidet Reaktionen zwischen ionischen Substanzen und solchen mit kovalenter Bindung.

2.2.1 Reaktionen zwischen ionischen Substanzen

Hier tritt ein Austausch geladener Komponenten ein. Ursachen für die
Bildung der neuen Substanzen sind z.B. Unterschiede in der Löslichkeit, Packungsdichte, Gitterenergie oder Entropie.

Allgemein:

1. $(A^{\oplus}B^{\ominus})_{fest} \xrightarrow{\text{Lösungsmittel}} A^{\oplus}_{solvatisiert} + B^{\ominus}_{solvatisiert}$

2. $(C^{\oplus}D^{\ominus})_{fest} \xrightarrow{\text{Lösungsmittel}} C^{\oplus}_{solvatisiert} + D^{\ominus}_{solvatisiert}$

3. $A^{\oplus}_{solv.} + B^{\ominus}_{solv.} + C^{\oplus}_{solv.} + D^{\ominus}_{solv.} \longrightarrow (A^{\oplus}D^{\ominus})_{fest} + (B^{\ominus}C^{\oplus})_{fest}$

$$+ \text{ Lösungsmittel}$$

Manchmal fällt auch nur ein schwerlösliches Reaktionsprodukt aus.

2.2.2 Reaktionen von Substanzen mit kovalenter Bindung

Werden durch chemische Reaktionen aus kovalenten Ausgangsstoffen neue
Elementkombinationen gebildet, so müssen zuvor die Bindungen zwischen
den Komponenten der Ausgangsstoffe gelöst werden, z.B.

① $\quad A - B \longrightarrow A\cdot + B\cdot$

Bei dieser *homolytischen Spaltung* erhält jedes Atom ein Elektron. Es
entstehen sehr reaktionsfähige Gebilde, die ihre Reaktivität dem ungepaarten Elektron verdanken und die *Radikale* heißen.

② $\quad$ a) $A - B \longrightarrow A|^{\ominus} + B^{\oplus}$;$\qquad$ b) $A - B \longrightarrow A^{\oplus} + B|^{\ominus}$.

Bei der *heterolytischen* Spaltung entstehen ein positives Ion (Kation)
und ein negatives Ion *(Anion)*. $A|^{\ominus}$ bzw. $B|^{\ominus}$ haben ein freies Elektro-
nenpaar und heißen *Nucleophile* ("kernsuchend").

A$^{\oplus}$ bzw. B$^{\oplus}$ haben Elektronenmangel und werden *Elektrophile* ("elektronensuchend") genannt.

Die heterolytische *Spaltung* ist ein Grenzfall. Meist treten nämlich keine isolierten (isolierbaren) Ionen auf, sondern die Bindungen sind nur mehr oder weniger stark polarisiert, d.h. die Bindungspartner haben eine mehr oder minder große Partialladung (s. unten!).

Zusammenfassung der Begriffe mit Beispielen

Kation: positiv geladenes Ion; Ion$^{\oplus}$

Anion: negativ geladenes Ion; Ion$^{\ominus}$

Elektrophil: Ion oder Molekül mit einer Elektronenlücke (sucht Elektronen), wie Säuren, Kationen, Halogene, z.B. H$^{\oplus}$, NO$_2^{\oplus}$, NO$^{\oplus}$, BF$_3$, AlCl$_3$, FeCl$_3$, Br$_2$ (als Br$^{\oplus}$), nicht aber NH$_4^{\oplus}$!

Nucleophil: Ion oder Molekül mit Elektronen-"Überschuß" (sucht Kern), wie Basen, Anionen, Verbindungen mit mindestens einem freien Elektronenpaar, z.B. HO$^{\ominus}$, RO$^{\ominus}$, RS$^{\ominus}$, Hal$^{\ominus}$, H$_2$O, R$_2$O, R$_3$N, R$_2$S, aber auch Alkene und Aromaten mit ihrem π-Elektronensystem: R$_2$C=CR$_2$

Radikal: Atom oder Molekül mit einem oder mehreren ungepaarten Elektronen wie Cl·, Br·, I·, R–O·, R–C–O·, O$_2$ (Diradikal)
                              ‖
                              O

Erläuterungen zu den Begriffen Elektrophil und Nucleophil

Säuren sind Elektrophile, Basen dagegen Nucleophile. Folgendes Schema verdeutlicht den Zusammenhang:

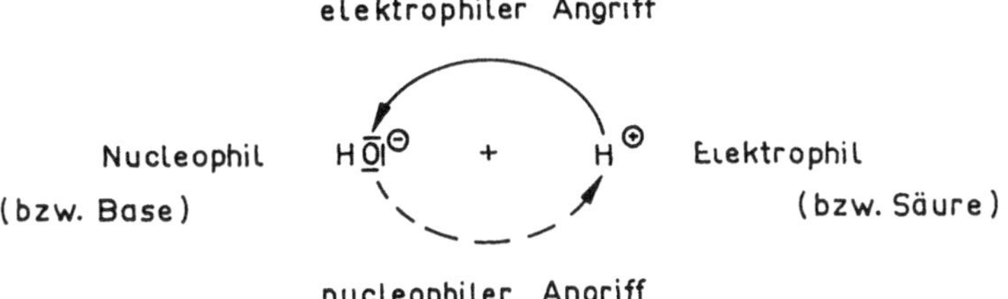

Bei der Benennung einer Reaktion geht man davon aus, welche Eigenschaften das angreifende Teilchen hat. Handelt es sich z.B. um OH$^{\ominus}$, wird man von einer nucleophilen Reaktion sprechen.

Während Acidität bzw. Basizität eindeutig definiert sind und gemessen
werden können, ist die Stärke eines Nucleophils auf eine bestimmte
Reaktion bezogen und wird meist mit der Reaktionsgeschwindigkeit des
Reagens korreliert. Sie wird außer von der Basizität auch von der
Polarisierbarkeit des Moleküls, sterischen Effekten, Lösungsmittel-
einflüssen u.a. bestimmt.

2.2.3 Substituenten-Effekte

Der Mechanismus der Spaltung einer Bindung hängt u. a. ab vom Bin-
dungstyp, dem Reaktionspartner und den Reaktionsbedingungen. Meist
liegen keine reinen Ionen- oder Atombindungen vor, sondern es herr-
schen - in Abhängigkeit von der Elektronegativität der Bindungspartner - Übergänge zwischen den diskreten Erscheinungsformen der chemischen Bindung vor. Überwiegt der kovalente Bindungsanteil gegenüber
dem ionischen, spricht man von einer polarisierten (polaren) Atom-
bindung. In einer solchen Bindung sind die Ladungsschwerpunkte mehr
oder weniger weit voneinander entfernt, die Bindung besitzt ein
Dipolmoment. Zur Kennzeichnung der Ladungsschwerpunkte in einer Bin-
dung und einem Molekül verwendet man meist die Symbole $\delta\oplus$ und $\delta\ominus$. Der
griechische Buchstabe δ (delta) soll anzeigen, daß es sich nicht um
eine volle Ladung, sondern nur um einen Bruchteil einer Ladung handelt.

Tabelle 3. Polare Kohlenstoffbindungen (C-X)

Bindungstyp	Dipolmoment in Debye	Bindungstyp	Dipolmoment in Debye
C—F	1,5	C—O	0,9
C—Cl	1,6	C=O	2,4
C—Br	1,5	C—N	0,5
C—I	1,3	C≡N	3,6

Auch unpolare Bindungen können unter bestimmten Voraussetzungen polarisiert werden (induzierte Dipole).

2.2.3.1 Induktive Effekte

Mit der Ladungsasymmetrie einer Bindung bzw. in einem Molekül eng verknüpft sind die induktiven Substituenteneffekte (I-Effekte). Hierunter versteht man elektrostatische Wechselwirkungen zwischen polaren (polarisierten) Substituenten und dem Elektronensystem des substituierten Moleküls. Besitzt der polare Substituent eine elektronenziehende Wirkung und verursacht er eine positive Partialladung, sagt man, er übt einen -I-Effekt aus. Wirkt der Substituent elektronenabstoßend, d.h. erzeugt er in seiner Umgebung eine negative Partialladung, dann übt er einen +I-Effekt aus.

Beispiel:

$$\overset{\delta\delta\delta\oplus}{CH_3} - \overset{\delta\delta\oplus}{CH_2} - \overset{\delta\oplus}{CH_2} - \overset{\delta\ominus}{Cl} \qquad 1-\text{Chlorpropan}$$

Das Chlor-Atom übt einen induktiven elektronenziehenden Effekt (-I-Effekt) aus, der eine positive Partialladung am benachbarten C-Atom zur Folge hat. Man erkennt, daß die anderen C—C-Bindungen ebenfalls polarisiert werden. Die Wirkung nimmt allerdings mit zunehmendem Abstand vom Substituenten sehr stark ab, was durch eine Vervielfachung des δ-Symbols angedeutet wird. Bei mehreren Substituenten sind die induktiven Effekte im allgemeinen additiv.

Durch den I-Effekt wird hauptsächlich die Elektronenverteilung im Molekül beeinflußt. Dadurch werden im Molekül Stellen erhöhter bzw. verminderter Elektronendichte hervorgerufen. An diesen Stellen können polare Reaktionspartner angreifen.

Durch Vergleich der Acidität von α-substituierten Carbonsäuren kann man qualitativ eine Reihenfolge für die Wirksamkeit verschiedener Substituenten festlegen (mit H als Bezugspunkt):

$$(CH_3)_3C< (CH_3)_2CH< C_2H_5< CH_3< \boxed{H} < C_6H_5< CH_3O< OH< I< Br< Cl< CN< NO_2$$

+I-Effekt	-I-Effekt
(elektronenabstoßend)	(elektronenziehend)

Auch ungesättigte Gruppen zeigen einen -I-Effekt, der zusätzlich durch "mesomere Effekte" verstärkt werden kann.

2.2.3.2 Mesomere Effekte

*Als mesomeren Effekt (M-Effekt) eines Substituenten bezeichnet man
seine Fähigkeit, die Elektronendichte in einem π-Elektronensystem zu
verändern.* Im Gegensatz zum induktiven Effekt kann der mesomere
Effekt über mehrere Bindungen hinweg wirksam sein, er ist stark von
der Molekülgeometrie abhängig. Substituenten (meist solche mit freien
Elektronenpaaren), die mit dem π-System des Moleküls in Wechselwirkung treten können und eine Erhöhung der Elektronendichte bewirken,
üben einen +M-Effekt aus.

Beispiele für Substituenten, die einen +M-Effekt hervorrufen können:

$$-\overline{\underline{C}l}\,,\quad -\overline{\underline{B}r}\,,\quad -\overline{\underline{I}}\,,\quad -\overline{\underline{O}}-H\,,\quad -\overline{\underline{O}}-R\,,\quad -\overline{N}H_2\,,\quad -\underline{\overline{S}}-H$$

Substituenten mit einer polarisierten Doppelbindung, die in Mesomerie
mit dem π-Elektronensystem des Moleküls stehen, sind elektronenzie-
hend. Sie verringern die Elektronendichte, d. h. sie üben einen -M-
Effekt aus. Er wächst mit (s. Beispiele)
- dem Betrag der Ladung des Substituenten (I ist ein Ion mit einem
  starken -M-Effekt),
- der Elektronegativität der enthaltenen Elemente (wie in II),
- der Abnahme der Stabilisierung durch innere Mesomerie (wie in III).

Beispiele:

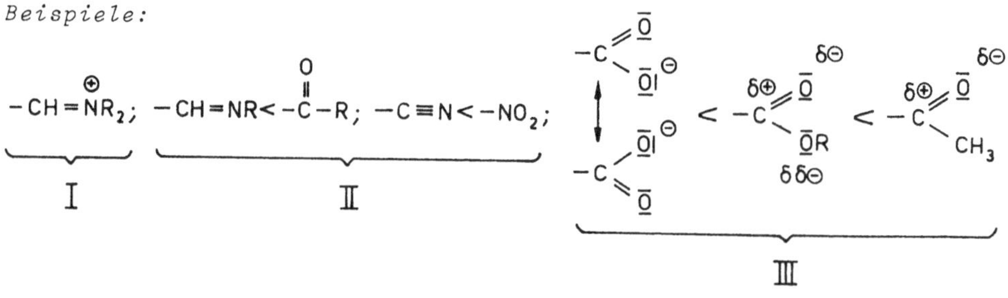

$-CH = \overset{\oplus}{N}R_2$; $-CH = NR < -\overset{O}{\overset{\|}{C}} -R$; $-C \equiv N < -NO_2$;

I II III

Anwendung der Substituenteneffekte

Nützlich ist die Kenntnis der Substituenteneffekte u.a. bei der Erklärung der Basizität aromatischer Amine oder bei Voraussagen der
Eintrittsstellen von neuen Substituenten bei der elektrophilen Substitution an Aromaten. Hierbei ist allerdings zu beachten, daß einige
Substituenten gegensätzliche induktive und mesomere Effekte zeigen,
so daß oft nur qualitative Überlegungen möglich sind.

2.2.4 Zwischenstufen: Carbokationen, Carbanionen, Radikale

Die Kenntnis der Substituenteneffekte erlaubt es auch, Voraussagen über die Stabilität von Zwischenstufen einer Reaktion zu machen. Wichtige Zwischenstufen (Dissoziationsprodukte) sind <u>Carbokationen</u>, <u>Carbanionen</u> und <u>Radikale</u>. Wie aus der Reaktionskinetik bekannt ist, handelt es sich dabei um echte Zwischenprodukte, die im Energiediagramm zum Auftreten eines Energieminimums führen.

Carbokationen

Ein Carbonium-Ion enthält ein Kohlenstoff-Atom, das eine positive Ladung trägt und an vier bzw. fünf andere Atome oder Atomgruppen gebunden ist: $R_5C^\oplus$. Ein Carbenium-Ion enthält ebenfalls ein C-Atom mit einer positiven Ladung. Es ist jedoch nur mit drei weiteren Liganden verbunden: $R_3C^\oplus$. Der Oberbegriff für beide Gruppen ist <u>*Carbokation*</u> (wobei allerdings leider oft noch die Bezeichnung Carbonium-Ion auch für die Carbenium-Ionen verwendet wird)!

<u>Carbokationen</u> sind naturgemäß sehr starke elektrophile Reagenzien und werden durch +I- und +M-Substituenten stabilisiert.

Die dreibindigen <u>Carbenium-Ionen</u> sind <u>eben</u>, wobei das positive C-Atom sp^2-hybridisiert ist und die Liganden an den Ecken eines Dreiecks angeordnet sind.

Carbanionen

Ein <u>Carbanion</u> enthält ein negativ geladenes C-Atom, das an drei Liganden gebunden ist: $R_3C|^\ominus$. Carbanionen sind daher meist starke Nucleophile und sehr starke Basen. Sie werden durch -I- und -M-Substituenten stabilisiert.

Radikale

<u>Radikale</u> entstehen als meist instabile Zwischenstufen bei der homolytischen Spaltung von Bindungen mit relativ niedriger Dissoziationsenergie. Das Radikal $R_3C\cdot$ ist elektrisch neutral, so daß seine Stabilität kaum von induktiven Effekten beeinflußt wird. Dagegen können Mesomerie-Effekte Radikale so sehr stabilisieren, daß sie in Lösung einige Zeit beständig sind. Radikale sind Substanzen mit ungepaarten Elektronen. Sie sind daher <u>paramagnetisch</u>, d. h. sie werden von einem Magnetfeld angezogen.

2.2.5 Übergangszustände

Im Gegensatz zu Zwischenprodukten, die oft isoliert oder spektrosko-
pisch untersucht werden können, sind "Übergangszustände" hypothetische
Annahmen bestimmter Molekülstrukturen. Sie sind jedoch für das Erar-
beiten von Reaktionsmechanismen sehr nützlich. Bei ihrer Formulierung
geht man zunächst davon aus, daß diejenigen Reaktionsschritte bevorzugt werden, welche die Elektronzustände und die Positionen der
Atome der Reaktionspartner am geringsten verändern. Das bedeutet, daß
man zunächst nur jene Bindungen berücksichtigt, die bei der Reaktion
verändert werden (Prinzip der geringsten Strukturänderung).

2.2.6 Lösungsmittel-Einflüsse

Viele Reaktionen erfolgen zwischen polaren oder polarisierten Substanzen. Wie bei Umsetzungen mit geladenen Carbanionen oder Carbokationen spielt dabei das Lösungsmittel eine wichtige Rolle, weil es
den aktivierten Komplex im Übergangszustand solvatisieren kann.

Der Lösungsmitteleinfluß ist gering, wenn die Reaktanden und der
aktivierte Komplex neutral und unpolar sind.

*Kationen werden durch nucleophile Lösungsmittel solvatisiert, Anionen
durch elektrophile Lösungsmittel, insbesondere solche, die Wasser-
stoffbrücken bilden können.*

$$H{-}O{\cdots}\overset{\oplus}{M}{\cdots}O{-}H \qquad \overset{\delta\ominus}{Y}{-}\overset{\delta\oplus}{H}\cdots\overset{\ominus}{|\underline{X}|}\cdots\overset{\delta\oplus}{H}{-}\overset{\delta\ominus}{Y}$$

Lösungsmittel lassen sich einteilen in

polar-protische Lösungsmittel, z.B. Wasser, Alkohole, Ammoniak, Carbonsäuren,

apolar-aprotische Lösungsmittel (niedrige Dielektrizitätskonstante,
kleine Dipolmomente): CS_2, CCl_4, Cyclohexan,

dipolar-aprotische Lösungsmittel (hohe Dielektrizitätskonstante,
große Dipolmomente): CH_3CN, CH_3COCH_3, Dimethylformamid, Dimethyl-
sulfoxid, Pyridin.

Kohlenwasserstoffe

Kohlenwasserstoff-Moleküle enthalten nur Kohlenstoff und Wasserstoff. Sie werden nach Bindungsart und Struktur eingeteilt in

gesättigte Kohlenwasserstoffe (Alkane oder Paraffine),
ungesättigte Kohlenwasserstoffe (Alkene oder Olefine, Alkine) und
aromatische Kohlenwasserstoffe.

Eine weitere Gliederung erfolgt in offenkettige (acyclische) und in ringförmige (cyclische) Verbindungen.

3 Gesättigte Kohlenwasserstoffe (Alkane)

3.1 Offenkettige Alkane

Das einfachste offenkettige Alkan ist das *Methan*, CH_4. Durch sukzessives Hinzufügen einer CH_2-Gruppe läßt sich daraus die homologe Verbindungsreihe der Alkane mit der Summenformel C_nH_{2n+2} ableiten.

Eine *homologe Reihe* ist eine Gruppe von Verbindungen, die sich um einen bestimmten, gleichbleibenden Baustein unterscheiden.

Während die chemischen Eigenschaften des jeweils nächsten Gliedes der Reihe durch die zusätzliche CH_2-Gruppe nur wenig beeinflußt werden, ändern sich die physikalischen Eigenschaften i.a. regelmäßig mit der Zahl der Kohlenstoff-Atome.

Die ersten vier Glieder der Tabelle haben Trivialnamen. Die Bezeichnungen der höheren Homologen leiten sich von griechischen oder lateinischen Zahlwörtern ab, die man mit der Endung -an versieht. Durch Abspaltung eines H-Atoms von einem Alkan entsteht ein Rest R (Radikal, Gruppe), der die Endung -yl erhält.

$$\text{Alkan minus 1 H} \longrightarrow \text{Alkylgruppe,}$$

$$\text{z.B. } CH_3\text{--}CH_3 \text{ minus 1 H} \longrightarrow CH_3\text{--}CH_2\text{--} .$$
$$\qquad\quad \text{Ethan} \qquad\qquad\qquad\qquad \text{Ethyl-}$$

Verschiedene Reste an einem Zentralatom erhalten einen Index, z.B. R', R'' oder R^1, R^2 usw.

Zur formelmäßigen Darstellung der Alkane ist die in Tabelle 4 verwendete Schreibweise zweckmäßig. Die dort aufgeführten Alkane sind unverzweigte oder "normale" Kohlenwasserstoffe. Die ebenfalls übliche Bezeichnung "geradkettig" ist etwas irreführend, da Kohlenstoffketten wegen der Bindungswinkel von etwa $109°$ am Kohlenstoffatom keineswegs "gerade" sind.

Tabelle 4. Homologe Reihe der Alkane

Summen-formel	Formel	Name	Eigenschaften Fp. (in $^{\circ}$C)	Kp. (in $^{\circ}$C)	Alkyl C_nH_{2n+1}
CH_4	CH_4	Methan	-184	-164	Methyl
C_2H_6	CH_3—CH_3	Ethan	-171,4	-93	Ethyl
C_3H_8	CH_3—CH_2—CH_3	Propan	-190	-45	Propyl
C_4H_{10}	CH_3—$(CH_2)_2$—CH_3	Butan	-135	-0,5	Butyl
C_5H_{12}	CH_3—$(CH_2)_3$—CH_3	Pentan	-130	+36	Pentyl (Amyl)
C_6H_{14}	CH_3—$(CH_2)_4$—CH_3	Hexan	-93,5	+68,7	Hexyl
C_7H_{16}	CH_3—$(CH_2)_5$—CH_3	Heptan	-90	+98,4	Heptyl
C_8H_{18}	CH_3—$(CH_2)_6$—CH_3	Octan	-57	+126	Octyl
C_9H_{20}	CH_3—$(CH_2)_7$—CH_3	Nonan	-53,9	+150,6	Nonyl
$C_{10}H_{22}$	CH_3—$(CH_2)_8$—CH_3	Decan	-32	+173	Decyl
$\vdots$					
$C_{17}H_{36}$	CH_3—$(CH_2)_{15}$—CH_3	Hepta-decan	+22,5	+303	Hepta-decyl
$C_{20}H_{42}$	CH_3—$(CH_2)_{18}$—CH_3	Eicosan	+37	–	Eicosyl

Abkürzungen: Methyl = Me, Ethyl = Et, Propyl = Pr, Butyl = Bu

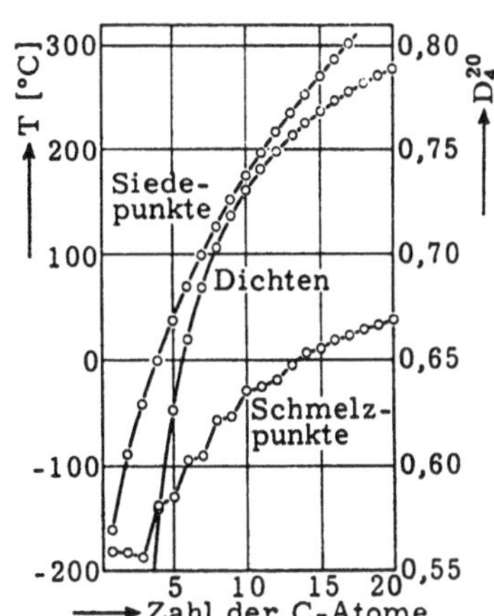

Abb. 14. Schmelzpunkt, Siede-punkt und Dichte der n-Alkane bei 1 bar in Abhängigkeit von der Zahl der Kohlenstoff-Atome

Nomenklatur und Struktur

Von den normalen Kohlenwasserstoffen, den n-Alkanen, unterscheiden sich die verzweigten Kohlenwasserstoffe, die in speziellen Fällen mit der Vorsilbe *iso*- gekennzeichnet werden. Das einfachste Beispiel ist iso-Butan. Für Pentan kann man drei verschiedene Strukturformeln angeben (unter den Formeln stehen die physikalischen Daten und die Namen gemäß den Regeln der chemischen Nomenklatur):

isomere Pentane:

$$CH_3-\underset{\underset{\displaystyle CH_3}{|}}{CH}-CH_3 \qquad CH_3-(CH_2)_3-CH_3 \qquad CH_3-CH_2-\underset{\underset{\displaystyle CH_3}{|}}{CH}-CH_3 \qquad CH_3-\underset{\underset{\displaystyle CH_3}{|}}{\overset{\overset{\displaystyle CH_3}{|}}{C}}-CH_3$$

Methylpropan	n-Pentan	2-Methyl-butan (iso-Pentan)	2,2-Dimethylpropan (neo-Pentan)
		Kp. 36 $^{\circ}$C	Kp. 27,9 $^{\circ}$C	Kp. 9,5 $^{\circ}$C
		Fp. -129,7 $^{\circ}$C	Fp. -158,6 $^{\circ}$C	Fp. -20 $^{\circ}$C

Eine Verbindung wird nach dem <u>längsten geradkettigen Abschnitt</u> im
Molekül benannt. Die Seitenketten werden wie Alkyl-Radikale bezeichnet und ihre Position im Molekül durch Zahlen angegeben. Manchmal
findet man auch Positionsangaben mit griechischen Buchstaben. Diese
geben die Lage eines C-Atoms einer Kette relativ zu einem anderen an.
Man spricht von α-ständig, β-ständig etc. *Beispiel:*

$$\overset{1}{H_3C}-\overset{\overset{\displaystyle CH_3}{|}}{\underset{\underset{\displaystyle H_3C}{|}}{\overset{2}{C}}}-\overset{3}{\underset{\underset{\displaystyle CH_2-CH_3}{|}}{CH}}-\overset{4}{CH_2}-\overset{5}{CH_3} \quad = \quad \text{3-Ethyl-2,2-dimethyl-pentan}$$

An diesem Beispiel lassen sich verschiedene Typen von Alkyl-Resten
unterscheiden, die wie folgt benannt werden (R bedeutet einen Kohlenwasserstoff-Rest):

Benennung	C-Atom	Formelauszug	allgemein:
primäre Gruppen primäres C-Atom C■	1 ; 5	●CH₃— ; ●CH₃CH₂—	R—CH₃ ; R—C₂H₅
sekundäre Gruppen sekundäres C-Atom C■	4	HC—●CH₂—CH₃	R—CH₂—R
tertiäre Gruppen tertiäres C-Atom C■	3	—C—●CH—CH₂—	R—CH—R (mit R)
quartäres C-Atom C■	2	H₃C—●C—CH—	R—C—R (mit R, R)

Nomenklatur-Vereinbarungen und -Regeln hat die "International Union of Pure and Applied Chemistry" (IUPAC) herausgegeben.

Strukturisomere nennt man Moleküle mit gleicher Summenformel, aber verschiedener Strukturformel. Die Strukturisomerie (auch Konstitutionsisomerie genannt) beruht auf der unterschiedlichen Anordnung der Atome und Bindungen in Molekülen gleicher Summenformel. Ein Beispiel sind die isomeren Pentane. Sie unterscheiden sich im Schmelz- und Siedepunkt und der Dichte, denn diese Eigenschaften hängen in hohem Maße von der Gestalt der Moleküle ab.

3.1.1 Vorkommen, Gewinnung und Verwendung der Alkane

Gesättigte Kohlenwasserstoffe (KW) sind in der Natur weit verbreitet, so im Erdöl (Petroleum) und im Erdgas. Die wirtschaftliche Bedeutung des Erdöls liegt darin, daß aus ihm neben Benzin, Diesel- und Heizöl sowie Asphalt und Bitumen bei der fraktionierten Destillation und der weiteren Aufarbeitung viele wertvolle Ausgangsstoffe für die chemische und pharmazeutische Industrie gewonnen werden.

3.1.2 Darstellung von Alkanen

Neben zahlreichen, oft recht speziellen Verfahren zur Gewinnung bzw. Darstellung von Alkanen bieten die Wurtz-Synthese und die Kolbe-Synthese allgemein gangbare Wege, gezielt Kohlenwasserstoffe bestimmter Kettenlänge zu erhalten.

① Wurtz-Synthese

Ausgehend vom Methan lassen sich zahlreiche höhere Kohlenwasserstoffe aufbauen. Beispiel: Synthese von Ethan.

$$CH_3I \; + \; 2\,Na \longrightarrow CH_3Na \; + \; NaI$$
$$CH_3Na + CH_3I \longrightarrow CH_3{-}CH_3 + NaI$$

Diese Wurtz-Synthese wird in der Regel zur Darstellung höherer Kohlenwasserstoffe aus den entsprechenden Halogenalkanen angewandt. So konnten Kohlenwasserstoffe bis zur Summenformel $C_{82}H_{164}$ aufgebaut werden.

② Kolbe-Synthese

Die Kolbe-Synthese eignet sich zum Aufbau komplizierter gesättigter
Kohlenwasserstoffe. Dabei werden konzentrierte Lösungen von Salzen
von Carbonsäuren elektrolysiert (man kann auch Gemische verschiedener
Carbonsäuren einsetzen):

$$2\ C_nH_{2n+1}COO^{\ominus} \xrightarrow{-2e^{\ominus}} C_{2n}H_{4n+2} + 2\ CO_2$$

Beispiel: Synthese von n-Butan. Dem Propionat-Anion wird an der Anode
ein Elektron entzogen, wobei ein Radikal entsteht. Nach Abspaltung
von CO_2 kombinieren die Alkyl-Radikale zum n-Butan:

CH_3-CH_2-C ⟶ ($-e^{\ominus}$) CH_3-CH_2-C Radikal-Bildung

Propionat-Anion   Radikal

$CH_3-CH_2\cdot C$ ⟶ $CH_3-CH_2\cdot + CO_2$ Radikal-Zerfall

Ethyl-Radikal

$2\ CH_3-CH_2\cdot$ ⟶ $CH_3-CH_2-CH_2-CH_3$ Radikal-Kombination

n-Butan

3.1.3 Eigenschaften und chemische Reaktionen

Alkane sind ziemlich <u>reaktonsträge</u> und werden daher oft als <u>Paraffine</u>
(parum affinis = wenig verwandt bzw. reaktionsfähig) bezeichnet. Der
Anstieg der Schmelz- und Siedepunkte innerhalb der homologen Reihe
(s. Tabelle 4) ist auf zunehmende *van der Waals-Kräfte* zurückzuführen. Die neu hinzutretende CH_2-Gruppe wirkt sich bei den ersten Glie-
dern am stärksten aus. Die Moleküle sind als ganzes unpolar und lösen
sich daher gut in anderen Kohlenwasserstoffen, hingegen nicht in
polaren Lösungsmitteln wie Wasser. Solche Verbindungen bezeichnet man
als *hydrophob* (wasserabweisend) oder *lipophil* (fettfreundlich). Substanzen mit OH-Gruppen (z.B. Alkohole) sind dagegen *hydrophil* (wasser-
freundlich).

Obwohl Alkane weniger reaktionsfreudig sind als andere Verbindungen,
erlauben sie doch mancherlei Reaktionen, die über Radikale als Zwischenstufen verlaufen.

Beispiele:

① <u>Sulfochlorierung</u>

$$C_{14}H_{30} + SO_2 + Cl_2 \xrightarrow{\;h\cdot\nu\;} C_{14}H_{29}SO_2Cl + HCl$$

Alkan $\qquad\qquad\qquad\qquad$ Alkylsulfochlorid

Die Sulfochloride langkettiger Alkane sind Ausgangssubstanzen für <u>Waschmittel</u>.

② <u>Halogenierung</u>

$$CH_4 + Cl_2 \xrightarrow{\;h\cdot\nu\;} CH_3Cl + HCl$$

Alkan $\qquad\qquad$ Halogenalkan

Die bei der Halogenierung entstehenden Halogenalkane (Alkylhalogenide) sind wichtige Lösungsmittel und reaktionsfähige Ausgangsstoffe. Durch Chlorierung von Methan erhält man außer Chlormethan (Methylchlorid, CH_3Cl) noch Dichlormethan (Methylenchlorid, CH_2Cl_2), Trichlormethan (Chloroform, $CHCl_3$) und Tetrachlorkohlenstoff (CCl_4). Die letzten drei sind häufig verwendete <u>Lösungsmittel</u> und haben wie viele Halogenverbindungen <u>narkotische Wirkungen</u>. Chlorethan C_2H_5Cl findet z.B. für die sportmedizinische Anaesthesierung Verwendung.

③ <u>Oxidation</u>

Normalerweise verbrennen Alkane mit Luft oder O_2 zu CO bzw. CO_2. Unter bestimmten Bedingungen lassen sich höhere Alkane ($> C_{25}$) mit Luftsauerstoff in Gegenwart von Katalysatoren in Gemische von Carbonsäuren überführen (Paraffin-Oxidation). Die erhaltenen Carbonsäuren haben Kettenlängen von $C_{12} - C_{18}$ und dienen zur Herstellung von <u>Tensiden</u>.

3.1.4 Bau der Moleküle, Stereochemie der Alkane

Im Ethan sind Kohlenstoff-Atome durch eine rotationssymmetrische σ-Bindung verbunden. *Die Rotation der CH_3-Gruppen um die C-C-Bindung gibt verschiedene räumliche Anordnungen, die sich in ihrem Energieinhalt unterscheiden und <u>Konformere</u> genannt werden.*

Zur Veranschaulichung der Konformationen des Ethans CH_3-CH_3 verwendet man folgende zeichnerische Darstellungen:

① *Sägebock-Projektion* (saw-horse, perspektivische Sicht):

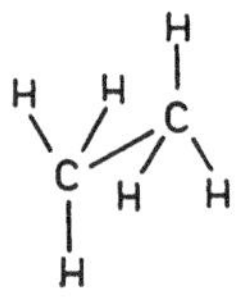

Ia 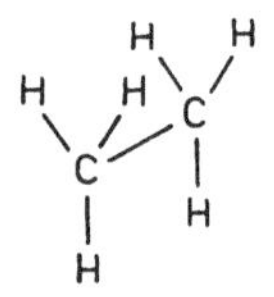   Ib

② Projektion mit **Keilen** und punktierten **Linien** (Blick von der Seite). Die Keile zeigen nach vorn, die punktierten Linien nach hinten. Die durchgezogenen Linien liegen in der Papierebene:

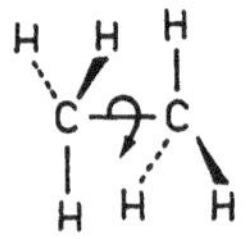

IIa 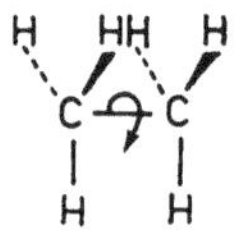   IIb

③ *Newman-Projektion* (Blick von vorne). Die durchgezogenen Linien sind Bindungen zum vorderen C-Atom, die am Kreis endenden Linien Bindungen zum hinteren C-Atom (die Linien bei IIIb müßten strenggenommen aufeinander liegen):

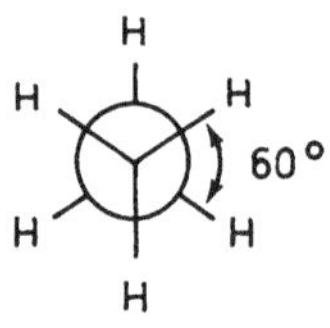

IIIa 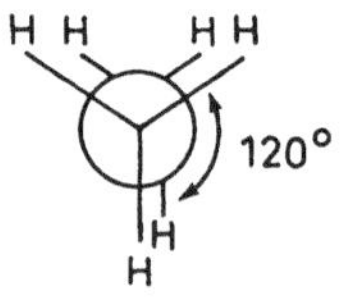   IIIb

Die Schreibweisen Ia, IIa, IIIa sind identisch und werden als *gestaffelte* (auf Lücke stehend, staggered) Stellung bezeichnet. Die Schreibweisen Ib, IIb, IIIb sind ebenfalls identisch und werden als *ekliptische* (verdeckt, eclipsed) Stellung bezeichnet. Neben diesen beiden extremen *Konformationen* gibt es unendlich viele konformere Anordnungen.

3.2 Cyclische Alkane

Die Cycloalkane sind gesättigte Kohlenwasserstoffe mit ringförmig
geschlossenem Kohlenstoff-Gerüst. Sie bilden ebenfalls eine homologe
Reihe. Als wichtige Vertreter seien genannt:

Cyclopropan   Cyclobutan   Cyclopentan   Cyclohexan

Neben der ausführlichen Strukturformel ist die vereinfachte Darstellung angegeben. Das H im Sechsring bedeutet "hydriert" und dient zur
Unterscheidung vom ähnlichen Benzol-Ring.

Außer einfachen Ringen gibt es kondensierte Ringsysteme, die vor
allem in Naturstoffen zu finden sind (z.B. Cholesterin):

Decalin   Hydrindan   5α-Gonan (Steran)

Cycloalkane haben die gleiche Summenformel wie Alkene, nämlich C_nH_{2n}.
Sie zeigen aber eine ähnliche Chemie wie die offenkettigen Alkane
mit Ausnahme des Cyclopropans und des Cyclobutans, die relativ leicht
Reaktionen unter Ringöffnung eingehen.

3.2.1 Darstellung von Cycloalkanen

a) Cyclohexan: Katalytische Hydrierung von Benzol.

b) Zur Herstellung größerer Ringe durch intramolekulare Ringschlüsse
arbeitet man bei sehr niedrigen Konzentrationen (Verdünnungsprinzip),
um mögliche intermolekulare Reaktionen zurückzudrängen.

3.2.2 Stereochemie der Cycloalkane

Bei den Ringverbindungen können wegen der Beweglichkeit der C-C-Bindungen verschiedene Konformationen auftreten. Am bekanntesten sind die *Sesselformen* und die energetisch wesentlich ungünstigere *Wannenform* des Cyclohexans.

Anhand der Projektionsformeln der Molekülstrukturen in Abb. 15 erkennt man, daß die Sesselformen energieärmer sind, weil bei den Substituenten keine sterische Hinderung auftritt. Die H-Atome bzw. die Substituenten stehen auf Lücke.

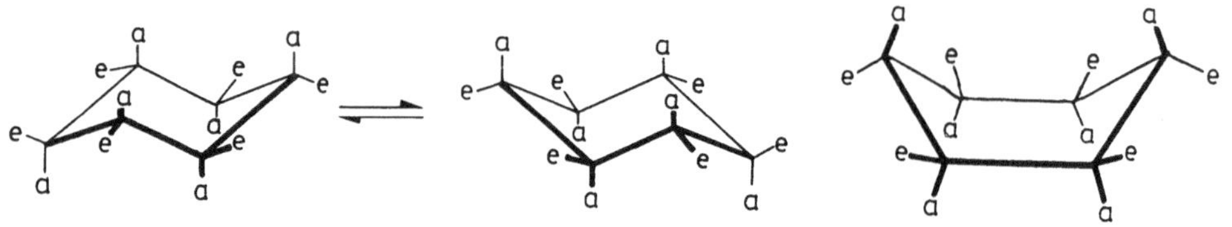

Sesselform I   Sesselform II   Wannenform

Abb. 15. Sessel- und Wannenform von Cyclohexan mit den verschiedenen Positionen der Liganden (perspektivische Projektion). Der Energieunterschied beträgt etwa 29 kJ. Die Umwandlung erfolgt über eine energiereiche Halbsesselform ($\Delta E = 46$ kJ $\cdot$ mol^{-1})

3.2.2.1 Substituierte Cyclohexane

Durch den Ringschluß wird bei den Cycloalkanen die freie Drehbarkeit um die C—C-Bindungsachsen aufgehoben. Disubstituierte Cycloalkane unterscheiden sich daher durch die Stellung der Substituenten am Ring. Stehen zwei Liganden auf derselben Seite der Ringebene, werden sie als **cis-ständig**, stehen sie auf entgegengesetzten Seiten, als **trans-ständig** bezeichnet. (Die Verwendung von Newman-Projektionen oder Molekülmodellen erleichtert die Zuordnung.)

Da bei der gegenseitigen Umwandlung der *cis-trans-Isomere* Atombindungen gelöst werden müßten (hohe Energiebarriere), können beide Formen als Substanzen gefaßt werden (Decalin z.B. durch fraktionierte Destillation).

Beispiel:

Decalin (= Dekahydronaphthalin)

trans-Decalin, Kp. 185°C
starres Ringsystem
(um 8,4 kJ · mol⁻¹ stabiler
als cis-Decalin)

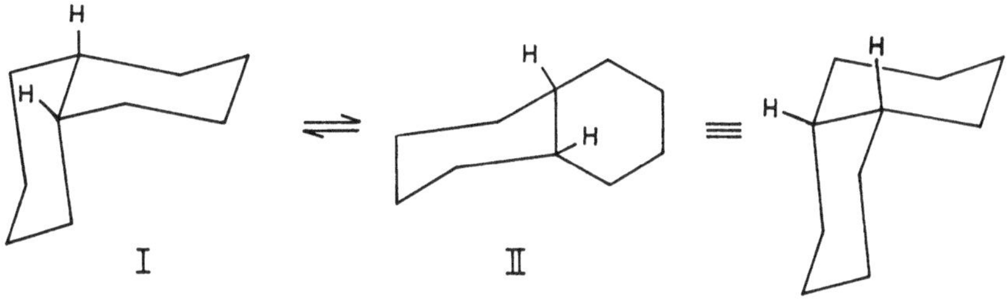

I   II

cis-Decalin, Kp. 194°C, flexibel,
beim Umklappen von I entsteht das
Spiegelbild II, wobei a-Substitu-
enten in e-Substituenten übergehen
und umgekehrt

Man unterscheidet zwei Orientierungen der Substituenten. Sie können
einerseits *axial* (a) stehen, dann ragen sie <u>senkrecht zu dem gewell-
ten Sechsring</u> abwechselnd nach oben und unten heraus. Andererseits
sind auch *äquatoriale* (e) Stellungen möglich, wobei sie in einem
<u>flachen Winkel von der gewellten Ringebene</u> wegweisen.

Die Beweglichkeit des Molekülgerüsts erlaubt das Auftreten einer
zweiten Sesselform II, bei der alle axialen in äquatoriale Substituenten übergeführt werden und umgekehrt. Beide Formen stehen bei Raumtemperatur im Gleichgewicht; ihr Nachweis gelingt nur mit spektroskopischen Methoden, z.B. mit der NMR-Spektroskopie.

Deutlicher ist der Unterschied in der Beweglichkeit bei einem substituierten Cyclohexan-Ring. Hier nehmen die Substituenten mit der größeren Raumbeanspruchung vorzugsweise die äquatorialen Stellungen ein,
weil die Wechselwirkungen mit den axialen H-Atomen geringer sind und
der zur Verfügung stehende Raum am größten ist.

3.3 Verwendung wichtiger Alkane

Tabelle 5. Verwendung wichtiger Alkane (E = Energie)

Verbindung		Verwendung
Methan	$\xrightarrow{+\ O_2}$ $CO_2 + H_2O + E$	Heizzwecke
	$\xrightarrow{+\ H_2O}$ $CO + H_2$	H_2-Herstellung
	$\xrightarrow{+\ O_2}$ $C + H_2O$	Ruß als Füllmaterial
	$\xrightarrow{+\ O_2/NH_3}$ $HCN + H_2O$	Synthese
Ethan	$\xrightarrow{+\ O_2}$ $CO_2 + E$	Heizzwecke
	$\xrightarrow{+\ Cl_2}$ CH_3CH_2Cl	Chlorethan
	$\xrightarrow{-\ H_2}$ $CH_2{=}CH_2$	Ethen
Propan, Butan	$\xrightarrow{+\ O_2}$ $CO_2 + H_2O + E$	Heizzwecke
	$\xrightarrow{-\ H_2}$ Alkene	Synthese
Pentan, Hexan	Extraktionsmittel (z.B. Speiseöle aus Früchten)	
Cyclopropan	Inhalationsnarkotikum	
Cyclohexan	Lösungsmittel	
	$\xrightarrow{+\ O_2}$ Cyclohexanol, Cyclohexanon, Adipinsäure, Kunststoffe, Fasern	

4 Die radikalische Substitutions-Reaktion (S_R)

4.1 Darstellung von Radikalen

Radikale sind Atome, Moleküle oder Ionen mit ungepaarten Elektronen.
Sie bilden sich u.a. bei der photochemischen oder thermischen Spaltung neutraler Moleküle:

$$Cl-Cl \xrightarrow{h\cdot\nu} 2\ Cl\cdot\ ; \qquad Br-Br \xrightarrow{h\cdot\nu} 2\ Br\cdot$$

(a) Dibenzoylperoxid   Benzoyloxylradikal   Phenylradikal

(b) Azo-bis-isobuttersäurenitril   2-Cyano-2-propyl-Radikal
      2,2'-Azodi(2-methylpropannitril)

Moleküle mit niedriger Aktivierungsenergie wie (a) ($125\ kJ\cdot mol^{-1}$) und (b) ($130\ kJ\cdot mol^{-1}$) werden oft als Initiatoren (Starter) benutzt, die beim Zerfall eine gewünschte Radikalreaktion einleiten.

Auch durch Redox-Reaktionen lassen sich Radikale erzeugen. *Beispiele:*

- die Kolbe-Synthese von Kohlenwasserstoffen
- die Sandmeyer-Reaktion von Aryldiazonium-halogeniden
- die Reaktion von Peroxiden mit Fe^{2+} zur Zerstörung von Etherperoxiden

$$R-O-O-H + Fe^{2+} \longrightarrow Fe^{3+} + R-O\cdot + OH^{-}.$$

4.2 Struktur und Stabilität

*Radikale nehmen von der Struktur her eine Zwischenstellung ein zwi-
schen den Carbanionen und Carbenium-Ionen.* Bei einfachen Radikalen
$R_3C\cdot$ liegt vermutlich eine Geometrie vor, die zwischen einem flachen
Tetraeder und einem planaren sp^2-Gerüst liegt (Abb. 16).

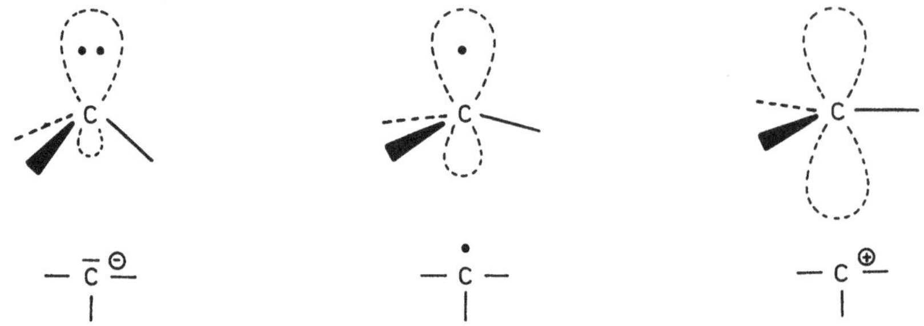

Carbanion–C
$(sp^3$-Struktur)

Radikal–C
$(sp^3$-sp^2-Struktur)

Carbeniumion –C
$(sp^2$-Struktur)   Abb. 16

Die Stabilität von Radikalen nimmt in dem Maße zu, wie das ungepaarte
Elektron im Molekül delokalisiert werden kann. Für Alkyl-Radikale
gilt - wie bei den Carbenium-Ionen - die Reihenfolge

  primär < sekundär < tertiär.

Tertiäre Alkyl-Radikale sind demnach am stabilsten. Mesomerie-Effekte
können Radikale so stabilisieren, daß sie in Lösung einige Zeit beständig sind.

Beispiele: $CH_2=CH-\overset{\bullet}{C}H_2 \longleftrightarrow \overset{\bullet}{C}H_2-CH=CH_2$;

Allyl-Radikal

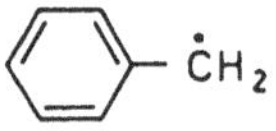

Benzyl-Radikal

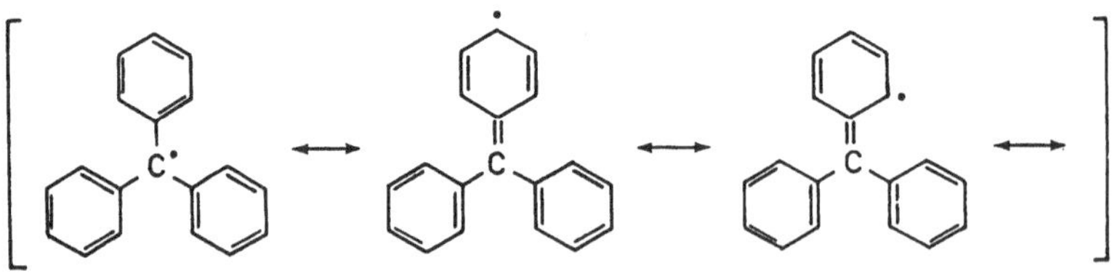

usw.

Triphenylmethyl-Radikal (10 mögliche Resonanzstrukturen)

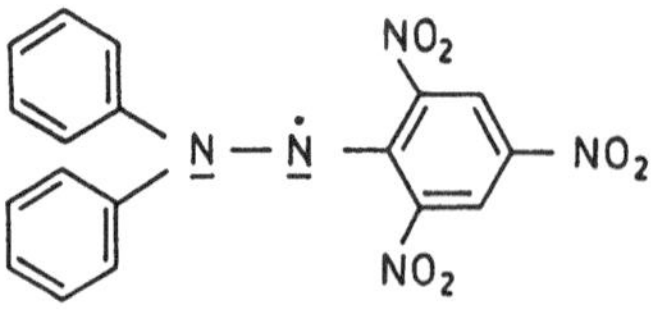

1,1-Diphenyl-2-pikrylhydrazyl-Radikal
(violett, zum Nachweis anderer Radikale geeignet)

4.3 Beispiele für Radikalreaktionen

(1) Die hohe Reaktivität vieler Radikale ermöglicht eine Reaktion mit Alkanen. Bekanntestes Beispiel ist die *Photochlorierung von Alkanen* (Halogenierung) mit Cl_2. In einer Start-Reaktion wird zunächst ein Chlor-Radikal gebildet:

$$Cl-Cl \xrightarrow{h\cdot\nu} 2\ Cl\cdot \qquad \text{Startreaktion}$$

Die Bindung im Chlor-Molekül wird dabei durch Licht, Wärme oder Zugabe von radikalbildenden Stoffen (Initiatoren) homolytisch gespalten. Danach wird aus einem Alkan durch Abstraktion eines $H\cdot$ ein Radikal erzeugt, das seinerseits ein Chlor-Molekül angreift und so eine Reaktionskette in Gang setzt, die bei Bestrahlung mit Sonnenlicht explosionsartig verlaufen kann:

$$Cl\cdot + CH_3-CH_3 \longrightarrow HCl + CH_3-CH_2\cdot$$
$$CH_3-CH_2\cdot + Cl_2 \longrightarrow CH_3-CH_2-Cl + Cl\cdot$$

$$\left.\right\} \text{Kettenreaktion}$$

Wenn diese Kette einmal gestartet wurde, kann sie Längen bis zu 10^6 Cyclen erreichen, bevor sie abbricht.

Möglichkeiten des Kettenabbruchs durch Radikalrekombination:

$$2\ Cl\cdot \longrightarrow Cl_2$$
$$CH_3-CH_2\cdot + Cl\cdot \longrightarrow CH_3-CH_2-Cl$$
$$2\ CH_3-CH_2\cdot \longrightarrow CH_3-CH_2-CH_2-CH_3$$
$$2\ CH_3-CH_2\cdot \longrightarrow CH_3-CH_3 + CH_2 = CH_2$$

$$\left.\right\} \text{Kettenabbruchreaktionen}$$
Disproportionierung

Durch Zugabe von Inhibitoren (Radikalfängern) wie Sauerstoff, Phenolen, Chinonen, Iod etc. können Radikalketten künstlich gesteuert werden, indem sie abgebrochen oder von vornherein unterbunden werden (Zugabe von "Stabilisatoren" zu lichtempfindlichen Substanzen).

(2) *Die Chlorierung von Alkanen mit Sulfurylchlorid, SO_2Cl_2.* Hierbei wird Dibenzoylperoxid als Starter benutzt.

$$(C_6H_5COO)_2 \xrightarrow{h\cdot\nu} 2\ C_6H_5COO\cdot$$
$$C_6H_5COO\cdot \longrightarrow C_6H_5\cdot + CO_2$$
$$C_6H_5\cdot + SO_2Cl_2 \longrightarrow C_6H_5-Cl + \cdot SO_2Cl$$

$$\left.\right\} \text{Startreaktion}$$

$$\cdot SO_2Cl \longrightarrow SO_2 + Cl\cdot$$
$$Cl\cdot + R{-}H \longrightarrow HCl + R\cdot$$
$$R\cdot + SO_2Cl_2 \longrightarrow R{-}Cl + \cdot SO_2Cl$$

} Kettenreaktion

③ *Die Sulfochlorierung von Alkanen* ist eine Radikalreaktion zwischen R–H, SO_2 und Cl_2, wobei auch SO_2Cl_2 als Quelle für SO_2 und Cl_2 dienen kann.

$$Cl_2 \xrightarrow{h\cdot\nu} 2\ Cl\cdot \qquad \text{Startreaktion}$$

$$Cl\cdot + R{-}H \longrightarrow HCl + R\cdot$$
$$R\cdot + SO_2 \longrightarrow R{-}SO_2\cdot$$
$$R{-}SO_2\cdot + Cl_2 \longrightarrow R{-}SO_2Cl + Cl\cdot$$

} Kettenreaktion

④ *Halogenierung mit N-Brom-Succinimid*

Halogenierungen können statt mit elementaren Halogenen auch mit halogenierten Verbindungen ausgeführt werden. Für Chlorierungen und Bromierungen in der Allyl-Stellung (Erhalt der Doppelbindung!) verwendet man N-Halogen-succinimid. Diese Radikalreaktion muß mit einem Starter initiiert werden, wobei das Halogenimid das Halogen erst während der Reaktion freisetzt (NBS = N-Brom-Succinimid, NCS = N-Chlor-Succinimid).

Das gebildete Allyl-Radikal ist mesomeriestabilisiert, ein mögliches Additionsprodukt wie $-\overset{|}{\underset{|}{C}}-\overset{|}{\underset{\bullet}{C}}-\overset{|}{\underset{|}{C}}-H$ jedoch nicht, so daß die Allylbromierung überwiegt. (Br)

Allgemeine Reaktionsgleichung:

Verbindung mit markierter Allyl-Stellung   N-Brom-Succinimid (NBS)   Succinimid

5 Ungesättigte Kohlenwasserstoffe
   I. Alkene

5.1 Nomenklatur und Struktur

*Die Alkene bilden eine homologe Reihe von Kohlenwasserstoffen mit
einer oder mehreren C=C-Doppelbindungen.* Die Namen werden gebildet,
indem man bei dem entsprechenden Alkan die Endung -an durch -en
ersetzt und die Lage der Doppelbindung im Molekül durch Ziffern,
manchmal auch durch das Symbol Δ, angibt. Ihre Summenformel ist
C_nH_{2n}. Wir kennen normale, verzweigte und cyclische Alkene. Beispiele
(die ersten drei Verbindungen unterscheiden sich um eine CH_2-Gruppe =
homologe Reihe):

$$CH_2{=}CH_2 \qquad CH_2{=}CH-CH_3 \qquad CH_2{=}CH-CH_2-CH_3 \qquad CH_2{=}\underset{\underset{CH_3}{|}}{C}-CH_3$$

Ethen   Propen   1-Buten   Methylpropen
(Ethylen)   (Propylen)   (iso-Buten)

$CH_2{=}CH-$ $CH_2{=}CH-CH_2-$
Vinyl-Gruppe   Allyl-Gruppe

Cyclohexen   trans-2-Buten   cis-2-Buten
                    Z-2-Buten   E-2-Buten

Bei den Alkenen treten erheblich mehr Isomere auf als bei den Alkanen. Zu einer Verzweigung kommen die verschiedenen möglichen Lagen
der Doppelbindung und die cis-trans-Isomerie (geometrische Isomerie)
hinzu.

Cis-trans-Isomere können getrennt <u>isoliert</u> werden, da sie sich nicht spontan ineinander umwandeln. Sie stehen unter normalen Bedingungen nicht im Gleichgewicht miteinander.

Durch Energiezufuhr kann die energiereichere in die stabilere (energieärmere) Form überführt werden.

5.2 Vorkommen und Darstellung von Alkenen

Olefine werden <u>großtechnisch</u> bei der Erdölverarbeitung durch thermische Crack-Verfahren oder katalytische Dehydrierung gewonnen.

① <u>Im Labor</u> werden oft *Eliminierungs-Reaktionen* für die Olefin-Darstellung benutzt. Analoges gilt für die Alkine.

Beispiel: Dehydrochlorierung von trans-1-Chlor-2-methylcyclohexan

(Die Pfeile zeigen, wohin die Elektronen verschoben werden.)   1-Methyl-cyclohexen

② Die *Hydrierung von Alkinen* erlaubt durch geeignete Wahl der Reaktionsbedingungen die Herstellung <u>isomeren-freier</u> cis- oder trans-Alkene.

③ Die <u>*Wittig-Reaktion*</u> findet z.B. zur Herstellung von Carotinoiden und Pheromonen Verwendung (Pheromone sind natürliche Sexuallockstoffe, Alarmstoffe u.a.).

5.3 Chemische Reaktionen

Die Alkene sind <u>reaktionsfreudiger</u> als die gesättigten Kohlenwasserstoffe, weil die π-Elektronen der Doppelbindung zur Reaktion zur Verfügung stehen.

Charakteristisch sind Additionsreaktionen, wie die Anlagerung von Wasserstoff (Hydrierung), und Polymerisationen.

5.3.1 Hydrierungen

Hydrierungen bedürfen eines Katalysators, da für die Spaltung der
H—H-Bindung 435 kJ · mol^{-1} aufzuwenden sind. Als Katalysatoren werden
Übergangsmetalle (z.B. Nickel, Palladium, Platin) verwendet, die Wasserstoff in das Metallgitter einlagern können. Während der Hydrierung
ist das Olefin an die Metalloberfläche gebunden. Der Wasserstoff
tritt aus dem Innern der Metalle wahrscheinlich atomar an das Molekül
heran. Das gebildete aliphatische Produkt wird leicht von der Metalloberfläche entfernt, worauf sie wieder für eine Hydrierung zur Verfügung steht. Durch diesen Vorgang läßt sich das Gleichgewicht nach
rechts verschieben (s. Beispiel). Hydrierungen lassen sich oft bei
Zimmertemperatur und Atmosphärendruck durchführen. Katalytische Hydrierungen verlaufen i.a. als syn-Addition, d.h. beide H-Atome werden von
derselben Seite her an die Doppelbindung angelagert.

$$H_2 \;+\; \text{(Cyclohexen)} \quad \overset{\boxed{\text{Hydrierung}}}{\underset{\boxed{\text{Dehydrierung}}}{\xrightleftharpoons[\text{Kat.+Temp.}]{\text{Kat.}}}} \quad \text{(Cyclohexan)} \;+\; \text{Energie;}\; \Delta H = -119{,}7\,kJ$$

Der Energiebetrag von -119,7 kJ bezieht sich auf die Hydrierung. Bei
der Dehydrierung müssen +119,7 kJ dem System zugeführt werden.

Die *Dehydrierung* ist als Umkehrung der Hydrierung eine Eliminierungs-
Reaktion. Sie muß bei erheblich höheren Temperaturen (120 - 300°C)
durchgeführt werden, wobei das entstehende Produkt (Olefin) aus dem
Reaktionsgemisch entfernt wird. Die Höhe der Temperatur richtet sich
nach der Art des Katalysators.

5.3.2 Elektrophile Additionsreaktionen

Additionsreaktionen sind auch die Anlagerung von Brom und anderen
Elektrophilen wie $H_3O^{\oplus}$ an eine Doppelbindung. Die Endprodukte sind
Bromalkane bzw. Alkohole.

① Addition von Brom
(Hinweis: Die Reaktion mit F_2 spaltet das Molekül; die Addition von
I_2 ist schwierig und reversibel.)

$$CH_2{=}CH_2 \;+\; Br_2 \;\longrightarrow\; CH_2Br{-}CH_2Br$$
$$\text{Ethen} \qquad\qquad\qquad \text{1,2-Dibromethan}$$

Die Bromaddition läuft als <u>zweistufiger Prozess</u> ab. Man geht davon aus, daß die Reaktion eingeleitet wird durch die Bildung eines Ladungstransfer-Komplexes (π-Addukt, π-Komplex) zwischen dem Halogen und dem Olefin (I). Dann bildet sich unter Abspaltung eines Bromid-Ions ein positiv geladenes Ion, das heute meist als cyclisches Bromonium-Ion formuliert wird. Dieser Vorgang ist der geschwindigkeitsbestimmende Schritt.

$$\text{I} \qquad\qquad\qquad \text{II}$$

Das Halogenonium-Ion wird dann im zweiten schnellen Reaktionsschritt von dem Anion $Br^{\ominus}$ angegriffen, und zwar von der zur Br-Brücke entgegengesetzten Seite <u>(anti)</u>.

Es entstehen bevorzugt die Produkte II einer <u>anti-Addition</u>. (Die früher üblichen Bezeichnungen trans statt anti bzw. cis statt syn werden nicht mehr benutzt, da cis und trans die Stereochemie von Verbindungen wiedergeben).

② <u>Addition von Wasser mit H_2SO_4 als Katalysator</u>

$$H_3C-CH=CH_2 \;+\; H_2O \xrightarrow{(H^{\oplus})} H_3C-\underset{\underset{OH}{|}}{CH}-CH_3$$

Propen

2-Propanol; $(H^{\oplus})$ symbolisiert die Katalysatorwirkung des Protons.

Bei dieser Reaktion treten stets Ether als Nebenprodukte auf, manchmal bilden sich auch Ester und Polymere.

Wasser kann nur in Gegenwart einer Säure addiert werden, da H–O–H selbst nicht elektrophil genug ist. Vermutlicher Mechanismus:

$$H_3C-\underset{\underset{}{|}}{\overset{\overset{H}{|}}{C}}=CH_2 \;\underset{-H^{\oplus}}{\overset{+H^{\oplus}}{\rightleftharpoons}}\; H_3C-\underset{\oplus}{\overset{\overset{H}{|}}{C}}-CH_3 \;\underset{-H_2O}{\overset{+H_2O}{\rightleftharpoons}}\; H_3C-\underset{\underset{\oplus OH_2}{|}}{\overset{\overset{H}{|}}{C}}-CH_3 \;\underset{+H^{\oplus}}{\overset{-H^{\oplus}}{\rightleftharpoons}}\; H_3C-\underset{\underset{OH}{|}}{\overset{\overset{H}{|}}{C}}-CH_3$$

Carbenium-Ion

Bei Verwendung von konz. H_2SO_4 als Katalysator bilden sich auch <u>Alkyl-hydrogensulfate</u>. Diese Schwefelsäureester werden jedoch i.a. durch Wasser rasch hydrolysiert:

$$\underset{H}{\overset{\oplus}{>}}C - C< \quad \xrightarrow{\;H\,SO_4^{\ominus}\;} \quad \underset{H}{\overset{O-SO_3H}{>}}C - C< \quad \xrightarrow{\;H_2O\;} \quad \underset{H}{\overset{OH}{>}}C - C< \quad + \quad H_2SO_4$$

Markownikow-Regel

Das angreifende Teilchen bei der Hydratisierung ist $H^{\oplus}$ (eigentlich $H_3O^{\oplus}$) und nicht H_2O. *Das Proton tritt an das wasserstoffreichste Kohlenstoff-Atom der Doppelbindung*: Regel von Markownikow. Der Grund hierfür ist die größere Stabilität des intermediär gebildeten sek. Carbenium-Ions $H–CH_2–\overset{\oplus}{C}H–CH_3$ im Vergleich zu dem isomeren $\overset{\oplus}{C}H_2–\underset{H}{C}H–CH_3$.

Bei der Addition eines unsymmetrischen Elektrophils (z.B. H-Hal) an ein Alken können prinzipiell I und II entstehen:

$$H_3C-CH=CH_2 \xrightarrow{\;H\,Br\;}
\begin{cases}
H_3C-\underset{H}{CH}-\overset{\oplus}{C}H_2 \xrightarrow{\;+\,Br^{\ominus}\;} H_3C-CH-\underset{Br}{\overset{H}{C}}H_2 \quad \text{I} \\[2em]
H_3C-\underset{\oplus}{CH}-\underset{H}{C}H_2 \xrightarrow{\;+\,Br^{\ominus}\;} H_3C-CH-\underset{Br}{\overset{H}{C}}H_2 \quad \text{II}
\end{cases}$$

Experimentell stellt man aber fest, daß ausschließlich II gebildet wird. Der Grund hierfür ist, daß die Orientierung der Addition von der relativen Stabilität der Carbenium-Ionen bestimmt wird, die im ersten Reaktionsschritt gebildet werden. Da sekundäre Carbenium-Ionen stabiler sind als primäre, entsteht ausschließlich II.

Allgemein gilt: *Bei der Addition eines unsymmetrischen Elektrophils H-Hal addiert sich der positivere Teil des Reagens so, daß* <u>*das sta-bilste Carbenium-Ion*</u> gebildet wird. Das H-Atom, d.h. der positive Teil des Reagens, wird i.a. an das stärker H-substituierte C-Atom der C=C-Bindung angelagert (Regel von Markownikow; Merkhilfe: <u>Wer schon hat, bekommt noch mehr</u>).

<u>Zusammenfassung der säurekatalysierten Additionsreaktionen an Alkene:</u>

$$-\overset{|}{C}=\overset{|}{C}- \quad \overset{H^{\oplus}}{\longrightarrow} \quad -\overset{|}{C}H-\overset{|}{C}{}^{\oplus}- \quad \overset{HO-SO_2-O^{\ominus}}{\longrightarrow} \quad -\overset{|}{C}H-\overset{|}{C}-OSO_2OH$$

Monoalkylsulfat

$$\overset{-\overset{|}{C}H-\overset{|}{C}-OSO_2O^{\ominus}}{\longrightarrow} \quad -\overset{|}{C}H-\overset{|}{C}-O-SO_2-O-\overset{|}{C}-\overset{|}{C}H-$$

Dialkylsulfat

$$\overset{H-O-H}{\longrightarrow} \quad -\overset{|}{C}H-\overset{|}{C}-OH$$

Alkohol

$$\overset{-\overset{|}{C}H-\overset{|}{C}-O^{\ominus}}{\longrightarrow} \quad -\overset{|}{C}H-\overset{|}{C}-O-\overset{|}{C}-\overset{|}{C}H-$$

Ether

$$\overset{-\overset{|}{C}=\overset{|}{C}-}{\longrightarrow} \quad -\overset{|}{C}H-\overset{|}{C}-\overset{|}{C}-C^{\oplus}- \quad \overset{usw.}{\longrightarrow}$$

Polymer

<u>Ähnlich verlaufende elektrophile Additionen mit unsymmetrischen Reagenzien sind:</u>

③ $\quad (CH_3)_2C=CH_2 + HBr \longrightarrow (CH_3)_2\overset{|}{\underset{Br}{C}}-CH_3 \quad + \quad (CH_3)_2CH-CH_2Br$

2-Methylpropen   2-Brom-2-methylpropan   1-Brom-2-methylpropan
(Isobuten)   (t-Butylbromid)   (i-Butylbromid)
                 $> 99\ \%$ $<1\ \%$

Vgl. hierzu das Ergebnis der analogen Radikalreaktion.

④ $\quad H_3C-CH=CH_2 + Cl-OH \longrightarrow [CH_3-\overset{\oplus}{C}H-CH_2Cl] \longrightarrow CH_3-\overset{|}{\underset{OH}{C}}H-CH_2Cl$

Propen   hypochlorige $+$
           Säure $OH^{\ominus}$

Propenchlorhydrin
(1-Chlor-2-propanol)

⑤ Die <u>Oxymercurierung</u> mit Quecksilberhydroxyacetat erlaubt gezielt die Addition von Wasser nach Markownikow:

$$\underset{H}{\overset{R}{}}C=C\underset{H}{\overset{H}{}} \quad \overset{Hg(OH)OAc}{\longrightarrow} \quad R-\overset{|}{\underset{}{C}}H-\overset{|}{C}H_2 \quad \overset{NaBH_4}{\longrightarrow} \quad R-\overset{OH}{\underset{}{C}}H-\overset{H}{C}H_2$$

⑥ <u>Prileschajew-Reaktion</u>. Persäuren (R-C-O-OH) oxidieren Alkene zu
$\overset{\|}{O}$
Epoxiden (Oxiranen), deren Dreiring z.B. basisch zu einem 1,2-Diol
hydrolysiert werden kann.

$$R-CH=CH-R' \quad + \quad CH_3-C\overset{O}{\underset{OOH}{}} \xrightarrow[-CH_3COOH]{} R-CH-CH-R' \longrightarrow 1,2-Diol$$

Olefin   Oxiran

⑦ Durch Addition von HOCl an Alkene bilden sich <u>Chlorhydrine</u>. Sie
lassen sich mit Basen ebenfalls in Oxirane und weiter in 1,2-Diole
umwandeln.

5.3.3 Nucleophile und radikalische Additionsreaktionen

Außer den genannten elektrophilen Additionsreaktionen werden folgende
Additionsreaktionen beobachtet.

5.3.3.1 Nucleophile Additionsreaktionen

Die olefinische Doppelbindung kann auch nucleophil angegriffen werden, falls elektronenziehende Substituenten vorhanden sind (z.B.
-COR, -COOR, -CN, -NO$_2$, -SOR). Angreifendes Agens ist oft ein Carbanion. Sehr wichtig sind auch Additionsreaktionen an Mehrfachbindungen
zwischen Kohlenstoff und einem Heteroatom wie $>$C=O, -C≡N usw.

Beispiele:

① Die <u>Cyanethylierung</u> durch Addition eines Nucleophils an Acrylnitril H$_2$C=CH–CN.

$$R-\bar{O}I + CH_2=CH-C≡NI \longrightarrow \left[\begin{array}{c} R-O-CH_2-CH=C=\bar{N}I^{\ominus} \\ \updownarrow \\ R-O-CH_2-\overset{\ominus}{C}H-C≡NI \end{array} \right] \xrightarrow{H^{\oplus}} R-O-CH_2-CH_2-CN$$

Andere Nucleophile können sein C$_6$H$_5$OH, H$_2$S, RNH$_2$ etc. Dementsprechend
sind Acetal- bzw. Ketal-Bildungen nucleophile Additionsreaktionen.

② Michael-Addition

Handelt es sich bei dem angreifenden Nucleophil um ein Carbanion,
wird die Additionsreaktion oft Michael-Reaktion genannt.

Beispiel

$$\underset{R'}{\overset{R}{>}}\!\!\overset{\ominus}{C}\!-CHO \;+\; CH_2\!=\!CH-CN \;\xrightarrow{\;R''OH\;}\; \underset{R'}{\overset{R}{>}}C\!\!\underset{CH_2CH_2CN}{\overset{CHO}{<}} \;+\; {}^{\ominus}\!\bar{I}\underline{O}R''$$

③ Zu den Michael-Reaktionen zählt man auch <u>Additionsreaktionen mit</u>
<u>α,β-ungesättigten Carbonyl-Verbindungen</u>. Die Addition von Carbanionen
an das System $>C\!=\!C\!-\!C\!=\!O$ ist eine wichtige Methode zur Knüpfung von
C-C-Bindungen. Ebenso wie bei den Dienen besteht grundsätzlich die
Möglichkeit einer 1,2-Addition an die Carbonyl-Gruppe bzw. die olefinische Doppelbindung oder einer 1,4-Addition an das gesamte System.

5.3.3.2 Radikalische Additionsreaktionen

<u>Bei der radikalischen Addition gilt die Markownikow-Regel nicht.</u> So
bildet sich bei der Reaktion von Propen mit HBr in Gegenwart von Peroxiden 1-Brompropan, weil Peroxide in Radikale zerfallen und im Ver-
lauf der Radikalkette Br·-Radikale erzeugt werden. Da das stabilere
Radikal $CH_3\!-\!\overset{\cdot}{C}H\!-\!CH_2\!-\!Br$ schneller gebildet wird als das primäre
$CH_3\!-\!CHBr\!-\!CH_2\!\cdot$, findet eine <u>Anti-Markownikow-Addition</u> statt *(Peroxid-*
Effekt):

$$CH_3\!-\!\overset{\overset{O}{\|}}{C}\!-\!O\!-\!O\!-\!\overset{\overset{O}{\|}}{C}\!-\!CH_3 \;\longrightarrow\; 2\; CH_3\!-\!C\!\!\underset{O\cdot}{\overset{O}{<}}$$

Diacetylperoxid $\qquad\qquad$ Radikal $\qquad\qquad\qquad$ } Start

$$CH_3COO\cdot \;+\; HBr \;\longrightarrow\; CH_3COOH \;+\; Br\cdot$$

$$Br\cdot \;+\; CH_3\!-\!CH\!=\!CH_2 \;\longrightarrow\; CH_3\!-\!\overset{\cdot}{C}H\!-\!CH_2Br$$

$$CH_3\!-\!\overset{\cdot}{C}H\!-\!CH_2Br \;+\; HBr \;\longrightarrow\; CH_3\!-\!CH_2\!-\!CH_2Br \;+\; Br\cdot$$

} Radikal-
kette

6 Ungesättigte Kohlenwasserstoffe
II. Konjugierte Alkene, Diene und Polyene

Neben Molekülen mit nur einer Doppelbindung gibt es auch solche, die mehrere Doppelbindungen enthalten, z.B. die Diene und Polyene. Man unterscheidet

nicht-konjugierte (isolierte und kumulierte) und

konjugierte Doppelbindungen.

Letztere liegen vor, wenn Doppelbindungen abwechselnd mit Einfachbindungen auftreten.

Beispiele:

$CH_2=CH-CH_2-CH_2-CH=CH_2$

1,5-Hexadien,
isoliertes Dien

$CH_2=C=CH-CH_2-CH_3$

1,2-Pentadien,
kumuliertes Dien

$CH_2=CH-CH=CH-CH=CH_2$

1,3,5-Hexatrien,
konjugiertes Polyen

$CH_2=C=CH-CH_2-CH=CH_2$

1,2,5-Hexatrien,
nicht konjugiert

$CH_2=CH-\overset{\displaystyle ||}{\underset{\displaystyle CH_2}{C}}-CH=CH_2$

3-Methylen-1,4-pentadien, konjugiert

$CH_2=CH-CH=CH_2$

1,3-Butadien,
konjugiert

$CH_2=\underset{\displaystyle CH_3}{C}-CH=CH_2$

2-Methyl-1,3-
butadien (Isopren)
konjugiert

$CH_2=C=CH-CH_3$

1,2-Butadien,
nicht konjugiert
kumuliert

Während sich Moleküle mit isolierten Doppelbindungen wie einfache Alkene verhalten, haben Moleküle mit konjugierten Doppelbindungen andere Eigenschaften. Dies macht sich besonders bei Additionsreaktionen bemerkbar. Die Addition von Br_2 an Butadien gibt neben dem Produkt der "üblichen" 1,2-Addition auch ein 1,4-Additionsprodukt:

$$H_2C=CH-CH=CH_2 \xrightarrow{Br_2} \underset{\underset{\displaystyle BrBr}{|\ |}}{H_2\overset{4}{C}-\overset{3}{C}H-\overset{2}{C}H=\overset{1}{C}H_2} \quad und \quad \underset{\underset{\displaystyle Br \qquad Br}{|\qquad\ |}}{H_2\overset{1}{C}-\overset{2}{C}H=\overset{3}{C}H-\overset{4}{C}H_2}$$

3,4-Dibrom-
1-buten
(1,2-Addukt)

1,4-Dibrom-
2-buten
(1,4-Addukt)

Der Grund hierfür ist, daß als Zwischenstufe ein substituiertes
Allyl-Kation (Carbenium-Ion) auftritt, in dem die positive Ladung
auf die C-Atome 2 und 4 verteilt ist (Mesomerie-Effekte):

$$\left[CH_2=CH-\overset{\oplus}{C}H-CH_2Br \longleftrightarrow \overset{\oplus}{C}H_2-CH=CH-CH_2Br \right] \equiv \overset{\delta\oplus}{C}H_2\cdots CH\cdots\overset{\delta\oplus}{C}H-CH_2Br$$

Kumulene

Verbindungen mit zwei oder mehr aneinandergereihten Doppelbindungen
heißen Kumulene. Das einfachste Kumulen ist das Propadien (Allen),
das zwei sp^2- und ein sp-hybridisiertes C-Atom enthält: $H_2C=C=CH_2$.

6.1 Diels-Alder-Reaktion

Eine für 1,3-Diene charakteristische 1,4-Addition ist die Diels-
Alder-Reaktion *(Dien-Synthese)*. Diese Cycloaddition verläuft streng
stereospezifisch mit einem Alken als sog. Dienophil; sie wird daher
besonders zur Synthese von Naturstoffen verwendet.

Beispiel:

Butadien + Maleinsäureanhydrid $\longrightarrow$ Tetrahydrophthalsäureanhydrid

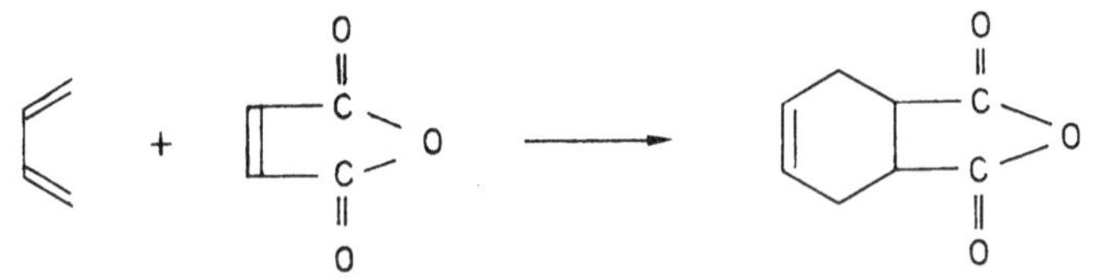

Man kann so in einem Reaktionsschritt einen Sechsring aufbauen, wobei
zwei π-Bindungen gelöst und zwei neue σ-Bindungen geknüpft werden.
Die Reaktion gehört in die Gruppe der [4+2]-Cycloadditionen.

Die Dien-Synthese kann oft reversibel gestaltet werden. Diese _Retro-Diels-Alder-Reaktion_ ist ebenfalls von präparativem Interesse. So wird Cyclopentadien I aus Dicyclopentadien II durch Destillation erhalten:

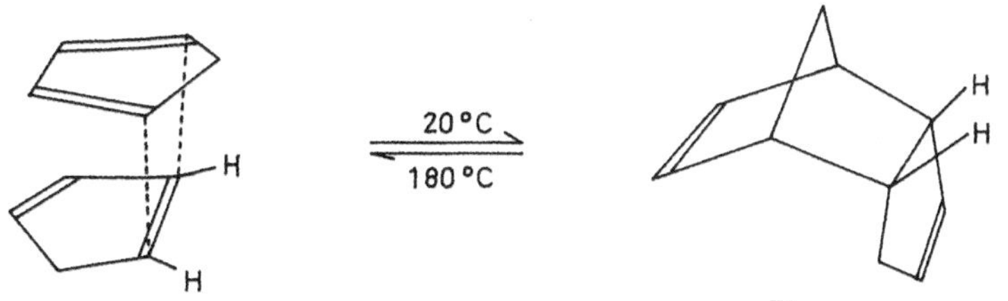

7 Ungesättigte Kohlenwasserstoffe
III. Alkine

Eine weitere homologe Reihe ungesättigter Verbindungen bilden die unverzweigten und verzweigten Alkine. *Der Prototyp für diese Moleküle mit einer C≡C-Dreifachbindung ist das Ethin (Acetylen), HC≡CH* Wichtige Vertreter der Acetylen-Reihe sind:

Propin (Methyl-acetylen)	$CH_3-C\equiv CH$
1-Butin (Ethyl-acetylen)	$C_2H_5-C\equiv CH$
2-Butin (Dimethyl-acetylen)	$CH_3-C\equiv C-CH_3$
2-Methyl-3-hexin (Ethylisopropyl-acetylen)	$C_2H_5-C\equiv C-\underset{\underset{CH_3}{\mid}}{CH}-CH_3$
5-Methyl-2-hexin (Methylisobutyl-acetylen)	$CH_3-\underset{\underset{CH_3}{\mid}}{CH}-CH_2-C\equiv C-CH_3$

Betrachtet man die Kernabstände der beiden C-Atome bzw. der C–H-Bindung im Ethan, Ethen und Ethin, so erhält man folgende Werte:

$$H_3C-CH_3 \quad (153{,}4\,pm,\ sp^3,\ 110{,}2\,pm) \qquad H_2C=CH_2 \quad (133{,}7\,pm,\ sp^2,\ 108{,}6\,pm) \qquad HC\equiv CH \quad (120{,}7\,pm,\ sp,\ 105{,}9\,pm)$$

Die Verkürzung des C–C-Abstandes in den Mehrfachbindungen erklärt sich durch die zusätzlichen π-Bindungen. Der C–H-Kernabstand verringert sich in dem Maße, wie der s-Anteil an der Hybridisierung des C-Atoms wächst. Mit der Verkürzung der Kernabstände ist eine Vergrößerung der Bindungsenergien verbunden, zusätzlich erhöht sich die Elektronegativität der C-Atome mit dem Hybridisierungsgrad in der Reihenfolge $sp^3 \rightarrow sp^2 \rightarrow sp$, was dazu führt, daß die H-Atome im Acetylen acid sind.

Entsprechend lassen sich die H-Atome - im Gegensatz zu olefinischen H-Atomen - leicht durch Metallatome ersetzen, wobei *Acetylide* gebildet werden. Hiervon sind besonders <u>die Schwermetall-acetylide</u> wie <u>Ag$_2$C$_2$</u> und <u>Cu$_2$C$_2$</u> *sehr explosiv*.

$$CH \equiv CH \quad \xrightarrow[- NH_3]{+ NaNH_2} \quad CH \equiv C| \overset{\ominus}{} Na^{\oplus}$$

Acetylen $\qquad\qquad\qquad\qquad\qquad$ Na-Acetylid

<u>Das Acetylid-Ion ist ein Nucleophil</u> und kann weiterreagieren, z.B. mit dem elektrophilen CO_2:

$$H-C \equiv C| \overset{\ominus}{} \; + \; O=C=O \quad \longrightarrow \quad H-C \equiv C-C \overset{\overset{\textstyle O|^{\ominus}}{|}}{\underset{\textstyle O}{\|}}$$

oder mit einem Halogenalkan:

$$H-C \equiv C| \overset{\ominus}{} \; + \; R-Br \quad \longrightarrow \quad H-C \equiv C-R \; + \; Br^{\ominus}$$

<u>Der ungesättigte Charakter der Ethine zeigt sich in zahlreichen</u> <u>Additionsreaktionen</u>:

$\overset{\ominus}{}OR \rightarrow$	$[H\underset{\ominus}{C}=CH-OR]$	$\xrightarrow[-OR^{\ominus}]{ROH}$	$H_2C=CH-OR$ Vinylether
$\xrightarrow{H_2}$	$H_2C=CH_2$ Ethen	$\xrightarrow{H_2}$	CH_3-CH_3 Ethan
$\xrightarrow{Cl_2}$	$ClCH=CHCl$ 1,2-Dichlorethen	$\xrightarrow{Cl_2}$	$Cl_2CH-CHCl_2$ 1,1,2,2-Tetrachlorethan
$\xrightarrow{HI}$	$CH_2=CHI$ Vinyliodid	$\xrightarrow{HI}$	CH_3-CHI_2 1,1-Diiodethan
$\xrightarrow[(Hg^{2\oplus})]{H_2O}$	$[CH_2=CHOH]$ Vinylalkohol	$\xrightarrow[Tautomerie]{isomerisiert}$	CH_3-CHO Acetaldehyd

(Row labels at left: $HC \equiv CH$ — Ethin)

Neben den Additionsreaktionen kommt den als *Reppe-Synthesen* bekannter Umsetzungen des Acetylens große Bedeutung zu. Man unterscheidet:

Vinylierung: Reaktion von Acetylen mit organischen Verbindungen, die funktionelle Gruppen mit acidem H-Atom tragen (z.B. -OH, -SH, -NH$_2$, -COOH). Es erfolgt eine Umwandlung der C$\equiv$C- in eine C=C-Bindung (Vinyl-Gruppe).

$$CH \equiv CH + H-OC_2H_5 \quad \longrightarrow \quad CH_2=CH-OC_2H_5$$

Ethylvinylether

Ethinylierung: Reaktion des Acetylens mit Aldehyden oder Ketonen und Kupferacetylid als Katalysator, wobei die C≡C-Bindung erhalten bleibt. Es entstehen <u>Alkinole oder Alkindiole</u>.

$$R-C\overset{H}{\underset{O}{\big\langle}} \quad + \quad CH\equiv CH \quad \xrightarrow{(CuC_2)} \quad \begin{array}{l} R-CH-C\equiv CH \quad \text{Alkinol} \\ \overset{|}{OH} \\[2mm] R-CH-C\equiv C-CH-R \quad \text{Alkindiol} \\ \overset{|}{OH} \qquad\qquad \overset{|}{OH} \end{array}$$

(untere Pfeil: $+\ R-CHO$)

<u>Wichtig ist die Herstellung von Isopren aus Aceton</u>:

$$\overset{H_3C}{\underset{H_3C}{\big\rangle}}C=O \xrightarrow{HC\equiv CH} H_3C-\overset{CH_3}{\underset{OH}{\overset{|}{\underset{|}{C}}}}-C\equiv CH \xrightarrow{H_2} H_3C-\overset{CH_3}{\underset{OH}{\overset{|}{\underset{|}{C}}}}-CH=CH_2 \xrightarrow{-H_2O} H_2C=\overset{CH_3}{\overset{|}{C}}-CH=CH_2$$

| | 2-Methyl-3-butin-2-ol | 2-Methyl-3-buten-2-ol | 2-Methyl-1,3-butadien (Isopren) |

Das Beispiel zeigt die vielfältigen Reaktionsmöglichkeiten einer Mehrfachbindung.

Cyclisierung: Es bilden sich durch <u>Oligomerisierung</u> von Acetylen <u>Cyclo-olefine</u>, z.B. Cyclooctatetraen (COT), Benzol u.a.

Benzol + Styrol $\xleftarrow[\text{Polym.}]{(\overset{o}{Ni})}$ $n\ CH\equiv CH$ $\xrightarrow[\text{Polym.}]{(Ni^{2\oplus})}$ 1,3,5,7-Cyclooctatetraen

Benzol (88 %) Styrol (12 %) 1,3,5,7-Cyclo-octatetraen (70 %)

Carbonylierung: Aus <u>Acetylen und Kohlenmonoxid</u> erhält man mit Wasser, Alkoholen oder Aminen <u>ungesättigte Carbonsäuren oder ihre Derivate</u>:

$$CH\equiv CH\ +\ CO \quad \begin{array}{l} \xrightarrow{+\,H-OH} CH_2=CH-COOH \quad \text{Acrylsäure} \\[2mm] \xrightarrow{+\,H-OR} CH_2=CH-COOR \quad \text{Acrylsäureester} \\[2mm] \xrightarrow{+\,H-NHR} CH_2=CH-CONHR \quad \text{Acrylsäureamid} \end{array}$$

Tabelle 6. Verwendung und Eigenschaften einiger Alkene und Alkine

Ethen $H_2C=CH_2$ Fp. $-169^{\circ}C$ Kp. $-102^{\circ}C$	$\xrightarrow[\text{(Ag)}]{O_2}$	Ethylenoxid
	$\xrightarrow{Cl_2}$	Vinylchlorid ($\rightarrow$ PVC)
	$\xrightarrow[\text{(PdCl}_2)]{O_2}$	Acetaldehyd
	$\xrightarrow{C_6H_6}$	Ethylbenzol ($\rightarrow$ Styrol)
	$\xrightarrow{HCl}$	Ethylchlorid
	$\xrightarrow{H_2O}$	Ethanol
	$\xrightarrow{CH_2=CH_2}$	Polyethylen
Propen $CH_2=CH-CH_3$ Fp. $-185^{\circ}C$ Kp. $-48^{\circ}C$	$\xrightarrow{O_2/NH_3}$	Acrylnitril ($\rightarrow$ Polyacrylnitril)
	$\xrightarrow{H_2O}$	Propanol ($\rightarrow$ Aceton)
	$\xrightarrow{CH_2=CH-CH_3}$	Polypropylen
	$\xrightarrow{Cl_2}$	Alkylchlorid
	$\xrightarrow[\text{(PdCl}_2)]{O_2}$	Aceton
	$\xrightarrow{C_6H_6}$	Cumol ($\rightarrow$ Aceton, Phenol)
Buten $CH_3-CH_2-CH=CH_2$ Fp. $-186^{\circ}C$, Kp. $-6^{\circ}C$	$\longrightarrow$	1,3-Butadien
	$\longrightarrow$	2-Butanol
	$\longrightarrow$	Alkylierung (für Treibstoffe)
Isobuten, Kp. $-7^{\circ}C$ $CH_3-\underset{\underset{CH_3}{\vert}}{C}=CH_2$	$\longrightarrow$	tert. Butanol
	$\longrightarrow$	Alkylierung (für Treibstoffe)
Acetylen $HC\equiv CH$ Kp. $-84^{\circ}C$ (bei 760 Torr) Fp. $-81^{\circ}C$ (bei 890 Torr)	$\xrightarrow{HCl}$	Vinylchlorid
	$\xrightarrow{HCN}$	Acrylnitril
	$\xrightarrow{H_2O}$	Acetaldehyd
	$\xrightarrow{HOR}$	Vinylether
	$\xrightarrow{HOAc}$	Vinylester
Vinylacetylen $H_2C=CH-C\equiv C-H$ Kp. $5^{\circ}C$	$\xrightarrow{HCl}$	Chloropren (2-Chlorbutadien)
	$\xrightarrow{H_2O}$	Methylvinylketon
	$\xrightarrow{H_2}$	Butadien

8 Aromatische Kohlenwasserstoffe (Arene)

8.1 Chemische Bindung in aromatischen Systemen

Während im Ethen die Mehrfachbindung zwischen den Kernen lokalisiert
ist, gibt es in anderen Molekülen "delokalisierte" oder Mehrzentren-
bindungen, so im Benzol, C_6H_6. Hier bilden die Kohlenstoff-Atome
einen *ebenen Sechsring* und tragen je ein H-Atom. Dies entspricht
einer sp^2-Hybridisierung am Kohlenstoff. Die Bindungswinkel sind
120°. Nach den Vorstellungen der Bindungstheorie beteiligen sich die
übriggebliebenen p_z-Elektronen beteiligen sich nicht an der σ-Bin-
dung, sondern überlappen einander. Das führt zu einer vollständigen
Delokalisation der p_z-Orbitale: Es bilden sich zwei Bereiche hoher
Ladungsdichte ober- und unterhalb der Ringebene (π-System, Abb. 17).

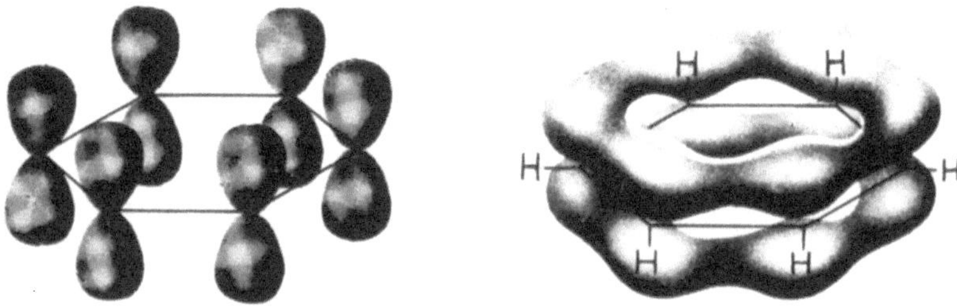

Abb. 17. Bildung des π-Bindungssystems des Benzols durch Überlappung der p-AO. Die σ-Bindungen sind durch Linien dargestellt

Die Elektronen des π-Systems sind gleichmäßig über das Benzol-Molekül
verteilt *(cyclische Konjugation)*. Alle C—C-Bindungen sind daher
gleich lang (0,139 nm) und gleichwertig.

Will man die elektronische Struktur des Benzols nach dem VB-Modell
durch Valenzstriche darstellen, so muß man hierfür Grenzformeln
(Grenzstrukturen) angeben, z.B. I-V. Sie sind für sich nicht existent,

sondern sind lediglich Hilfsmittel zur Beschreibung des tatsächlichen
Bindungszustandes, wofür man oft Formel VI verwendet. Die wirkliche
Struktur kann jedoch durch Kombination dieser (fiktiven) Grenzstruk-
turen nach den Regeln der Quantenmechanik beschrieben werden; den
energieärmeren "Kekulé-Strukturen" I und II kommt dabei das größte
Gewicht zu. *Diese Erscheinung nennt man Mesomerie oder Resonanz.*

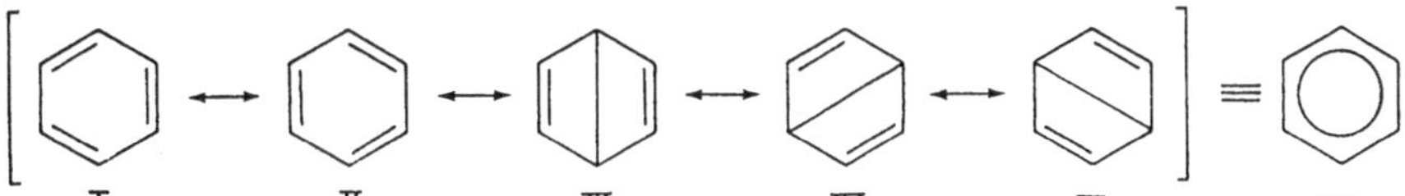

$$\left[\; I \longleftrightarrow II \longleftrightarrow III \longleftrightarrow IV \longleftrightarrow V \;\right] \equiv VI$$

Kekulé-Strukturen (I, II)   Dewar-Strukturen (III-V)

Ältere Modellvorstellungen vergleichen den Energieinhalt von Benzol
mit dem fiktiven nichtkonjugierten Cyclohexatrien mit lokalisierten
Doppelbindungen. Danach ist Benzol um etwa 120 kJ $\cdot$ mol^{-1} stabiler.

Der Energiegewinn wird Mesomerie- oder Resonanzenergie genannt; er
läßt sich aus experimentellen Daten wie z.B. Hydrierungsenthalpien
abschätzen.

Man bezeichnet das Benzol als mesomerie- oder resonanzstabilisiert.
Zur Wiedergabe des Sachverhaltes verwendet man daher zweckmäßig Formel VI.

*Kohlenwasserstoffe, die das besondere Bindungssystem des Benzols
enthalten, zählen zu den "aromatischen" Verbindungen (Aromaten).*

8.2 Beispiele für aromatische Verbindungen und Nomenklatur

Die H-Atome des Benzol-Ringes können sowohl durch Kohlenstoff-Ketten
(Seitenketten) als auch durch Ringsysteme ersetzt (substituiert)
werden *("anellierte oder kondensierte Ringe")*. Ringe können auch
zwei oder mehrere gemeinsame C-Atome besitzen.

Beispiele:

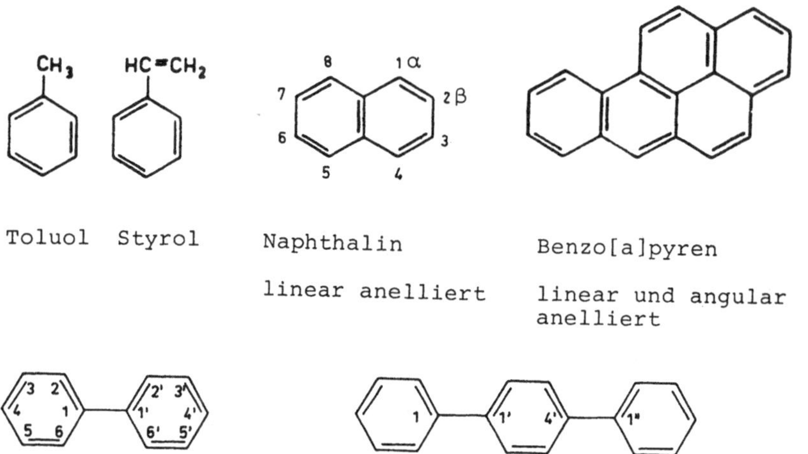

Toluol   Styrol   Naphthalin   Benzo[a]pyren

                     linear anelliert   linear und angular
                                         anelliert

Biphenyl   p-Terphenyl (einfachstes Oligophenyl)

Nomenklatur

Wegen der Symmetrie des Benzolrings gibt es nur ein einziges Methylbenzol (Toluol), jedoch drei verschiedene Dimethylbenzole (Xylole).
Die Stellungsisomere werden bei den substituierten Chlorbenzolen
vorgestellt (Tabelle 7).

Der aromatische Rest der Verbindungen wird als Aryl-Rest *(Ar-) be-*
zeichnet, speziell im Falle des Benzols als Phenyl-Rest *(Ph-).*

Tabelle 7. Spalte 1: Zahl der gleichen Substituenten, Spalte 2: Zahl der isomeren Verbindungen, Spalte 3: Summenformel, Spalte 4: Beispiele

1	1	C_6H_5Cl	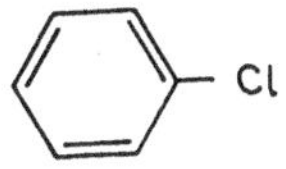	Chlorbenzol		
2	3	$C_6H_4Cl_2$	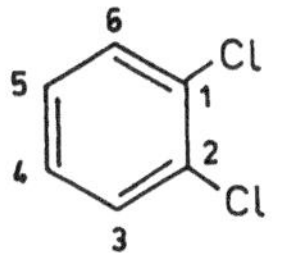	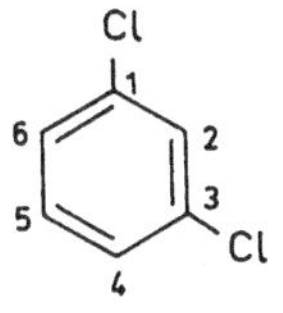	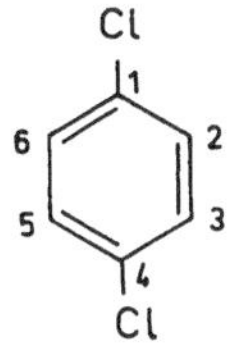	
			1,2- ortho- o-	1,3- meta- m-	1,4- para- p-	Dichlor- benzol
3	3	$C_6H_3Cl_3$	1,2,3- vicinal vic	1,2,4- asymme- trisch asym	1,3,5- symme- trisch sym	Trichlor- benzol
4	3	$C_6H_2Cl_4$	1,2,3,4-	1,2,3,5-	1,2,4,5-	Tetrachlor- benzol
5	1	C_6HCl_5	Pentachlorbenzol			
6	1	C_6Cl_6	Hexachlorbenzol			

8.3 Vorkommen, Darstellung und Verwendung

Die aromatischen Kohlenwasserstoffe werden i.a. aus Steinkohlenteer oder aus Erdöl gewonnen. Steinkohlenteer ist ein Nebenprodukt der Verkokung von Steinkohle. Der Teer wird wie das Erdöl mit speziellen Verfahren auf die Aromaten hin aufgearbeitet.

Benzol selbst entsteht z.B. beim thermischen Cracken aus n-Hexan durch dehydrierende Cyclisierung und Aromatisierung, durch Dehydrierung von Methylcyclopentan/Cyclohexan oder cyclisierende Trimerisierung von Ethin ($3\ C_2H_2 \longrightarrow C_6H_6$).

<u>Benzol</u> und seine einfachen Homologen sind farblose, leicht entzünd-
liche Flüssigkeiten. Sie brennen mit leuchtender, stark rußender
Flamme und sind in Wasser praktisch unlöslich. Aromaten sind wichtige
Grundstoffe für die Petrochemie, die daraus u.a. Farbstoffe, Insektizide und pharmazeutische Präparate herstellt. <u>Viele Arene sind giftig
und cancerogen</u>.

8.4 Elektrophile Substitutions-Reaktionen aromatischer Verbindungen

Der Benzolring ist chemisch sehr beständig. *Hauptsächlich sind <u>Sub-
stitutions-Reaktionen</u> möglich* wie: Nitrieren ($\longrightarrow$ Nitrobenzol),
Sulfonieren ($\longrightarrow$ Benzolsulfonsäure), Chlorieren ($\longrightarrow$ Chlorbenzol).

*Die <u>elektrophile Substitution</u> ist die wichtigste Substitutions-Reak-
tion bei Aromaten.* Sie besteht i.a. im Austausch eines H-Atoms durch
eine elektrophile Gruppe und wird erleichtert durch die hohe Ladungsdichte an den C-Atomen des Benzolringes.

<u>Kondensierte Aromaten</u> zeigen manchmal unerwartete Reaktionen. So geht
Anthracen mit Brom eine Additionsreaktion in 9,10-Stellung ein,
reagiert also wie ein reaktives Dien. Ein ähnliches Verhalten zeigt
es bei Diels-Alder-Reaktionen. Der Grund ist wohl die geringe Differenz von etwa 50 kJ $\cdot$ mol^{-1} in der Resonanzstabilisierung zwischen
Anthracen und dem Additionsprodukt Dibromanthracen.

Anthracen

9,10-Dibromanthracen

Beispiele für elektrophile Substitutions-Reaktionen:

8.4.1 Nitrierung

Aromatische Nitro-Verbindungen sind wichtige Ausgangsstoffe für die
<u>Farbstoff-</u> und <u>Sprengstoffindustrie</u> und zur Synthese von <u>Arznei-
mitteln</u>. Zur Nitrierung von Aromaten verwendet man neben rauchender

Salpetersäure sog. Nitriersäure, eine Mischung von konz. HNO_3 und konz. H_2SO_4:

$$HNO_3 + 2\ H_2SO_4 \rightleftharpoons NO_2^{\oplus} + H_3O^{\oplus} + 2\ HSO_4^{\ominus}.$$

Nitrierendes Agens ist meist das Nitryl-(Nitronium-)Kation, $NO_2^{\oplus}$. Dieses greift den Aromaten elektrophil an und wird zunächst über einen "π-Komplex" gebunden. Intermediär entsteht ein mesomeriestabilisiertes Carbenium-Ion, auch σ-Komplex genannt, das sich nach Abspaltung von einem Proton zu Nitrobenzol stabilisiert:

π-Komplex   Carbenium-Ion   Nitrobenzol
                 (σ-Komplex)

8.4.2 Sulfonierung

Aromatische Sulfonsäuren sind Zwischenprodukte für Farbstoffe, Waschmittel und Arzneimittel. Oft hat die Einführung einer Sulfo-Gruppe ($-SO_3H$) den Zweck, eine Verbindung in ihr wasserlösliches Na-Salz überzuführen. Als elektrophiles Agens fungiert vermutlich das SO_3-Molekül, eine Lewis-Säure, die in rauchender Schwefelsäure enthalten ist:

π-Komplex   σ-Komplex   Benzol-
                                  sulfonsäure

Die Sulfonierung ist im Vergleich zu anderen elektrophilen aromatischen Substitutions-Reaktionen eine ausgeprägt reversible Reaktion, weil die HO_3S-Gruppe bei ihrer hohen Elektrophilie auch eine gute Abgangsgruppe ist.

Kinetisch und thermodynamisch kontrollierte Reaktionen

Die Sulfonierung von Naphthalin bietet ein schönes Beispiel für kon-
kurrierende, reversible Reaktionen:

Naphthalin – 1 – sulfonsäure
(α – Produkt)

Naphthalin – 2 – sulfonsäure
(β – Produkt)

Dabei entsteht ein Gemisch der Isomeren I und II; II ist thermodynamisch stabiler. Bei 160° C wird die Parallelreaktion thermodynamisch kontrolliert; es entsteht das stabilste Produkt. Die Ausbeuten werden durch die Reaktionsgleichgewichte mitbestimmt. Unterhalb
100° C verläuft die Reaktion so, daß nur I gebildet wird. Sie ist
dann kinetisch kontrolliert, und das instabilere Produkt wird gebildet, da diese Reaktion schneller abläuft.

Reaktionen, die auf eine Sulfonierung folgen können:

(1) Nucleophile Substitutions-Reaktionen

- Durch Schmelzen mit Alkalihydroxid entstehen Phenole.
- Durch Reaktion mit Cyanid-Ionen kann Benzonitril erhalten werden:

$$C_6H_5-SO_3^{\ominus}Na^{\oplus} + NaCN \xrightarrow{\Delta} C_6H_5CN + Na_2SO_3$$

(2) Elektrophile Substitutions-Reaktionen

Darstellung von Pikrinsäure (2,4,6-Trinitrophenol) durch Nitrierung:

Phenol-2,4-disulfonsäure

Pikrinsäure

Beachte: Bei direkter Nitrierung würde Phenol durch die konz. Salpetersäure oxidativ zerstört werden.

8.4.3 Halogenierung

Aromaten können sowohl durch elektrophile Substitutions- als auch durch radikalische Additions-Reaktionen halogeniert werden.

① Die __direkte Chlorierung__ als Substitutions-Reaktion gelingt nur mit Hilfe von Katalysatoren (wie Fe, $FeCl_3$ und $AlCl_3$), die die Bildung des Kations $Cl^\oplus$ ermöglichen, welches dann elektrophil am Aromaten angreift:

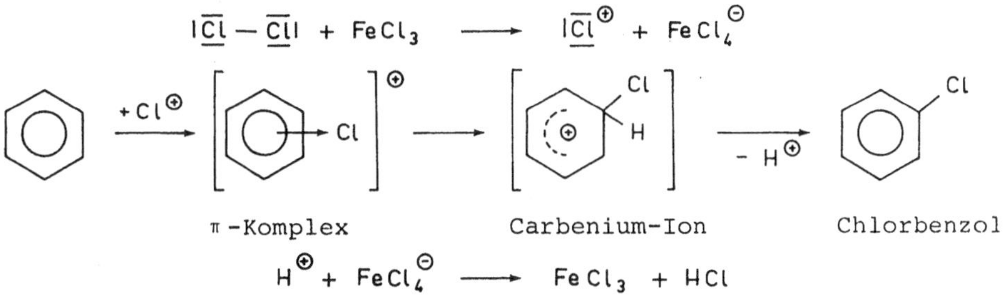

$$|\overline{Cl} - \overline{Cl}| + FeCl_3 \longrightarrow |\overline{Cl}|^\oplus + FeCl_4^\ominus$$

π-Komplex   Carbenium-Ion   Chlorbenzol

$$H^\oplus + FeCl_4^\ominus \longrightarrow FeCl_3 + HCl$$

② Bei der __Addition von Chlor an Benzol__ werden Cl_2-Moleküle durch eingestrahltes UV-Licht in Cl-Atome gespalten, die sich nach einem Radikalkettenmechanismus an Benzol addieren. Als Endprodukt entsteht Hexachlorcyclohexan, das in 8 cis-trans-Formen auftreten kann, wovon das γ-Isomere als Insektizid benutzt wird:

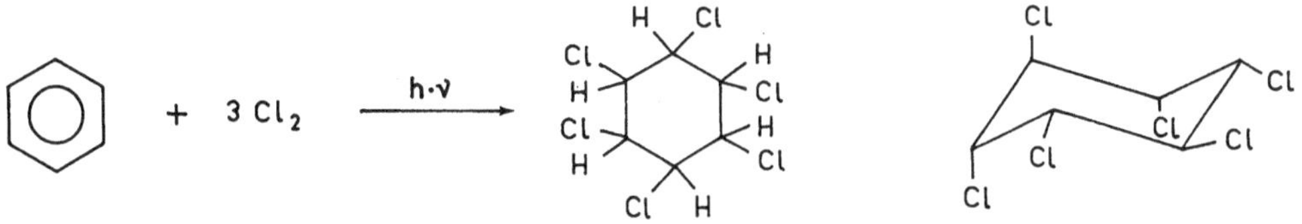

$$+ 3\,Cl_2 \xrightarrow{h\cdot\nu}$$

Benzol   Hexachlorcyclohexan (HCH)   Gammexan, Lindan (γ-HCC, γ-Isomer)

8.4.4 Ozonisierung

Es sei erwähnt, daß die Ozonisierung eine weitere mögliche Additions-Reaktion darstellt. Aromatische Verbindungen werden jedoch im Unterschied zu einfachen Olefinen (bei -78°C) meist erst bei ca. 20°C und hohen Ozon-Konzentrationen angegriffen. Aus Benzol erhält man so Ethandial (Glyoxal).

8.4.5 Hydrierung

Die Hydrierung von Aromaten gelingt wie bei den Alkenen mit Wasserstoff/Metallkatalysator. Sie ermöglicht einen leichten Zugang zu Cycloalkanen (z.B. Toluol $\longrightarrow$ Methylcyclohexan). Bei der katalytischen Hydrierung werden alle drei Doppelbindungen hydriert.

8.4.6 Alkylierung nach Friedel-Crafts

Alkylierte aromatische Kohlenwasserstoffe erhält man bei der Reaktion von Halogenalkanen mit Aromaten in Gegenwart eines Katalysators. Hierfür muß man eine Lewis-Säure wie $AlCl_3$ zusetzen, welche die Halogenalkane durch Polarisierung der C-Hal-Bindung aktiviert. Das positivierte C-Atom greift dann elektrophil am Aromaten an:

$$CH_3-CH_2-Cl \;+\; AlCl_3 \;\rightleftharpoons\; \overset{\delta\oplus}{CH_2}-CH_2\cdots Cl\cdots\overset{\delta\ominus}{AlCl_3}$$

Diese Alkylierungs-Reaktion wird vorwiegend angewendet, um Methyl- oder Ethyl-Gruppen einzuführen. Das intermediär gebildete Carbenium-Ion neigt dazu, sich in ein stabileres sekundäres oder tertiäres Ion umzulagern, so daß oft Isomerengemische erhalten werden. Darüber hinaus treten häufig Mehrfach-Alkylierungen auf.

8.4.7 Acylierung nach Friedel-Crafts

Ähnlich wie die Alkylierung verläuft die Friedel-Crafts-Acylierung mit Säurehalogeniden und -anhydriden in Gegenwart von $AlCl_3$. Diese Reaktion ist die wichtigste Methode zur Gewinnung aromatischer Ketone. Sie verläuft über ein Acyl-Kation bzw. einen Acylium-Komplex:

$$R-C\overset{\displaystyle O}{\underset{\displaystyle Cl}{\diagdown}} + AlCl_3 \;\rightleftharpoons\; R-\overset{\oplus}{C}=O \quad AlCl_4^{\ominus};$$

$$R-\overset{\oplus}{C}=O + C_6H_6 \;\longrightarrow\; R-\overset{\displaystyle O}{\overset{\|}{C}}-C_6H_5 + H^{\oplus}$$

allgemein:

$$Ar-H + R-COCl \xrightarrow{\;AlCl_3\;} Ar-\overset{\displaystyle }{\underset{\displaystyle O}{\overset{\|}{C}}}-R + HCl$$

Beispiel:

$$C_6H_6 + CH_3-COCl \xrightarrow{\;AlCl_3\;} C_6H_5-\overset{\displaystyle }{\underset{\displaystyle O}{\overset{\|}{C}}}-CH_3 + HCl \qquad \text{Acetophenon}$$

$$C_6H_6 + C_6H_5-COCl \xrightarrow{\;AlCl_3\;} C_6H_5-\overset{\displaystyle }{\underset{\displaystyle O}{\overset{\|}{C}}}-C_6H_5 + HCl \qquad \text{Benzophenon}$$

Ein Sonderfall ist die <u>Formylierung nach *Gattermann/Koch*</u>. Sie verläuft vermutlich über einen Acylium-Komplex $H-\overset{\oplus}{C}=O\ AlCl_4^{\ominus}$ und nicht über das instabile Formylchlorid HCOCl:

$$C_6H_6 + CO \xrightarrow{\;HCl/AlCl_3\;} C_6H_5CHO \qquad \text{Benzaldehyd}$$

<u>Friedel-Crafts-Reaktionen dienen im Labor zur Darstellung aliphatisch-aromatischer Kohlenwasserstoffe</u>. Dabei wird oft zunächst der Aromat acyliert und das gebildete Keton mit Zink/Salzsäure (Zn/HCl) oder Hydrazin/Lauge ($N_2H_4/OH^{\ominus}$) reduziert. Die direkte Alkylierung ist nur begrenzt möglich, weil häufig Umlagerungen auftreten und sie mit Aromaten geringerer Reaktivität (wie Nitrobenzol) nicht möglich ist.

8.4.8 Folgereaktionen der Friedel-Crafts-Alkylierung

Alkylierte Aromaten sind nicht besonders reaktionsfähig. Viele sind Lösungsmittel (Toluol = Methylbenzol, Xylol = Dimethylbenzol). Der Phenyl-Kern vermindert zudem die Reaktionsfähigkeit des aliphatischen Kohlenwasserstoffs. Styrol, $C_6H_5-CH=CH_2$, reagiert deshalb deutlich langsamer mit Brom als Propen. Besonders bemerkenswert ist das Verhalten der aliphatischen <u>Seitenkette</u> gegenüber Oxidation und Halogenierung.

① *Durch Oxidation* mit $KMnO_4$ oder katalytisch durch Sauerstoff lassen sich <u>aromatische Carbonsäuren</u> herstellen:

CH₃ ... O₂/Kat. → COOH

Toluol   Benzoesäure

② *Durch Halogenierung* entstehen Aromaten mit halogenierter Seitenkette. Bei der Chlorierung von Toluol erhält man je nach den Reaktionsbedingungen Benzylchlorid, Benzalchlorid und Benzotrichlorid oder ihr Gemisch. Die Reaktion verläuft unter dem Einfluß von *UV-Licht* und *Wärme* nach einem <u>Radikalketten-Mechanismus</u>. Die Reaktion wird durch die Bildung des mesomeriestabilisierten Benzyl-Radikals sehr begünstigt.

Bei Verwendung eines *Katalysators* und ausreichender <u>Kühlung</u> findet <u>Kern-Substitution</u> statt ("Angriff eines Ions", S_E-Reaktion).

CH₃ ... Cl₂ / h·ν,Δ → CH₂Cl und CHCl₂ und CCl₃ ; CH₂•

Toluol   Benzyl-chlorid   Benzal-chlorid   Benzotri-chlorid   Benzyl-radikal

<u>Merkregel:</u> <u>K</u>älte, <u>K</u>atalysator ⟶ <u>K</u>ern (KKK)
          <u>S</u>onnenlicht, <u>S</u>iedehitze ⟶ <u>S</u>eitenkette (SSS)

8.5 Nucleophile Substitutions-Reaktionen

Nucleophile Substitutions-Reaktionen an aromatischen Verbindungen verlaufen langsam und oft nur unter extremen Bedingungen. *Voraussetzung für eine solche Reaktion ist das Vorhandensein eines elektronenziehenden Substituenten* wie einer Nitro-Gruppe, z.B. im Nitrobenzol, $C_6H_5NO_2$.

Beispiel: Darstellung von o-Nitrophenol.

Das Nucleophil OH$^{\ominus}$ verdrängt einen Substituenten, hier das Hydrid-Ion, und man erhält über eine Zwischenstufe o-Nitrophenol. Daneben wird p-Nitrophenol gebildet:

Nitrobenzol   Zwischenprodukt   o-Nitrophenol

Im Unterschied zu einer S$_N$2-Reaktion bei Aliphaten tritt hier ein echtes Zwischenprodukt auf, d.h. die Reaktion verläuft nach einem Additions-Eliminierungs-Mechanismus. Weitere nucleophile Substitutions-Reaktionen sind die Diazo-Spaltungen, z.B. die Phenol-Verkochung. Die Diazonium-Gruppe -N$\overset{\oplus}{\equiv}$N| ist nämlich nicht nur eine gut austretende Gruppe (es wird das stabile N$_2$-Molekül gebildet), sondern auch ein elektronenziehender Substituent (-I- und -M-Effekt).

Tabelle 8. Verwendung und Eigenschaften einiger Aromaten

Name	Formel	Fp./Kp. $^{\circ}$C	Verwendung
Benzol	⬡ = C_6H_6	$6^{\circ}/80^{\circ}$	Ausgangsprodukt
Toluol	$C_6H_5-CH_3$	$-95^{\circ}/111^{\circ}$	Lösungsmittel
o-Xylol	$o-(CH_3)_2C_6H_4$	$-25^{\circ}/144^{\circ}$	⟶ Phthalsäure
Ethylbenzol	$C_6H_5-C_2H_5$	$-95^{\circ}/136^{\circ}$	⟶ Styrol
Isopropylbenzol (Cumol)	$C_6H_5-CH(CH_3)_2$	$-96^{\circ}/152^{\circ}$	⟶ Aceton, Phenol
Vinylbenzol (Styrol)	$C_6H_5-CH=CH_2$	$-31^{\circ}/145^{\circ}$	⟶ Polystyrol
p-Xylol	$p-(CH_3)_2C_6H_4$	$13^{\circ}/138^{\circ}$	⟶ Terephthalsäure
Diphenyl	$H_5C_6-C_6H_5$	$70^{\circ}/254^{\circ}$	Konservierungsmittel

9 Die elektrophile aromatische Substitution (S_E)

9.1 Allgemeiner Reaktionsmechanismus

Arene, obwohl formal ungesättigte Verbindungen, neigen kaum zu Additions-, sondern hauptsächlich zu Substitutions-Reaktionen. Bedenkt man die große Stabilität des aromatischen π-Elektronensystems und berücksichtigt die Konzentration der Elektronen ober- und unterhalb der C-Ringebene, so sind elektrophile Substitutionen zu erwarten. Sie galten daher auch lange als Kriterium für den aromatischen Charakter einer Verbindung.

Die S_E-Reaktion verläuft zunächst analog der elektrophilen Addition an Alkene. Der Aromat bildet mit dem Elektrophil einen Donator-Akzeptor-Komplex I (π-Komplex), wobei das π-Elektronensystem erhalten bleibt. Daraus entsteht dann als Zwischenstufe ein σ-Komplex (Arenium-Ion) II, in dem vier π-Elektronen über fünf C-Atome delokalisiert sind. Dies ist i.a. auch der geschwindigkeitsbestimmende Schritt. Solche Arenium-Ionen (II) konnten in fester Form isoliert und damit als echte Zwischenprodukte nachgewiesen werden.

Das Cyclohexadienyl-Kation II stabilisiert sich nun aber nicht durch die Addition eines Nucleophils $Y|^{\ominus}$ zu III, sondern eliminiert ein Proton und bildet das 6π-Elektronensystem zurück wie in IV. Dieser Schritt ist energetisch stark begünstigt.

9.2 Mehrfachsubstitutionen

An mono-substituierten Aromaten können weitere Substitutions-Reaktionen durchgeführt werden. Dabei läßt sich häufig voraussagen, welche Produkte bevorzugt gebildet werden. *Bei einer Zweit-Substitution werden die Reaktionsgeschwindigkeit und die Eintrittsstelle des neuen Substituenten von dem im Ring bereits vorhandenen Substituenten beeinflußt.* Aus den beobachteten Substituenteneffekten lassen sich folgende Substitutionsregeln ableiten:

9.2.1 Substitutionsregeln

(1) *Substituenten 1. Ordnung dirigieren in ortho- und/oder para-Stellung.* Sie können <u>aktivierend</u> wirken wie -OH, $-\overline{\underline{O}}|^{\ominus}$, $-OCH_3$, $-NH_2$, Alkylgruppen, oder <u>desaktivierend</u> wirken wie -F, -Cl, -Br, -I, $-CH=CR_2$.

Beispiele:

1. <u>Phenol</u> wird in o- und p-Stellung nitriert, und zwar <u>schneller</u> als Benzol.

Phenol   o-Nitro-phenol   p-Nitro-phenol

2. <u>Chlorbenzol</u> wird auch in o- und p-Stellung nitriert, jedoch <u>langsamer</u> als Benzol.

② _Substituenten 2. Ordnung dirigieren in meta-Stellung und wirken desaktivierend:_ $-NH_3^{\oplus}$, $-NO_2$, $-SO_3H$, $-COOR$.

Beispiel:

Nitrobenzol   1,3-Dinitrobenzol

Tabelle 9 gibt einen Überblick über die Substituenteneffekte.

Tabelle 9. Substituenteneffekte bei der elektrophilen aromatischen Substitution

Substituent	Elektronische Effekte des Substituenten	Wirkung auf die Reaktivität	Orientierende Wirkung	
$-OH$	$-I$, $+M$	aktiviert	o, p	
$-O^{\ominus}$	$+I$, $+M$	aktiviert	o, p	
$-OR$	$-I$, $+M$	aktiviert	o, p	
$-NH_2$, $-NHR$, $-NR_2$	$-I$, $+M$	aktiviert	o, p	1. Ordnung
$-Alkyl$	$+I$, $+M$	aktiviert	o, p	
$-CH_2Cl$	$-I$, $+M$	desaktiviert	o, p	
$-F$, $-Cl$, $-Br$, $-I$	$-I$, $+M$	desaktiviert	o, p	
$-NO_2$	$-I$, $-M$	desaktiviert	m	
$-NH_3^{\oplus}$, $-NR_3^{\oplus}$	$-I$	desaktiviert	m	
$-SO_3H$	$-I$, $-M$	desaktiviert	m	2. Ordnung
$-CO-X$ $(X = H, R, -OH, -OR, -NH_2)$	$-I$, $-M$	desaktiviert	m	
$-CN$	$-I$, $-M$	desaktiviert	m	

Ursache dieser Substituenteneffekte sind unterschiedliche Energiedifferenzen zwischen Grundzustand und aktiviertem Komplex, die durch die verschiedenen induktiven und mesomeren Effekte der Substituenten hervorgerufen werden.

9.2.2 Wirkung von Substituenten auf die Orientierung bei der Substitution

Tabelle 9 zeigt, daß <u>Substituenten, welche die Elektronendichte im Benzol-Ring erhöhen, nach ortho und para dirigieren.</u> +I- und +M-Substituenten aktivieren offenbar diese Stellen im Ring in besonderer Weise.

Auf der anderen Seite dirigieren <u>Substituenten, welche die Elektronendichte im Ring erniedrigen, vorzugsweise nach meta.</u> Zwar werden alle Ringpositionen desaktiviert, die m-Stelle jedoch weniger als ortho- und para-Stellen.

Zur Erläuterung der Substituenteneffekte wollen wir die σ-Komplexe für einen mono-substituierten Aromaten betrachten und dabei annehmen, daß diese den Übergangszuständen ähnlich sind. Besonders wichtig ist die durch δ⊕ markierte Ladungsverteilung der positiven Ladung im Carbenium-Ion in bezug auf Lage und Eigenschaften des Substituenten.

9.2.2.1 Wirkung des Erstsubstituenten durch induktive Effekte

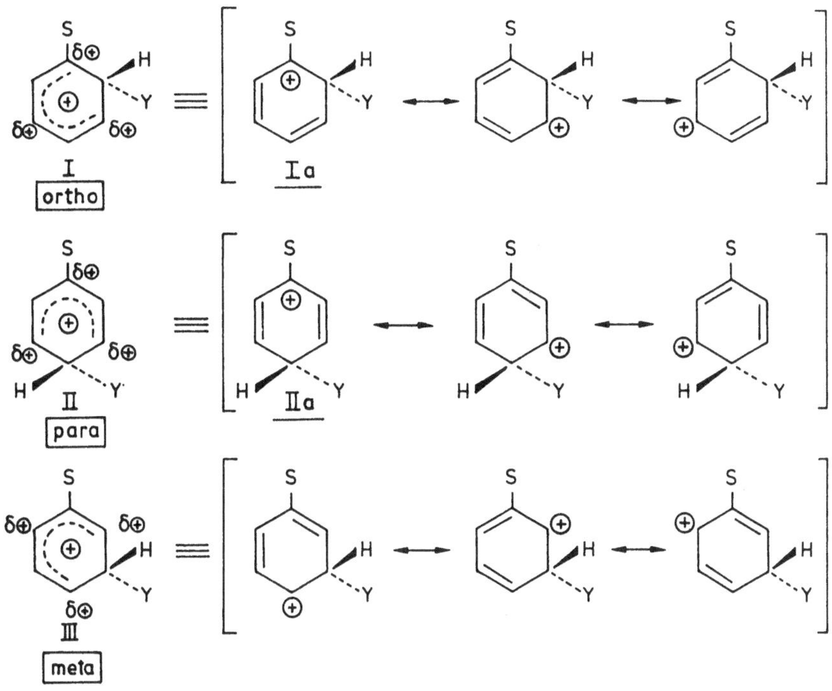

Abb. 18. Wirkung der induktiven Effekte bei der Zweit-Substitution. S ist jeweils ein +I- bzw. -I-Substituent im σ-Komplex, Y der neu eintretende Zweitsubstituent

+I-Effekt

Ist S ein +I-Substituent, dann gilt: S als Elektronendonor kann die positive Ladung des Carbenium-Ions besonders gut kompensieren, wenn die Zweit-Substitution in o- und p-Stellung erfolgt (beachte die Grenzformeln Ia und IIa): *Ein +I-Substituent stabilisiert das Carbenium-Ion und damit auch den Übergangszustand, der zum Produkt führt, besonders gut in o- und p-Stellung*. Der +I-Effekt wirkt sich in der meta-Stellung - wegen der anderen Ladungsdelokalisation - am schwächsten aus (vgl. Formeln I und II mit III). Beachte die Abnahme der Wirkung eines I-Effektes mit Zunahme des Abstandes.

+I-Substituenten dirigieren also nach ortho und para.

-I-Effekt

Ist S ein -I-Substituent, dann kann S als Elektronenacceptor die positive Ladung des Carbenium-Ions nicht mehr kompensieren. *Ein -I-Substituent destabilisiert das Carbenium-Ion und damit auch den entsprechenden Übergangszustand*. Die Wirkung von S macht sich in allen Ringpositionen bemerkbar. Betrachtet man jedoch wieder die Ladungsverteilung (Formeln I, II und III), dann erkennt man, daß sich die elektronenziehenden Effekte in der meta-Stellung am schwächsten auswirken. III ist ein Resonanzhybrid aus drei Grundstrukturen, während bei I und II die Grenzstrukturen Ia und IIa - wegen der nun ungünstigen Ladungsverteilung - wenig zur Gesamtstruktur beitragen: Bei Ia und IIa ist ja ein -I-Substituent an ein C-Atom mit positiver Partialladung gebunden.

-I-Substituenten dirigieren also nach meta.

9.2.2.2 Wirkung des Erstsubstituenten durch mesomere Effekte (= Resonanzeffekte)

Besitzt S ein freies Elektronenpaar (z.B. eine Amino-Gruppe) und übt dadurch einen +M-Effekt aus, können für die o- und p-Substitution im Gegensatz zur m-Substitution noch weitere Grenzformeln wie IVa und Va formuliert werden. Diese sind besonders energiearm, da das freie Elektronenpaar mit dem π-System des Rings in Wechselwirkung treten kann.

Die Übergangszustände bei o- und p-Substitution werden dadurch stärker stabilisiert als bei m-Substitution.
+M-Substituenten wirken also o- und p-dirigierend.

+M-Effekt

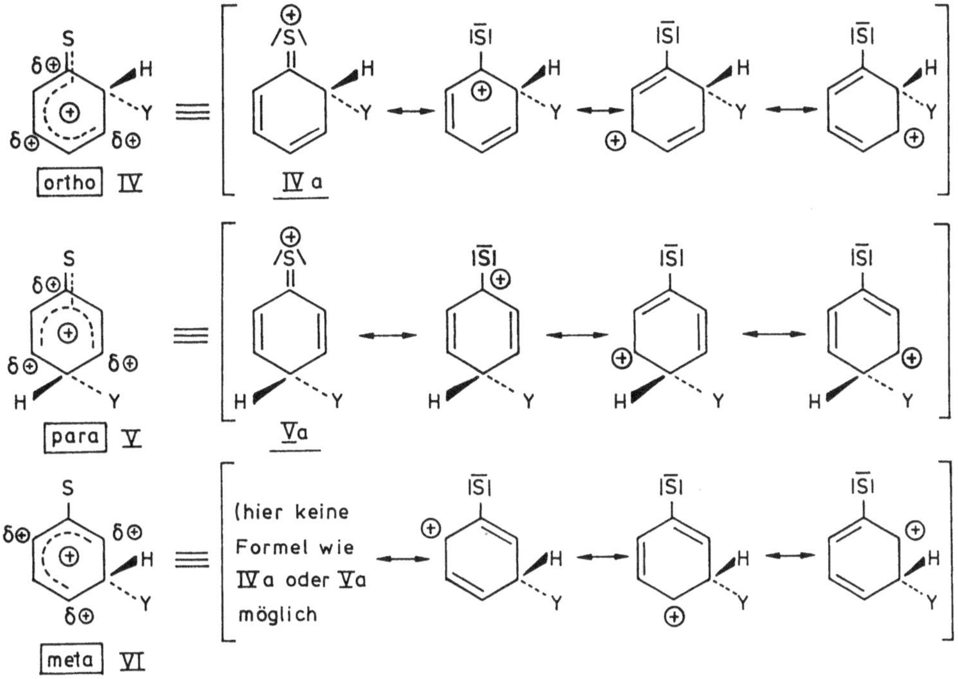

Abb. 19. Mesomerieeffekte bei der Zweit-Substitution. S ist ein
+M-Substituent im σ-Komplex, Y der neu eintretende Zweitsubstituent

Bei -M-Substituenten (z.B. einer Nitro-Gruppe) treten bei o- und p-
Substitution in den Grenzstrukturen Ladungen an benachbarten Atomen
auf. Strukturen wie VIIa und VIIIa sind daher energetisch sehr un-
günstig. Im Vergleich zum Benzol sind alle Positionen desaktiviert.
Im Falle einer m-Substitution wie bei IX wird das Carbenium-Ion
jedoch am wenigsten desaktiviert, da hier die Ladungen günstiger verteilt sind. Daher wird vorzugsweise meta-Substitution eintreten.
-M-Substituenten wirken m-dirigierend.

-M-Effekt

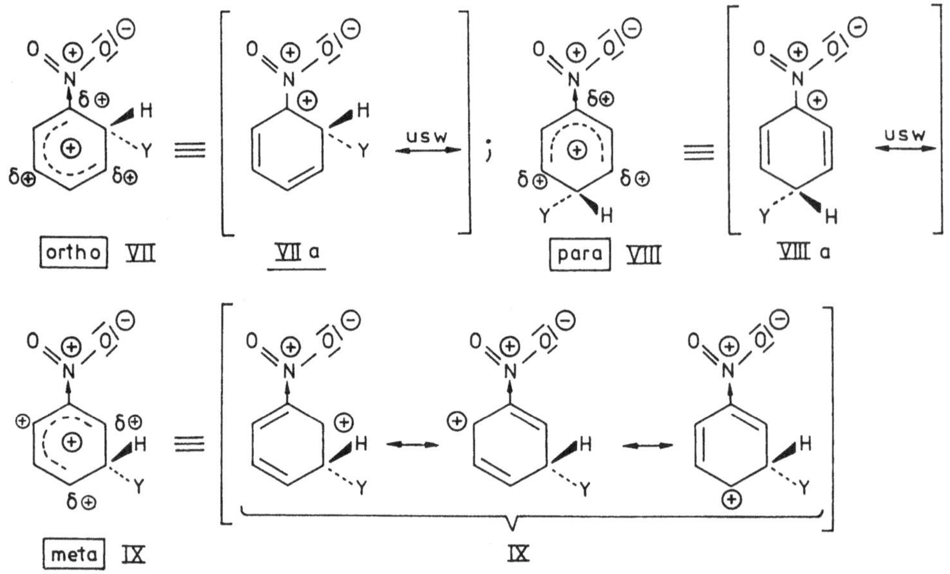

Abb. 20. Mesomerieeffekte bei der Zweit-Substitution. NO_2- ist ein -M-Substituent im σ-Komplex

9.2.3 Auswirkung von Substituenten auf die Reaktivität bei der Substitution

Tabelle 9 gibt Auskunft über die Auswirkung von Substituenten auf die Reaktivität bei der S_E-Reaktion von mono-substituierten Aromaten.

Ebenso wie bei der Frage nach der Orientierung müssen wir hier den Einfluß des Substituenten auf den aktivierten σ-Komplex betrachten.

a) Induktive Effekte

Ist S in Abb. 18 ein +I-Substituent, so wird er die Elektronendichte im Ring erhöhen und also aktivierend wirken. Ist S ein -I-Substituent, so vermindert er die Elektronendichte im Ring (er erhöht die positive Ladung) und wirkt desaktivierend, was sich bekanntlich in der meta-Position am schwächsten auswirkt.

b) <u>Mesomere Effekte</u>

Ist S in Abb. 19 ein +M-Substituent, erhöht er die Reaktivität im
Vergleich zum unsubstituierten Benzol. Die Delokalisierung der Elek-
tronen ist bei o- und p-Substitution besonders ausgeprägt. Ist S ein
-M-Substituent wie in Abb. 20, wird die Elektronendelokalisation im
Ring vermindert und die Reaktivität herabgesetzt.

Zusammenfassung

Bei den meisten Substituenten sind <u>sowohl induktive als auch mesomere Effekte</u> wirksam, die sich im einzelnen nicht unterscheiden lassen. <u>-I- und -M-Effekte wirken gemeinsam in eine Richtung</u>: Sie desak-
tivieren den Ring und dirigieren nach <u>meta</u>. Analog gilt für <u>+I- und
+M-Effekte</u>: Sie aktivieren den Ring und dirigieren nach <u>ortho</u> und
<u>para</u>.

Schwieriger wird es bei +M-Substituenten, die auch einen -I-Effekt
zeigen. Bei der Amino-Gruppe (Abb. 19) wirkt sich der -I-Effekt
kaum aus. Anders ist es bei den Halogen-Aromaten. Dort kann der +M-
Effekt den -I-Effekt nicht mehr überkompensieren: Halogen-Atome wirken desaktivierend.

Verbindungen mit einfachen funktionellen Gruppen

Unter einer funktionellen Gruppe versteht man Atomgruppen in einem Molekül, die charakteristische Eigenschaften und Reaktionen zeigen und die das Verhalten des Moleküls wesentlich bestimmen. In einem Molekül können gleichzeitig mehrere gleiche oder verschiedene funktionelle Gruppen vorhanden sein.

10 Halogen-Verbindungen

10.1 Chemische Eigenschaften

Ersetzt man in den Kohlenwasserstoffen ein oder mehrere H-Atome
durch Halogen-Atome, erhält man organische Halogen-Verbindungen mit
einer C-Hal-Bindung. Die Bindung ist polarisiert nach $^{\delta\oplus}C-X^{\delta\ominus}$.
Dadurch ist das C-Atom einem Angriff nucleophiler Reagenzien zugäng-
lich. Die Polarität der C—X-Bindung ist abhängig vom Halogen-Atom
und von der Hybridisierung am C-Atom; sie nimmt in der Reihe
sp^3 > sp^2 > sp ab. Stabilisierende Mesomerieeffekte sind zusätzlich
zu berücksichtigen.

Für die Reaktivität der Halogen-Verbindungen ist kennzeichnend, daß
die Halogen-Atome (außer F) gut austretende Gruppen sind und die
Reaktivität mit der Polarisierbarkeit ansteigt:

Polarität: C—F > C—Cl > C—Br > C—I
Polarisierbarkeit: C—F < C—Cl < C—Br < C—I
Reaktivität: C—F < C—Cl < C—Br < C—I

Typische Reaktionen sind:

① *nucleophile Substitution am C-Atom*, bei der das Halogen-Atom
durch eine andere funktionelle Gruppe ersetzt wird.

② *Eliminierungsreaktionen*, d.h. Abspaltung von Halogenwasserstoff
oder eines Halogen-Moleküls unter Bildung einer Doppelbindung

③ *Reduktion durch Metalle* zu Organometall-Verbindungen

Halogen-Kohlenwasserstoffe sind meist farblose Flüssigkeiten oder
Festkörper. Innerhalb homologer Reihen findet man die bekannten
Regelmäßigkeiten der Siedepunkte. Halogenalkane sind in Wasser unlöslich, aber in den üblichen organischen Lösungsmitteln löslich (lipo-
philes Verhalten).

Der qualitative Nachweis von Halogen in organischen Verbindungen
gelingt mit der *Beilstein-Probe*. Hierbei zersetzt man eine Substanz-

probe an einem glühenden Kupferdraht. Die entstehenden flüchtigen Kupferhalogenide färben die Bunsenbrennerflamme grün.

10.2 Verwendung

Halogen-Verbindungen sind Ausgangssubstanzen für Synthesen, da sie meist leicht herstellbar und i.a. sehr reaktionsfähig sind. Bei der Verwendung, insbesondere als Lösemittel, ist neben der narkotischen Wirkung auch eine relativ große Toxicität zu beachten.

10.3 Darstellungsmethoden

Aliphatische Halogen-Verbindungen werden im industriellen Maßstab meist durch radikalische Substitutionsreaktionen hergestellt. Weitere Herstellungsmöglichkeiten bieten die Umsetzung von Alkoholen mit Halogenwasserstoffen oder Phosphorhalogeniden und die Addition von Halogenwasserstoffen oder Halogenen an Alkene.

Beispiele:

①

$$ROH + HCl \rightleftharpoons R{-}Cl + H_2O$$

$$3\ ROH + PBr_3 \longrightarrow 3\ R{-}Br + H_3PO_3$$

② Eine besondere Reaktion ist die Oxidation von Silbercarboxylaten *(Hunsdiecker-Reaktion)*:

$$R{-}COO^{\ominus}Ag^{\oplus} + Br_2 \longrightarrow R{-}Br + CO_2 + AgBr$$

③ *Fluor-Verbindungen* werden meist durch Austausch von Chlor-Atomen mit Fluoriden oder HF gewonnen *(Finkelstein-Reaktion)*:

$$CCl_4 + SbF_3 \longrightarrow CCl_2F_2;\qquad C_7H_{16} + 32\ CoF_3 \longrightarrow C_7F_{16} + 16\ HF + 32\ CoF_2$$

Dichlor-
difluor-
methan
Freon 12

Heptan

Perfluor-
heptan

Frigene (Freone) werden als Treibmittel in medizinischen Sprays oder als Kühlmittel (z.B. in Kühlschränken) verwendet. Wegen ihrer schädlichen Auswirkung auf den Ozongürtel der Erde wird ihre Verwendung stark eingeschränkt.

Aromatische Halogen-Verbindungen können durch elektrophile Substitutions-Reaktionen an Aromaten in Gegenwart eines Katalysators hergestellt werden (Kernchlorierung).

Bei aliphatisch-aromatischen Kohlenwasserstoffen ist auch eine Seitenkettenchlorierung möglich (Radikalreaktion unter dem Einfluß von Sonnenlicht bzw. UV-Licht.

10.4 Substitutions-Reaktionen von Halogen-Verbindungen

Während die Eliminierungs-Reaktion an Halogenalkanen zu einem Hauptprodukt, einem Alken, führt, bildet die oft als Konkurrenzreaktion auftretende *nucleophile Substitution (S_N)* die Möglichkeit, eine Vielzahl von Verbindungen zu synthetisieren:

$$Y|^{\ominus} + R-X \longrightarrow R-Y + |X^{\ominus}$$

Das Nucleophil $Y|^{\ominus}$ greift am elektrophilen C-Atom des Halogenalkans an und verdrängt daraus die Abgangsgruppe X, hier ein Halogen-Anion. Einfachstes Beispiel ist die *Finkelstein-Reaktion* zur Darstellung von Iodalkanen oder auch zum Isotopenaustausch:

$$R-Cl + I^{\ominus} \rightleftharpoons R-I + Cl^{\ominus}$$

$$R-{}^{128}I + {}^{132}I^{\ominus} \rightleftharpoons R-{}^{132}I + {}^{128}I^{\ominus}$$

Bei den folgenden, allgemein formulierten Reaktionen sei darauf hingewiesen, daß <u>primäre Halogenalkane vorzugsweise S_N-Reaktionen,</u> <u>tertiäre Halogenalkane oft Eliminierungen eingehen. Sekundäre Halogenalkane reagieren häufig nach beiden Mechanismen.</u>

10.4.1 Reaktionen mit N-Nucleophilen (N-Alkylierung)

(1) a) $R-X + NH_3 \longrightarrow R-NH_3^{\oplus} + X^{\ominus} \xrightarrow[- HX]{NH_3} R-NH_2$ Alkylamin

   b) $R-X + RNH_2 \longrightarrow R_2NH_2^{\oplus} + X^{\ominus} \xrightarrow[- HX]{NH_3} R_2NH$ Dialkylamin

c) $R-X + R_2NH \longrightarrow R_3NH^{\oplus} + X^{\ominus} \xrightarrow[-\ HX]{NH_3} R_3N$ Trialkylamin

d) $R-X + R_3N \longrightarrow R_4N^{\oplus}X^{\ominus}$ Tetraalkylammonium-Halogenid

analog:

$R-X + H_2N-NH_2 \longrightarrow RNH-NH_2 \xrightarrow[-\ HX]{+\ R-X} R_2N-NH_2$ Hydrazine

Die Alkylierungsreaktion liefert, wie den Reaktionsgleichungen zu entnehmen ist, in der Regel ein <u>Reaktionsgemisch</u> aus verschiedenen Produkten. Relativ rein herstellbar sind die Ammonium-Verbindungen (Überschuß an Alkylhalogenid) oder ein primäres Alkylamin (Überschuß an Ammoniak).

② *Bei der Umsetzung mit Cyanid- und Nitrit-Ionen* sind zwei Reaktionsprodukte möglich. Die nucleophilen Reaktionspartner haben nämlich mehrere reaktive Zentren und werden <u>ambidente</u> oder <u>ambifunktionelle</u> Anionen genannt. Sie werden je nach markiertem Angriffsort als C-, N- oder O-Nucleophile bezeichnet:

$$|\overline{C} \equiv N| \quad ; \quad \left[\overline{\underline{O}} = \overline{N} - \overline{\underline{O}}|^{\ominus} \longleftrightarrow |\overline{\underline{O}}^{\ominus} - \overline{N} = \overline{\underline{O}} \right]$$

ⓐ $|N \equiv \overline{C}|^{\ominus} + R - CH_2 - X \longrightarrow R - CH_2 - C \equiv N| + X^{\ominus}$ (Kolbe-Synthese)

Nitril

ⓑ $|C = \overline{\underline{N}}|^{\ominus} + R - CH_2 - X \longrightarrow R - CH_2 - \overset{\oplus}{N} \equiv \overset{\ominus}{C}| + X^{\ominus}$

Isonitril

ⓒ $|N\begin{smallmatrix} \overline{\underline{O}}|^{\ominus} \\ \\ \overline{\underline{O}}| \end{smallmatrix} + R - X \xrightarrow{-X^{\ominus}} R - \overset{\oplus}{N}\begin{smallmatrix} \overline{O} \\ \\ \overline{\underline{O}}|^{\ominus} \end{smallmatrix}$ Nitroalkan 60%

ⓓ $\longrightarrow R - \overline{\underline{O}} - \overline{N} = \overline{\underline{O}}$ Alkylnitrit 30%

10.4.2 Reaktionen mit S-Nucleophilen (S-Alkylierung)

Das Hydrogensulfid-Ion ist ein sehr starkes nucleophiles Reagens und bildet Thiole:

(1) $HS^{\ominus}$ + $R-X$ $\longrightarrow$ $R-SH$ + $X^{\ominus}$ Thiol

(2) $R-S^{\ominus}$ + $R-X$ $\longrightarrow$ $R-S-R$ + $X^{\ominus}$ Thioether oder Sulfid

Die weitere Alkylierung führt zum Dialkyl-Derivat.

Ein anderes ambidentes Anion ist das Rhodanid-Ion, $\bar{S}=C=\bar{N}|^{\ominus}$.

(3)
$SCN^{\ominus}$ $\xrightarrow[-X^{\ominus}]{R-X}$ $R-S-C\equiv N|$ Thiocyanat

(4) $R-\bar{N}=C=\bar{S}$ Isothiocyanat

10.4.3 Reaktionen mit O-Nucleophilen (O-Alkylierung und O-Arylierung)

Die Reaktion verläuft analog den S-Nucleophilen. Zum Vergleich ist bei (1) die Konkurrenzreaktion mit aufgeführt:

(1) a) $R'-\bar{O}|^{\ominus}$ + $R-X$ $\longrightarrow$ $R'-O-R$ + $X^{\ominus}$ Ether, für $R-X$ = primäres Halogenalkan

b) $R^1-\bar{O}|^{\ominus}$ + $-\overset{H}{\underset{R^3}{C}}-\overset{R^2}{\underset{}{C}}-X$ $\longrightarrow$ $>C=C<^{R^2}_{R^3}$ + R^1OH Alken, für $R-X$ = tertiäres Halogenalkan

(2) $H\bar{O}|^{\ominus}$ + $R-X$ $\longrightarrow$ $R-OH$ + $X^{\ominus}$ Alkohole, Phenole

(3) $R-C\overset{O}{\underset{\bar{O}|^{\ominus}}{}}$ + $R'-X$ $\longrightarrow$ $R-\overset{}{\underset{O}{C}}-OR'$ + $X^{\ominus}$ Carbonsäureester

Man beachte, daß im Beispiel (3) das mesomeriestabilisierte, wenig reaktive Carboxylat-Ion angreift.

Von Bedeutung ist auch die Hydrolyse von Polyhalogen-Verbindungen mit den Halogen-Atomen am gleichen C-Atom (geminale Halogenide):

④ $\mathrm{R}\!\!\!\diagdown\!\!\!\overset{\textstyle \mathrm{Cl}}{\underset{\textstyle \mathrm{Cl}}{\mathrm{C}}}$ $\xrightarrow{\ \mathrm{OH}^{\ominus}\ }$ $\mathrm{R}\!\!\!\diagdown\!\!\!\mathrm{C}\!=\!\mathrm{O}$ Aldehyde, Ketone

⑤ $\mathrm{R}\!-\!\overset{\textstyle \mathrm{Cl}}{\underset{\textstyle \mathrm{Cl}}{\mathrm{C}}}\!-\!\mathrm{Cl}$ $\xrightarrow{\ \mathrm{OH}^{\ominus}\ }$ $\mathrm{R}\!-\!\mathrm{C}\!\!\overset{\textstyle \nearrow\mathrm{O}}{\searrow\mathrm{OH}}$ Carbonsäure

Die Reaktionen verlaufen meist über instabile Zwischenstufen, die
oft sofort Wasser abspalten.

10.4.4 Reaktion mit Hydrid-Ionen

Das $H^{\ominus}$-Ion ist ein starkes Nucleophil und überführt die Halogenalkane
in die entspr. Kohlenwasserstoffe: $H^{\ominus} + R\text{-}X \longrightarrow R\text{-}H + X^{\ominus}$. Zur Gewinnung von Hydrid-Ionen verwendet man meist komplexe Hydride wie
$\underline{LiAlH_4}$ (Li-Alanat, Li-Al-Hydrid), wobei die Reaktion in inerten Lösungsmitteln wie wasserfreiem Ether durchgeführt werden muß. Natrium-
borhydrid, $\underline{NaBH_4}$, ist weniger reaktiv und kann auch in schwach alkalischer, wäßriger Lösung verwendet werden.

10.4.5 Reaktion mit C-Nucleophilen (C-Alkylierung)

<u>Arene</u> können bekanntlich mit Elektrophilen reagieren und besitzen
wegen ihres π-Elektronensystems <u>nucleophile Eigenschaften</u>. Ihre
Nucleophilie gegenüber Halogenalkanen ist jedoch so gering, daß deren
elektrophiler Charakter durch Katalysatoren (wie Lewis-Säuren) erhöht werden muß. Dadurch können in einer <u>Friedel-Crafts-Alkylierung</u>
<u>Alkylarene</u> hergestellt werden. Wichtiger ist die Reaktion der Halo-
genalkane mit starken Nucleophilen wie Carbanionen. Viele C—H-Ver-
bindungen können durch Reaktion mit einer starken Base in das entsprechende Carbanion übergeführt werden (CH-acide Verbindungen) und
dann mit Halogenalkanen weiterreagieren.

Beispiele:

① $H\!-\!C\!\equiv\!C^{\ominus}\,Na^{\oplus} + R\!-\!X \longrightarrow H\!-\!C\!\equiv\!C\!-\!R + NaX$

R–X ist hier ein primäres Halogenalkan

(2) Es sind auch Reaktionen mit ambifunktionellen Verbindungen möglich, die von präparativem Interesse sind (s. Acetessigester- und
Malonester-Synthesen).

Ein einfaches Beispiel soll die Möglichkeit der O- bzw. C-Alkylierung
erläutern:

$$CH_3-\underset{\underset{O}{\|}}{C}-CH_3 \xrightarrow{\;OH^{\ominus}\;} \left[\; CH_3-\underset{\underset{O}{\|}}{C}-\overset{\ominus}{\underline{C}}H_2 \longleftrightarrow CH_3-\underset{\underset{|\underline{O}|^{\ominus}}{|}}{C}=CH_2 \;\right]$$

Aceton

$-I^{\ominus}\;|\;+CH_3I \qquad\qquad +CH_3I\;|\;-I^{\ominus}$

$$CH_3-\underset{\underset{O}{\|}}{C}-CH_2-CH_3 \qquad + \qquad CH_3-\underset{\underset{O-CH_3}{|}}{C}=CH_2$$

Butanon   Enolether des Acetons
                                 (Isopropenyl-methyl-ether)

C-Alkylierung   O-Alkylierung

Tabelle 10. Verwendung und Eigenschaften einiger Halogen-Kohlenwasserstoffe

Name	Formel	Fp. $^{\circ}$C	Kp. $^{\circ}$C	Verwendung
Chlormethan (Methylchlorid)	CH_3Cl	-98°	-24°	Methylierungsmittel, Kältemittel
Brommethan (Methylbromid)	CH_3Br	-94°	4°	Methylierungsmittel, Begasungsmittel
Dichlormethan (Methylenchlorid)	CH_2Cl_2	-97°	40°	Lösungs- u. Extraktionsmittel
Trichlormethan (Chloroform)	$CHCl_3$	$-63,5^{\circ}$	$61,2^{\circ}$	Extraktionsmittel, Narkose-mittel
Tetrachlorkohlen-stoff	CCl_4	-23°	$76,7^{\circ}$	Fettlösungsmittel,
Dichlordifluormethan	CCl_2F_2	-111°	-30°	Treibmittel, Kältemittel (Frigen 12)
Difluorchlormethan	CHF_2Cl	-146°	-41°	Treibgas, $\xrightarrow{700^{\circ}C} CF_2{=}CF_2$ (Frigen 22)
Chlorethan (Ethylchlorid)	C_2H_5Cl	-138°	12°	Anästhetikum
Vinylchlorid	$CH_2{=}CH{-}Cl$	-154°	-14°	Kunststoffe (PVC)
Tetrafluorethen	$CF_2{=}CF_2$	$-142,5^{\circ}$	-76°	Teflon
Halothane	z.B. $F_3C{-}CHClBr$	–	–	Anästhesie
Halone	z.B. $F_2BrC{-}CF_2Br$	–	–	Feuerlöschmittel
Chlorbenzol	C_6H_5Cl	-45°	132°	$\longrightarrow$ Phenol, Nitrochlorbenzol etc.
γ-Hexachlorcyclohexan (Gammexan)	$C_6H_6Cl_6$	112°	–	Insektizid

Biologisch interessante Halogen-Kohlenwasserstoffe

Natürlich vorkommende Halogen-Verbindungen sind relativ selten. Zu den wichtigen gehören

FCH_2-COOH

Fluoressigsäure
(in der südafrikan. Giftpflanze *Dichapetalum cymosum*)

Chloramphenicol (Chloromycetin)
(Antibioticum)
Man beachte auch die Nitro-Gruppe.

Aureomycin = Chlortetracyclin
$R^1=Cl$, $R^2=H$

Terramycin $\quad R^1=H$, $R^2=OH$

Tetracyclin $\quad R^1=R^2=H$
(Antibiotica)

6,6'-Dibromindigo
(Antiker Purpur,
aus Purpurschnecken)

X=H: 3,5,3'-Triiodthyronin
X=I: 3,5,3',5'-Tetraiodthyronin
(=L-Thyroxin)
(Hormone der Schilddrüse)

Bemerkung: Polychlorierte Insektizide werden zunehmend weniger verwendet wegen der Anreicherung in der Nahrungskette und wegen ihres langsamen biologischen Abbaus. Immer noch zur Bekämpfung der Überträgerinsekten der Malaria häufig verwendet wird das DDT:

$$2\ C_6H_5Cl\ +\ CCl_3-CH(OH)_2\ \xrightarrow{H_2SO_4}\ Cl-C_6H_4-\underset{\underset{CCl_3}{|}}{CH}-C_6H_4-Cl\ +\ 2\ H_2O$$

Chlorbenzol $\qquad$ Chloral-
$\qquad\qquad\qquad$ hydrat

1,1-Bis(4-chlorphenyl)-
2,2,2-trichlorethan (DDT)
1,1,1-Trichlor-2-2'-bis-4-
chlorphenyl-ethan

11 Die nucleophile Substitution am gesättigten C-Atom (S_N)

Die nucleophile aliphatische Substitutions-Reaktion ist eine der am besten untersuchten Reaktionen der organischen Chemie. Sie ist dadurch gekennzeichnet, daß ein nucleophiler Reaktionspartner Y| einen Substituenten X| (Abgangsgruppe) verdrängt und dabei das für die C-Y-Bindung erforderliche Elektronenpaar liefert:

$$Y| + R-X \longrightarrow Y-R + X|$$

Eine gewisse Polarisierung der R—X-Bindung begünstigt die Reaktion. Das C-Atom, an dem die Reaktion stattfinden soll, erhält dadurch eine positive Teilladung. Im Hinblick auf den Reaktionsmechanismus können unterschieden werden.

a) *die monomolekulare nucleophile Substitution, die im Idealfall nach 1. Ordnung verläuft (S_N1);*

b) *die bimolekulare nucleophile Substitution, die im Idealfall eine Reaktion 2. Ordnung ist (S_N2).*

11.1 S_N1-Reaktion (Racemisierung)

Die S_N1-Reaktion, hier am Beispiel der alkalischen Hydrolyse von tert. Butylchlorid und 3-Chlor-2,3-dimethyl-pentan gezeigt, verläuft monomolekular:

$$S_N1: \quad CH_3-\overset{\overset{\displaystyle CH_3}{|}}{\underset{\underset{\displaystyle CH_3}{|}}{C}}-Cl \underset{\text{langsam}}{\rightleftharpoons} CH_3-\overset{\overset{\displaystyle CH_3}{|}}{\underset{\underset{\displaystyle CH_3}{|}}{C}}^{\oplus} + Cl^{\ominus} \xrightarrow[+OH^{\ominus}]{\text{rasch}} CH_3-\overset{\overset{\displaystyle CH_3}{|}}{\underset{\underset{\displaystyle CH_3}{|}}{C}}-OH + Cl^{\ominus}$$

2-Chlor-2-methyl-propan $\qquad\qquad\qquad\qquad$ 2-Methyl-2-propanol

Der geschwindigkeitsbestimmende Schritt ist der Übergang des vierbindigen tetraedrischen, sp^3-hybridisierten C -Atoms in das dreibindige, ebene Trimethylcarbenium-Ion (sp^2-hybridisiert). Der Reaktionspartner $OH^{\ominus}$ ist dabei nicht beteiligt.

Das C-Atom des Carbenium-Ions befindet sich in der Mitte eines ebenen, gleichseitigen Dreiecks, denn das 3-Chlor-2,3-dimethylpentan dissoziiert in ein Chlorid- und ein (solvatisiertes) Carbenium-Ion. Das nucleophile Agens $OH^{\ominus}$ kann mit gleicher Wahrscheinlichkeit von jeder der beiden Seiten des Dreiecks herantreten. Wir erhalten zwei neue, _spiegelbildlich_ gleiche 2,3-Dimethyl-3-pentanole im Verhältnis 1 : 1. S_N1-Reaktionen verlaufen also unter weitgehender _Racemisierung_.

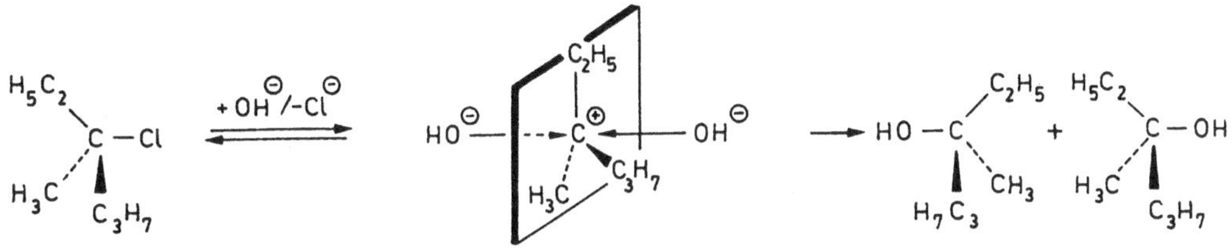

3-Chlor-2,3-dimethylpentan
mit $C_3H_7 = CH(CH_3)_2$

racemisches Gemisch

11.2 S_N2-Reaktion (Inversion)

Bei der _S_N2-Reaktion_, hier am Beispiel von 2-Brombutan gezeigt, erfolgen Bindungsbildung und Lösen der Bindung gleichzeitig. Der geschwindigkeitsbestimmende Schritt ist die Bildung des _Übergangszustandes I._

S_N2:

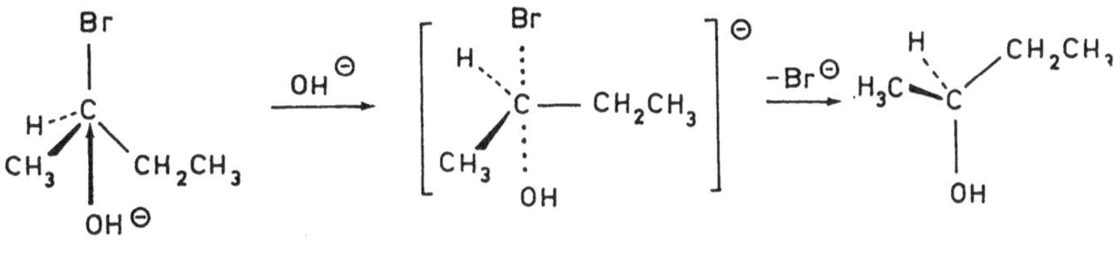

R-2-Brombutan

I

S-2-Butanol

Abb. 21

Der nucleophile Partner ($OH^{\ominus}$) nähert sich dem Molekül von der dem Substituenten (-Br) _gegenüberliegenden Seite_. In dem Maße, wie die C-Br-Bindung gelockert wird, bildet sich die neue C-OH-Bindung aus. _Im Übergangszustand I befinden sich die OH- und Br-Gruppe auf einer Geraden._

Ist das Halogen an ein optisch aktives C-Atom gebunden, z.B. beim
2-Brombutan (Abb. 21), so entsteht das Spiegelbild der Ausgangsverbindung.

Man spricht daher oft von <u>Inversion</u>, hier speziell von <u>Waldenscher</u>
<u>Umkehr</u>.

Am Formelbild erkennt man deutlich, daß die drei Substituenten am
zentralen C-Atom in eine zur ursprünglichen entgegengesetzten Konfiguration "umgestülpt" werden. <u>Merkhilfe</u>: Umklappen eines Regenschirms
(im Wind).

<u>Die Inversion ist charakteristisch für eine S_N2-Reaktion.</u>
Im Gegensatz zur S_N1-Reaktion läßt sich die Bildung von Olefinen und
von Umlagerungsprodukten durch entsprechende Wahl der Reaktionsbedingungen vermeiden.

12 Die Eliminierungs-Reaktionen (E1, E2)

Eine Abspaltung zweier Atome oder Gruppen aus einem Molekül, ohne daß
andere Gruppen an ihre Stelle treten, heißt Eliminierungs-Reaktion.

*Bei einer 1,1- oder α-Eliminierung stammen beide Gruppen vom gleichen
Atom, bei der häufigeren 1,2- oder β-Eliminierung von benachbarten
Atomen.* Eliminierungen können stattfinden:

- <u>ohne Teilnahme anderer Reaktionspartner</u> (Beispiel: Esterpyrolyse):

$$H-\overset{|}{\underset{|}{C}}-\overset{|}{\underset{|}{C}}-X \longrightarrow H-X + ^{\backslash}_{/}C=C^{/}_{\backslash}$$

- <u>unter dem Einfluß von Basen oder Lösungsmittel-Molekülen</u>:

$$B| + H-\overset{|}{\underset{|}{C}}-\overset{|}{\underset{|}{C}}-X \longrightarrow \overset{\oplus}{B}H + ^{\backslash}_{/}C=C^{/}_{\backslash} + \overset{\ominus}{X}|$$

- <u>mit Reduktionsmitteln aus vicinal (= benachbart) disubstituierten
  Verbindungen</u> (Beispiel: 1,2-Dihalogen-Verbindungen, M = Metall):

$$M + X-\overset{|}{\underset{|}{C}}-\overset{|}{\underset{|}{C}}-X' \longrightarrow MXX' + ^{\backslash}_{/}C=C^{/}_{\backslash}$$

12.1 1,1- oder α-Eliminierung

Werden beide Gruppen vom gleichen C-Atom abgespalten, spricht man
oft von *α-Eliminierung*. Bekanntestes Beispiel ist die Hydrolyse von
Chloroform mit einer starken Base.

$$H\overset{\ominus}{\underline{O}}|\text{---}H \underset{\text{schnell}}{\rightleftharpoons} H_2O + |\overset{\ominus}{C}Cl_2 \xrightarrow[\text{langsam}]{-Cl^{\ominus}} |CCl_2 \xrightarrow[\text{schnell}]{\overset{\ominus}{HO}/H_2O} CO + HCO_2^{\ominus} + Cl^{\ominus}$$

Dichlor-carben   Formiat

Im ersten Schritt wird ein Carbanion gebildet, aus dem Dichlorcarben
als Zwischenprodukt entsteht. Durch geeignete Olefine wie 2-Buten
lassen sich in einer Abfangreaktion Cyclopropane synthetisieren.

12.2 1,2- oder β-Eliminierung

Ebenso wie Substitutionen können auch Eliminierungen mono- oder bi-
molekular verlaufen (E1- bzw. E2-Reaktion). Bezüglich des zeitlichen
Verlaufs der Spaltung der H–C- und C–X-Bindung gibt es mehrere Möglichkeiten, die mehr oder weniger kontinuierlich ineinander übergehen. Die drei bekanntesten sind:

1) E1: C_α-X wird zuerst gelöst.

2) E1cB: H-C_β wird zuerst aufgelöst; dieser Mechanismus ist relativ
         selten und soll hier nicht näher erläutert werden.

3) E2:   Beide Bindungen werden etwa gleichzeitig gelöst.

12.2.1 Eliminierung nach einem E1-Mechanismus

Der erste Reaktionsschritt, die Heterolyse der C_α-X-Bindung, ist bei
E1- und S_N1-Reaktionen gleich. Er führt zu einem instabilen Carbenium-Ion als Zwischenprodukt.

$$H-\overset{\beta}{\underset{|}{C}}-\overset{\alpha}{\underset{|}{C}}-X \rightleftharpoons H-\underset{|}{C}-\underset{|}{C}\cdots X \rightleftharpoons H-\underset{|}{C}-\overset{\oplus}{C}\diagup + X^\ominus$$

Dieser Schritt ist geschwindigkeitsbestimmend. Im folgenden schnellen Reaktionsschritt kann das Carbenium-Ion mit einem Nucleophil
reagieren ($\longrightarrow S_N$1), oder es wird vom β-C-Atom ein Proton abgespalten
und ein Alken gebildet ($\longrightarrow$ E1).

Beispiele: Hydrolyse von 2-Chlor-2-methylpropan (tert. Butylchlorid)

$$H_3C-\overset{\overset{\displaystyle CH_3}{|}}{\underset{\underset{\displaystyle CH_3}{|}}{C}}-Cl \rightleftharpoons[H_2O] (CH_3)_3\overset{\oplus}{C} + Cl^\ominus \begin{cases} \xrightarrow{S_N1} (CH_3)_3C-OH \\ \\ \xrightarrow{E1} H_2C=C\diagup^{CH_3}_{\diagdown CH_3} + H^\oplus \end{cases}$$

Geschwindigkeitsgleichung für beide Reaktionsabläufe:
$$v = k\,[(CH_3)_3C–Cl].$$

Beide Reaktionen verlaufen sehr schnell. Das Verhältnis E1/S_N1 ist
nur wenig zu beeinflussen; es treten die bekannten Umlagerungen von
Carbenium-Ionen als Nebenreaktionen auf.

Auch die säurekatalysierte Dehydratisierung von Alkoholen zu Alkenen verläuft monomolekular als Solvolyse:

12.2.2 Eliminierung nach einem E2-Mechanismus

Der wichtigste Reaktionsmechanismus ist bei den Eliminierungen der einstufige E2-Mechanismus. Die Abtrennung der Gruppe vom α-C-Atom (meist ein Proton), die Bildung der Doppelbindung und der Austritt der Abgangsgruppe X verlaufen simultan. Der Übergangszustand ist von dem der S_N2-Reaktion verschieden, da jetzt eine größere Anzahl von Atomen beteiligt ist. *Beispiel:* Eliminierung von HBr aus Bromethan:

Der nucleophile Reaktionspartner, die Base $OH^\ominus$, entfernt ein Proton von einem Kohlenstoff-Atom und gleichzeitig tritt ein Bromid-Ion aus, das solvatisiert wird.

12.3 Beispiele für wichtige Eliminierungs-Reaktionen

12.3.1 anti-Eliminierungen

12.3.1.1 Dehalogenierung von 1,2-Dihalogen-Verbindungen

Zum Schutz von Doppelbindungen während einer Synthese (z.B. bei Oxidationen) addiert man oft Brom und debromiert anschließend das Produkt wieder. Da beide Reaktionen sterisch einheitlich verlaufen, bleibt die Konfiguration erhalten. Zur Dehalogenierung dienen Reduktionsmittel wie $I^\ominus$, Zn, Mg u.a.

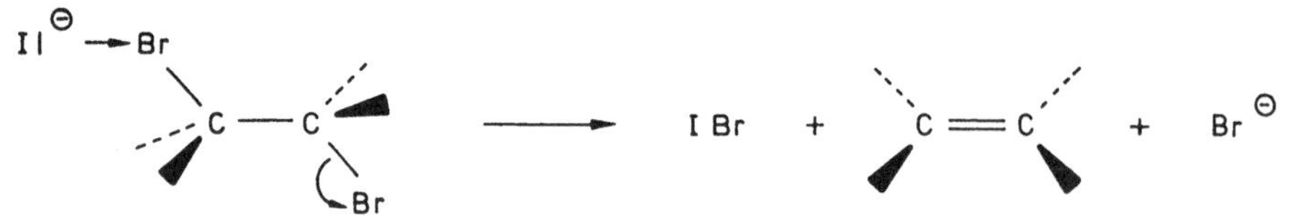

Abb. 22. Einstufige anti-Eliminierung nach E2 mit $I^{\ominus}$ aus einem vicinalen Dibromalkan

Durch Doppeleliminierung geeigneter 1,2-Dihalogenalkane mit Basen lassen sich je nach Reaktionsbedingung auch Alkine, Allene und konjugierte Diene herstellen.

Beispiel:

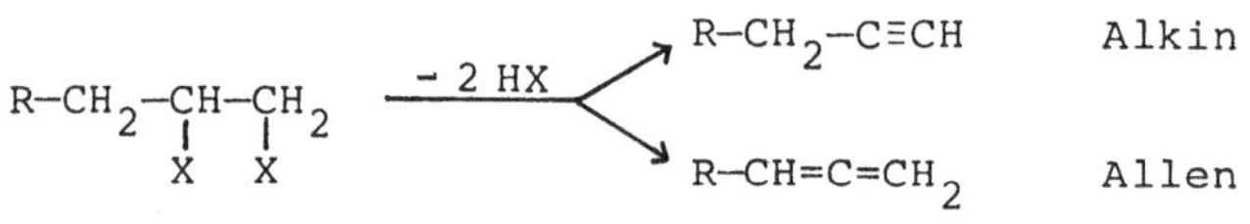

R–CH$_2$–CH–CH$_2$ $\xrightarrow{-\ 2\ HX}$

R–CH$_2$–C≡CH   Alkin

R–CH=C=CH$_2$ Allen

12.3.1.2 Biochemische Dehydrierungen

Die zur technischen Herstellung von Alkenen wichtigen Dehydrierungen sind auch biologisch von Bedeutung. Gut untersucht wurde die Abspaltung von Wasserstoff aus Bernsteinsäure durch das Enzym Succinat-Dehydrogenase. Bei den Experimenten wurden die Verbindungen mit Deuterium markiert. Die Oxidation der Bernsteinsäure zur Fumarsäure ist eine *anti-Eliminierung*, bei der jeweils gleich markierte H-Atome entfernt werden.

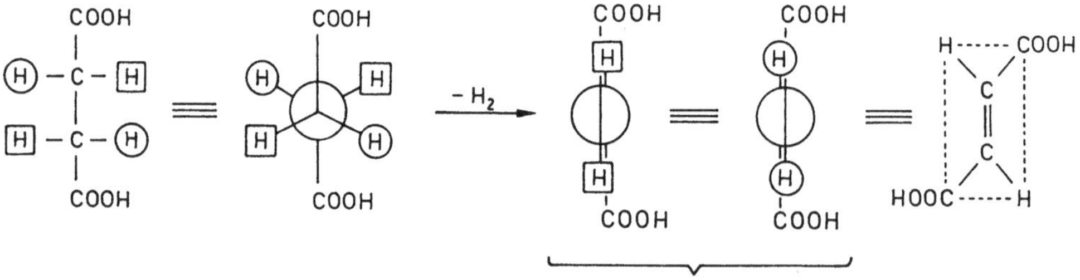

Bernsteinsäure

(Die Bindungen sollten aufeinander liegen)

Fumarsäure
(planar wegen C=C)

13 Sauerstoff-Verbindungen
I. Alkohole (Alkanole)

13.1 Beispiele und Nomenklatur

Alkohole enthalten eine oder mehrere OH-Gruppen im Molekül. Man unterscheidet nach dem <u>Substitutionsgrad</u> des Kohlenstoff-Atoms, das die OH-Gruppe trägt, *primäre, sekundäre und tertiäre Alkohole* und nach der <u>Anzahl</u> der OH-Gruppen *ein-, zwei-, drei- und mehrwertige Alkohole*.

Einige Vertreter der Alkanole (Stamm-Kohlenwasserstoffe Alkane) sind:

CH_3OH $CH_3{-}CH_2OH$ $CH_3{-}CH_2{-}CH_2OH$ $CH_3{-}\overset{\displaystyle |}{\underset{\displaystyle OH}{CH}}{-}CH_3$ $CH_3{-}CH_2{-}CH_2{-}CH_2OH$

Methanol   Ethanol   1-Propanol   2-Propanol   1-Butanol,

         (Spiritus,   (Isopropanol)   primärer Alkohol

         Weingeist)

$CH_3{-}CH_2{-}\overset{\displaystyle |}{\underset{\displaystyle OH}{CH}}{-}CH_3$ $CH_3{-}\overset{\displaystyle CH_3}{\overset{\displaystyle |}{\underset{\displaystyle |}{\underset{\displaystyle CH_3}{C}}}}{-}OH$ $CH_3{-}\overset{\displaystyle |}{\underset{\displaystyle CH_3}{CH}}{-}CH_2OH$

2-Butanol,   2-Methylpropan-2-ol,   2-Methylpropan-1-ol

sekundärer Alkohol   tertiärer Alkohol   (Isobutanol)

Die Namen werden gebildet, indem man an den nomenklaturgerechten Namen des betreffenden Alkans die Endung -ol anhängt. Auch hier ist die Bildung homologer Reihen möglich.

Wie bei den Alkanen steigen Schmelz- und Siedepunkte der Alkohole mit zunehmender Kohlenstoffzahl. Allerdings liegen die Werte der Alkohole höher als die der Alkane der entsprechenden Molekülmasse (s. Abb. 23). Der Grund hierfür ist die <u>Assoziation der Moleküle über Wasserstoff-Brücken</u> (Abb. 24). Dies führt dazu, daß z.B. eine größere Verdampfungswärme aufgewandt werden muß als bei den entsprechenden Alkanen.

Ebenso verändern sich die Löslichkeiten: Die polare Hydroxyl-Gruppe erhöht die Löslichkeit der Alkohole in Wasser. Dies gilt besonders für die kurzkettigen und die mehrwertigen Alkohole. <u>Die Hydrophilie wirkt sich um so geringer aus, je länger der Kohlenwasserstoff-Rest ist</u>. Dann bestimmt vor allem der hydrophobe (lipophile) organische

Rest das Lösungsverhalten. Höhere Alkohole lösen sich nicht mehr in Wasser, weil die gegenseitige Anziehung der Alkohol-Moleküle durch die van der Waals-Kräfte größer wird als die Wirkung der H-Brücken zwischen den Alkohol- und den Wasser-Molekülen. Sie sind dann nur noch in lipophilen Lösungsmitteln löslich. Die niederen Alkohole wie Methanol und Ethanol lösen sich dagegen sowohl in unpolaren wie auch in hydrophilen Lösungsmitteln.

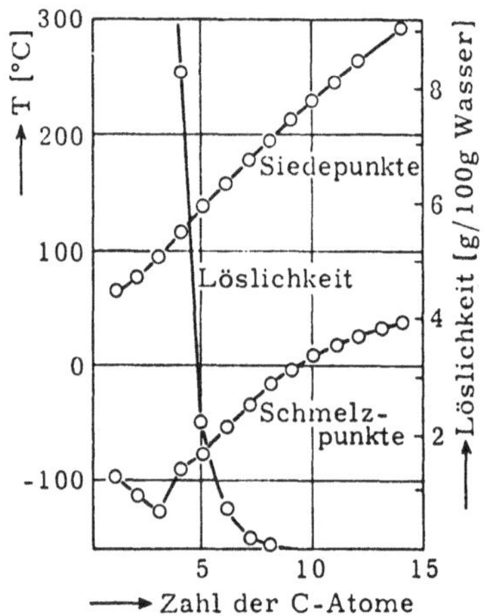

Abb. 23. Schmelz- und Siedepunkte der linearen 1-Alkanole bei 1 bar sowie ihre Wasserlöslichkeit in Abhängigkeit von der Zahl der Kohlenstoff-Atome

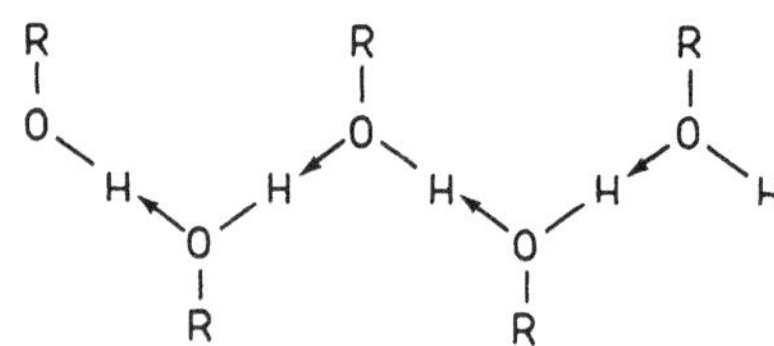

Abb. 24. Brückenbindung: Das H-Atom tritt mit dem stark elektronegativen Sauerstoff-Atom eines Nachbarmoleküls in Wechselwirkung

13.2 Synthese einfacher Alkohole

Aus der großen Anzahl von Darstellungsmethoden für Alkohole sind folgende Verfahren allgemein anwendbar.

① Hydrolyse von Halogenalkanen mit NaOH oder Ag_2O:

$$R{-}Cl \;+\; NaOH \longrightarrow R{-}OH \;+\; NaCl$$

$$2\,R{-}Cl \;+\; Ag_2O \;+\; H_2O \longrightarrow 2\,R{-}OH \;+\; 2\,AgCl$$

② Reaktion von Grignard-Verbindungen mit Carbonyl-Verbindungen

③ Verkochen aliphatischer Diazoniumsalze

④ Reduktion von Ketonen:

$$R^1R^2C=O \xrightarrow{2\,H\,(nasc.)} R^1R^2CH-OH$$

⑤ Anlagerung von Wasser an Olefine:

$$CH_2=CH_2 + H_2O \xrightarrow{(H_3PO_4)} CH_3-CH_2OH$$

⑥ Darüber hinaus werden die einfachen Alkohole oft nach speziellen Verfahren gewonnen.

a) Ein wichtiges Beispiel ist die Gewinnung von _Ethylalkohol_ (Ethanol) durch Gärung. Bei der alkoholischen Gärung werden Poly-, Di- oder Monosaccharide (Stärke, Zucker) mit Hilfe der in Hefe vorhandenen Enzyme zu Ethanol abgebaut.

$$C_6H_{12}O_6 \xrightarrow{Hefe} 2\,C_2H_5-OH + 2\,CO_2$$
Glucose

b) Das als Lösungsmittel wichtige _Methanol_ wird technisch durch Hydrieren von Kohlenmonoxid gewonnen:

$$CO + 2\,H_2 \xrightarrow[200\ bar,\ 400^{\circ}C]{ZnO/Cr_2O_3} CH_3OH$$

13.3 Mehrwertige Alkohole: Beispiele und Synthesen

Grundsätzlich verhalten sich mehrwertige Alkohole chemisch ähnlich wie einwertige Alkohole. Die OH-Gruppen können auch nacheinander reagieren; dadurch lassen sich Mono- und Di-ester herstellen.

① Ethylenglycol (1,2-Glykol) ist ein _zwei_wertiger Alkohol.

Darstellung

a) Durch Reaktion von Ethylenoxid mit Wasser

$$H_2C\overset{\diagup\diagdown}{\underset{O}{\qquad}}CH_2 + H_2O \xrightarrow{(H^{\oplus})} \begin{matrix} CH_2-CH_2 \\ |\qquad| \\ OH\quad OH \end{matrix}$$

Ethylenoxid

b) Durch Anlagerung von HOCl an Ethylen und Hydrolyse des Ethylen-
chlorhydrins:

$$CH_2 = CH_2 \xrightarrow{+ HOCl} \quad \underset{\substack{| \\ OH}}{CH_2} - \underset{\substack{| \\ Cl}}{CH_2} \quad \xrightarrow[\substack{- NaCl \\ - CO_2}]{+ NaHCO_3} \quad \underset{\substack{| \\ OH}}{CH_2} - \underset{\substack{| \\ OH}}{CH_2}$$

Ethylen   Ethylen-
                            chlorhydrin

② *Glycerin*, ein *drei*wertiger Alkohol, ist Bestandteil von Fetten
und Ölen und entsteht neben den freien Fettsäuren bei deren alkalischer Hydrolyse (Verseifung). Technisch wird Glycerin hauptsächlich
durch Umsetzung von Propen (Bestandteil der Crackgase) mit Chlor und
Hydrolyse der Halogen-Verbindungen gewonnen:

$$\underset{\substack{\| \\ CH_2}}{\overset{\substack{CH_3 \\ |}}{CH}} \xrightarrow[\substack{- HCl}]{+ Cl_2} \underset{\substack{\| \\ CH_2}}{\overset{\substack{CH_2Cl \\ |}}{CH}} \xrightarrow[\substack{- KCl}]{+ KOH} \underset{\substack{\| \\ CH_2}}{\overset{\substack{CH_2OH \\ |}}{CH}} \xrightarrow{+ HOCl} \underset{\substack{| \\ CH_2Cl}}{\overset{\substack{CH_2OH \\ |}}{CHOH}} \xrightarrow[\substack{- KCl}]{+ KOH} \underset{\substack{| \\ CH_2-OH}}{\overset{\substack{CH_2-OH \\ |}}{CH-OH}}$$

Propen   Allyl-   Allyl-   Glycerin-   Glycerin
             chlorid   alkohol   1-chlorhydrin

Glycerin und Ethylenglykol sind Ausgangsstoffe für viele chemische
Synthesen. Es sind zähflüssige, süß schmeckende Flüssigkeiten, belie-
big mischbar mit Wasser und nur wenig löslich in Ether. Sie werden
u.a. als Frostschutzmittel und Lösungsmittel verwendet. Glycerin ist
in der pharmazeutischen Technologie ein vielverwendeter Bestandteil
von Salben und anderen Arzneizubereitungen. Der Sprengstoff Dynamit
ist Glycerin-trinitrat, das in Kieselgur aufgesaugt wurde und so
gegen Erschütterungen relativ unempfindlich ist.

13.4 Reaktionen mit Alkoholen

Basizität und Acidität der Alkohole

Alkohole sind i.a. etwas schwächere Säuren als Wasser und in ihrer
Basizität etwa genauso stark. Mit starken Säuren bilden sich Alkyl-
oxonium-Ionen: Dies ermöglicht erst die nucleophilen Substitutions-
Reaktionen bei Alkoholen, da OH— eine schlechte Abgangsgruppe ist.
Analog wirken Lewis-Säuren wie $ZnCl_2$ oder BF_3:

$$C_2H_5-\overline{\underline{O}}H \ + \ HCl \ \longrightarrow \ \left[C_2H_5-\overset{\oplus}{O}-H \atop \qquad\quad | \atop \qquad\quad H \right] \ + \ Cl^{\ominus}; \quad mit \ BF_3: \quad R-\overset{\oplus}{O}-BF_3 \atop \qquad\qquad | \atop \qquad\qquad H$$

Ethyloxonium-Ion

Mit Alkalimetallen bilden sich salzartige <u>Alkoholate</u>, wobei das H-Atom
der OH-Gruppe ersetzt wird:

$$C_2H_5-OH \ + \ Na \ \longrightarrow \ C_2H_5\overset{\ominus}{O} \ \overset{\oplus}{Na} \ + \ \tfrac{1}{2} H_2 \uparrow$$

Ethanol   Natriumethanolat
                                 (Natriumethylat)

Mit Halogenalkanen entstehen aus Alkoholaten <u>Ether</u> *(Williamson-Synthese)*:

$$C_2H_5\overline{\underline{O}}{}^{\ominus} \ \overset{\oplus}{Na} \ + \ I-C_2H_5 \ \longrightarrow \ C_2H_5-O-C_2H_5 \ + \ Na \, I$$

Die Acidität der Alkohole nimmt in der Reihenfolge <u>primär</u> > <u>sekundär</u> >
<u>tertiär</u> ab. Ein Grund hierfür ist, daß die sperrigen Alkyl-Gruppen
die Hydratisierung mit H_2O-Molekülen behindern, die das Alkoholat-
Anion stabilisiert. Die Wirkung des +I-Effektes der Alkyl-Gruppen
ist umstritten. Infolge seiner relativ kleinen Methyl-Gruppe ist
Methanol eine etwa so starke Säure wie Wasser, während der einfachste
aromatische Alkohol, das Phenol C_6H_5-OH, mit $pK_s = 9{,}95$ eine weitaus
stärkere Säure darstellt. Der Grund ist in der Mesomeriestabilisierung des Phenolat-Anions zu sehen.

13.4.1 Reaktionen von Alkoholen in Gegenwart von Säuren

Die Reaktion von Säuren mit Alkoholen kann je nach den Reaktionsbedingungen zu unterschiedlichen Produkten führen. Dabei wird in der
funktionellen Gruppe C-O-H entweder die C-O-Bindung oder die O-H-
Bindung gespalten.

13.4.1.1 Eliminierungen

In einer Eliminierungsreaktion können durch Erhitzen mit konz. H_2SO_4
oder H_3PO_4 <u>Alkene</u> gebildet werden.

Die β-Eliminierung von Alkoholen ist eine wichtige Methode zur Herstellung von Alkenen.

Verschieden substituierte Alkohole reagieren wie folgt:

Substitutionsgrad		Säure	Temperatur	Mechanismus
primär:	CH_3CH_2OH	95 % H_2SO_4	160°C	E2
sekundär:	$\begin{array}{c} H_3C \\ CHOH \\ H_3C \end{array}$	60 % H_2SO_4	120°C	E2/E1
tertiär:	$(H_3C)_3C-OH$	20 % H_2SO_4	90°C	E1

Die Reaktivitätsunterschiede machen sich in den unterschiedlichen Reaktionsbedingungen deutlich bemerkbar. Oft treten Umlagerungen von Carbenium-Ionen, sog. *Wagner-Meerwein-Umlagerungen*, ein. *Beispiel:* 3,3-Dimethyl-2-butanol $\longrightarrow$ 2,3-Dimethyl-2-buten.

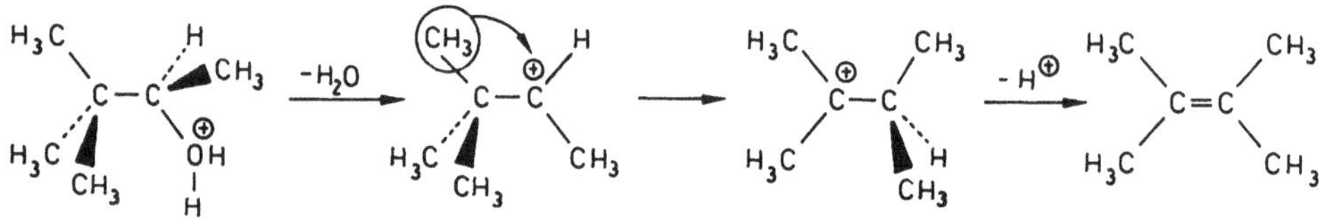

In der Regel wird das stabilere Carbenium-Ion gebildet.

13.4.1.2 Substitutionen

In einer Substitutions-Reaktion können zwei verschiedene Produkte erhalten werden:

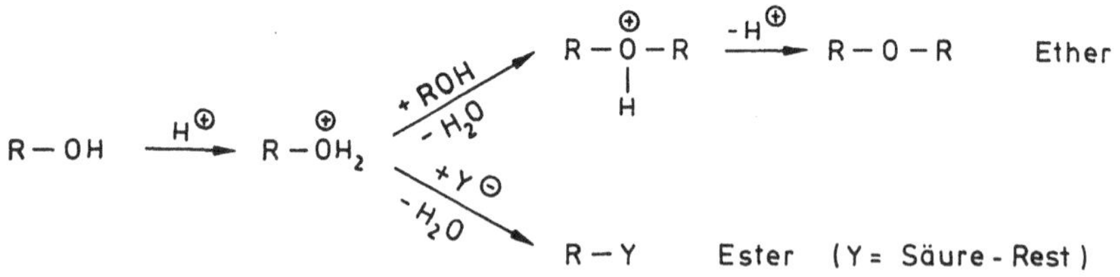

① Bei einem Überschuß an Alkohol bilden sich <u>Ether</u>.

② Bei einem Überschuß an Säure erhalten wir <u>Ester</u>.

13.4.2 Esterbildung unter Spaltung der C–O-Bindung

Bei Reaktionen mit Schwefelsäure, Halogenwasserstoffsäuren oder tertiären Alkoholen wird die C–O-Bindung gespalten, d.h. die Esterbildung verläuft über ein Alkyloxonium-Ion, das vom Säure-Anion nucleophil angegriffen wird. Säuren mit mehreren Hydroxyl-Gruppen können
dabei mehrmals mit Alkoholen reagieren·

$$CH_3-OH \;+\; HO-\overset{\overset{O}{\|}}{\underset{\underset{O}{\|}}{S}}-OH \;\longrightarrow\; H-\overset{\oplus}{\underset{H}{O}}-CH_3 \;+\; \overset{\ominus}{|\underline{O}}-\overset{\overset{O}{\|}}{\underset{\underset{O}{\|}}{S}}-OH \;\longrightarrow\; CH_3-O-\overset{\overset{O}{\|}}{\underset{\underset{O}{\|}}{S}}-OH \;+\; H_2O$$

Oxonium-Ion   Schwefelsäure-
monomethylester

$$CH_3-O-\overset{\overset{O}{\|}}{\underset{\underset{O}{\|}}{S}}-\overset{\ominus}{\underline{O}|} \;+\; CH_3-\overset{\oplus}{O}-H \;\longrightarrow\; CH_3-O-\overset{\overset{O}{\|}}{\underset{\underset{O}{\|}}{S}}-O-CH_3 \;+\; H_2O$$

Dimethylsulfat

13.4.3 Esterbildung unter Spaltung der O–H-Bindung

Die Veresterung primärer und sekundärer Alkohole mit Carbonsäuren verläuft i.a. über die Spaltung der O–H-Bindung des Alkohols. Angreifendes Agens ist die protonierte Carbonsäure, deren OH-Gruppe im zweiten
Schritt verlorengeht.

$$R'-OH \;+\; R-C\overset{\overset{\oplus}{OH}}{\underset{OH}{\diagup}} \;\rightleftharpoons\; R'-\overset{\oplus}{O}-C-R \;\overset{-H_2O}{\rightleftharpoons}\; R'-O-C-R \;\overset{-H^{\oplus}}{\rightleftharpoons}\; R'O-\overset{\overset{O}{\|}}{C}-R$$

Der Nachweis des Mechanismus gelingt massenspektroskopisch nach Mar-
kierung mit ^{18}O. Die säurekatalysierte Veresterung ist eine reversible
Reaktion, wobei das Gleichgewicht z.B. durch Entfernen des gebildeten
Wassers in Richtung auf die Produkte hin verschoben werden kann.

13.4.4 Darstellung von Halogen-Verbindungen

Eine wichtige Reaktion, bei der die C–O-Bindung gespalten wird, ist
auch die Umsetzung von Alkoholen mit Halogenwasserstoff oder Phosphor-

halogeniden zu Halogenalkanen. An dieser Reaktion soll noch einmal
die Verwandtschaft der Alkohole mit Wasser verdeutlicht werden:

$$3 \ H\!-\!OH + PCl_3 \longrightarrow 3 \ HCl + H_3PO_3$$

$$3 \ R\!-\!OH + PCl_3 \longrightarrow 3 \ R\!-\!Cl + H_3PO_3$$

13.5 Reaktionen von Diolen

① Umlagerungen

Die säurekatalysierte Dehydratisierung von 1,2-Glykolen führt zu
einem umgelagerten Keton. Die Reaktion ist vom Typ einer *Wagner-
Meerwein-Umlagerung*.

Beispiel: Pinakol-Pinakolon-Umlagerung

Pinakol   Pinakolon

Das 2,3-Dimethyl-2,3-butandiol (Pinakol) wird an einer OH-Gruppe
protoniert; unter Wasserabspaltung bildet sich ein Carbenium-Ion.
Bei unsymmetrischen Glykolen wird bevorzugt die Gruppe protoniert,
die zum stabileren Carbenium-Ion führt. Dieses stabilisiert sich
durch eine nucleophile 1,2-Umlagerung. Nach Abspaltung eines Protons
erhält man 3,3-Dimethyl-2-butanon (Pinakolon).

② Cyclisierungen

Diole wie 1,4-Butandiol werden bei der säurekatalysierten Dehydratisierung in cyclische Ether überführt. Es handelt sich dabei um den
intramolekularen nucleophilen Angriff einer OH-Gruppe:

1,4-Butandiol   Tetrahydrofuran (THF)

③ Glykol-Spaltung

C-C-Bindungen mit benachbarten OH-Gruppen lassen sich in der Regel
oxidativ spalten. Geeignete *Oxidationsmittel sind Bleitetraacetat
(Methode nach Criegee) oder Periodsäure (nach Malaprade).* Beide Verfahren haben analytisch große Bedeutung.

$$-\overset{|}{\underset{OH}{C}}-\overset{|}{\underset{OH}{C}}- \quad \xrightarrow{\frac{H_5 I O_6 \ bzw}{Pb(OCOCH_3)_4}} \quad 2 >C=O \ + \ Pb(OCOCH_3)_2 + 2\,CH_3COOH$$

13.6 Redox-Reaktionen

Mit Alkoholen sind auch Redox-Reaktionen möglich, wobei sie je nach
Stellung der Hydroxyl-Gruppe zu verschiedenen Produkten oxidiert
werden, die alle eine Carbonyl-Gruppe ($>C=O$) enthalten:

① $R-CH_2OH \underset{Red}{\overset{Ox}{\rightleftharpoons}} R-\underset{H}{\overset{|}{C}}=O \underset{Red}{\overset{Ox}{\rightleftharpoons}} R-\underset{O}{\overset{||}{C}}-OH$

$R-CH_2OH + 1/2\ O_2 \longrightarrow R-\underset{H}{\overset{|}{C}}=O + H_2O; \quad R-CHO + 1/2\ O_2 \longrightarrow R-COOH$

primärer Alkohol $\underset{Red}{\overset{Ox}{\rightleftharpoons}}$	Aldehyd $\underset{Red}{\overset{Ox}{\rightleftharpoons}}$	Carbonsäure

$CH_3-\underset{CH_3}{\overset{|}{C}H}-CH_2-OH \underset{Red}{\overset{Ox}{\rightleftharpoons}} CH_3-\underset{H_3C}{\overset{|}{C}H}-\overset{|}{C}=O \underset{Red}{\overset{Ox}{\rightleftharpoons}} CH_3-\underset{H_3C}{\overset{|}{C}H}-\overset{|}{C}=O$ (OH)

2-Methyl-1-propanol   2-Methyl-propanal   2-Methyl-propansäure
Isobutanol   (Methyl-propionaldehyd)   (Methyl-propionsäure)

② $R-\overset{H}{\underset{R'}{\overset{|}{C}}}-OH \overset{-H_2}{\rightleftharpoons} R-\underset{R'}{\overset{|}{C}}=O$;   Abbau des Moleküls (unter
drastischen Bedingungen)

sekundärer Alkohol $\underset{Red}{\overset{Ox}{\rightleftharpoons}}$ Keton	; Abbau des Moleküls

$$CH_3-CH_2-\underset{\underset{\displaystyle CH_3}{|}}{CH}-OH \quad \underset{Red}{\overset{Ox}{\rightleftharpoons}} \quad CH_3-CH_2-\underset{\underset{\displaystyle CH_3}{|}}{C}=O$$

2-Butanol   Butanon

③ | tertiärer Alkohol ——//→ Abbau des Moleküls |

Die Oxidationsprodukte Aldehyd, Keton und Carbonsäure lassen sich
durch Reduktion wieder in die entsprechenden Alkohole überführen. Da
lediglich die funktionelle Gruppe abgewandelt wird, bleibt das Grundgerüst des Moleküls erhalten.

13.6.1 Berechnung von Oxidationszahlen in der organischen Chemie

Zur Ermittlung der formalen Oxidationszahlen können nicht ohne weiteres die Regeln der anorganischen Chemie verwendet werden, denn die
organischen Redox-Reaktionen finden an kovalent gebundenen Atomen
statt, bei denen nicht immer klar ist, welchem Bindungspartner das
gemeinsame Elektronenpaar zugeordnet werden soll. Folgende Regeln
sind zu beachten:

- *In einem neutralen Molekül muß die Summe der Oxidationszahlen Null
  sein; bei Ionen entspricht sie ihrer Ladung.*

- *Elemente haben die Oxidationszahl Null.*

- *Elektronen von polarisierten Elektronenpaarbindungen werden dem
  stärker elektronegativen Atom zugeordnet.*

Die Oxidationszahl für ein Atom läßt sich demnach berechnen durch
einfache Addition der folgenden Zahlenwerte:

-1 für jede Bindung zu einem weniger elektronegativen Atom (oder eine
   negative Ladung),

 0 für jede Bindung zu einem gleichen Atom,

+1 für jede Bindung zu einem elektronegativeren Atom (oder eine positive Ladung).

Für ein *C-Atom* ergibt sich demnach die Oxidationszahl durch Addition
der folgenden Werte: -1 für jedes H-Atom; 0 für jedes C-Atom; +1 für
jede Bindung zu einem Heteroatom wie O, N, S, Br u.a.

Beispiele mit Angabe der Oxidationszahlen für die C-Atome:

$$CH_3-CH=CH-CH=O \; \underset{-\,H_2O}{\overset{+\,H_2O}{\rightleftharpoons}} \; CH_3-\overset{OH}{\overset{|}{CH}}-CH_2-CH=O$$

$${-3}{-1}{-1}{+1}{-3}{0}{-2}{+1}$$

$$\overset{-3-1-2}{CH_3-CH=CH_2} + Br-Br \longrightarrow CH_3-\overset{Br}{\overset{|}{CH}}-CH_2-Br$$

$${-3}{0}{-1}$$

Tabelle 11. Oxidationszahlen von C-Atomen

Oxidationszahl		primär	sekundär	tertiär	
−4	CH_4				
−3		RCH_3 Alkan			
−2	CH_3OH	↓	R_2CH_2 Alkan		
−1		RCH_2OH Alkohol	↓	R_3CH	
0	CH_2O	↓	R_2CHOH Alkohol		R_4C
+1		RCHO Aldehyd	↓	R_3COH	
+2	HCOOH	↓	R_2CO Keton		
+3		RCOOH Säure			
+4	CO_2				

(links: Oxidation ↓   rechts: Reduktion ↑)

Tabelle 12. Physikalische Eigenschaften und Verwendung von Alkoholen

Verbindung	$Fp.^{o}C$	$Kp.^{o}C$	weitere Angaben
Methanol (Methylalkohol)	-97	65	Lösungsmittel, Methylierungs- mittel, Ausgangsprodukt für Formaldehyd und Anilinfarben; giftig
Ethanol (Ethylalkohol)	-114	78	Ausgangsprodukt für Butadien, Ether, Ethylate (Katalysatoren); alkoholische Getränke
1-Propanol (n-Propylalkohol)	-126	97	Lösungsmittel
2-Propanol (Isopropylalkohol)	-90	82	Acetongewinnung, Lösungsmittel
1-Butanol (n-Butylalkohol)	-80	117	Lösungsmittel für Harze, Ester- komponente für Essig- und Phthalsäure
2-Methyl-1-propanol (Isobutylalkohol)	-108	108	
2-Methyl-2-propanol (tert. Butylalkohol)	25	83	Aluminium-tert.butylat (Kata- lysator)
1-Pentanol (n-Amylalkohol)	-79	138	
Propen-1-ol (Allylalkohol)	-129	97	
1,2-Ethandiol (Glykol)	-11	197	Polyesterkomponente, Gefrier- schutzmittel, Lösungsmittel für Lacke und Acetylcellulose
1,2,3-Propantriol (Glycerin)	20	290	Alkydharze, Dynamit, Weichmacher für Filme, Frostschutzmittel u.a.; Bestandteil der Fette
Cyclohexanol (Cyclohexylalkohol)	25	161	Ausgangsprodukt für die Nylon- herstellung

Biologisch interessante Hydroxy-Verbindungen

Einige höherkettige Alkohole kommen als Esterkomponente in Wachsen vor: n-Cetylalkohol $C_{16}H_{33}OH$ (Walrat), n-Cerylalkohol $C_{26}H_{53}OH$ (Bienen-, Carnaubawachs), n-Myricylalkohol $C_{30}H_{61}OH/C_{32}H_{65}OH$ (Bienen-, Carnaubawachs). Alkoholische OH-Gruppen finden sich in den Terpenen (z.B. Menthol) und im Inosit (stereoisomere Cyclohexanhexole).

meso-Inosit (z.B. im Herzmuskel, Wuchs- stoff für Bakterien)

14 Sauerstoffverbindungen
II. Ether

Ether enthalten eine Sauerstoff-Brücke im Molekül und können als Disubstitutionsprodukte des Wassers betrachtet werden. Man unterscheidet einfache (symmetrische), gemischte (unsymmetrische) und cyclische Ether:

CH_3-O-CH_3 $C_6H_5-O-CH_3$

Anisol

Dimethylether	Methylphenylether	Tetrahydrofuran	Tetrahydropyran
einfach	gemischt	cyclisch	

14.1 Eigenschaften und Reaktionen

Ether sind farblose Flüssigkeiten, die im Vergleich zu den Alkoholen in Wasser nur wenig löslich sind, da sie keine H-Brücken bilden können. Sie haben daher auch eine kleinere Verdampfungswärme und einen niedrigeren Siedepunkt als die konstitutionsisomeren Alkohole. Vgl. Ethanol mit Dimethylether, C_2H_6O

Verglichen mit Alkoholen sind Ether reaktionsträge und können deshalb als inerte Lösungsmittel verwendet werden. Sie sind unempfindlich gegen Alkalien, Alkalimetalle und Oxidations- bzw. Reduktionsmittel. Gegenüber molekularem Sauerstoff besitzen Ether jedoch eine gewisse Reaktivität:

Beim Stehenlassen an der Luft bilden sich unter Autoxidation sehr explosive Peroxide, was besonders beim Destillieren beachtet werden muß.

Beispiel:

$$H_3C-CH_2-O-C_2H_5 + O_2 \xrightarrow{h \cdot \nu} H_3C-CH-O-C_2H_5$$
$$\overset{|}{O-OH}$$

Diethylether ("Äther") wird im Labor oft als Lösungsmittel verwendet. Er ist erwartungsgemäß mit Wasser nur wenig mischbar (ca. 2 g/ 100 g H_2O) und hat einen niedrigen Flammpunkt. Seine Dämpfe sind schwerer als Luft und bilden mit ihr explosive Gemische. Mit starken Säuren bilden sich wasserlösliche *Oxoniumsalze*, z.B.

$$CH_3CH_2-O-CH_2CH_3 + HCl \longrightarrow \left[\begin{array}{c} CH_3CH_2 \\ CH_3CH_2 \end{array} \overset{\oplus}{O}-H \right] \overset{\ominus}{Cl} \quad \text{Diethyloxonium-chlorid}$$

Wegen des fehlenden H-Atoms am Sauerstoff haben Ether keine sauren Eigenschaften.

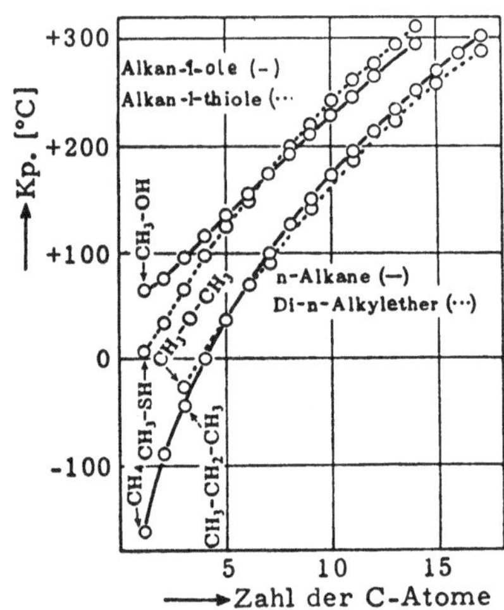

Abb. 25. Siedepunkte der linearen 1-Alkanole, 1-Alkanthiole, Di-n-alkylether und n-Alkane bei 1 bar in Abhängigkeit von der Zahl der Kohlenstoff-Atome

14.2 Ether-Synthesen

① Die säurekatalysierte Dehydratisierung von Alkoholen bei $140^\circ C$ führt zu symmetrischen Ethern. Der Reaktionsmechanismus kann folgendermaßen formuliert werden:

$$R-OH + H^\oplus \rightleftharpoons R-\overset{\oplus}{O}H_2 \quad \text{(Alkyloxonium-Ion)}$$

Für die Weiterreaktion gibt es zwei Möglichkeiten:

a) nucleophile Substitution durch ein Alkohol-Molekül:

$$R-\overset{..}{O}I + R-\overset{\oplus}{O}H_2 \xrightarrow[-H_2O]{} R-\overset{\oplus}{\underset{H}{O}}-R \xrightarrow{-H^\oplus} R-O-R$$

b) Bildung eines Carbenium-Ions und anschließend Reaktion mit einem Alkohol-Molekül:

$$R - \overset{\oplus}{O}H_2 \;\rightleftharpoons\; \overset{\oplus}{R} + H_2O$$

$$\overset{\oplus}{R} + HOR \;\rightleftharpoons\; R - \overset{\overset{\oplus}{O}}{\underset{H}{|}} - R \xrightarrow{\;-H^{\oplus}\;} R - O - R$$

Die Reaktion von Ethanol mit konz. Schwefelsäure verläuft vermutlich nach Gleichung a) und zwar über das Monoalkylsulfat. Dieses entsteht in einer vorgelagerten Reaktion aus dem Ethyloxonium-Ion. Als Nebenprodukt findet man Ethen, das in einer Eliminierungsreaktion gebildet wird.

② Die Umsetzung von Halogenalkanen mit Natriumalkoholaten führt in einer S_N2-Reaktion zu (gemischten) Ethern *(Williamson-Synthese)*:

$$R' \!-\! Br + Na^{\oplus} \; |\overline{\underline{O}}R|^{\ominus} \longrightarrow R' - O - R + Na^{\oplus} \; |\overline{\underline{Br}}|^{\ominus}$$

③ Die Anlagerung von Sauerstoff an Olefine liefert *Epoxide*.

$$H_2C = CH_2 \xrightarrow{\;\frac{1}{2}O_2(Ag)\;} \underset{\diagdown O \diagup}{H_2C - CH_2} \qquad \text{Ethylenoxid (Oxiran)}$$

Auch Chlorhydrine lassen sich mit Basen in Epoxide überführen.

$$\underset{OH}{\overset{}{H_2C} - CH_2Cl} \xrightarrow[-H_2O]{+OH^{\ominus}} H_2C - CH_2 \xrightarrow{\;-Cl^{\ominus}\;} \underset{\diagdown O \diagup}{H_2C - CH_2}$$

Oxiran läßt sich im Gegensatz zu anderen Ethern nicht nur elektrophil, sondern auch nucleophil angreifen und ist ein wichtiges industrielles Zwischenprodukt, das auch als Insektizid und in der Medizin zum Sterilisieren verwendet wird.

$$\xrightarrow{\;H_2O\;} HOCH_2CH_2OH \qquad \text{(Glykol, Polyglykole)}$$

$$\xrightarrow{\;NH_3\;} H_2NCH_2CH_2OH \qquad \text{(Ethanolamine)}$$

$$\xrightarrow{\;ROH\;} HOCH_2CH_2OR \qquad \text{(Glykolether, Polyglykolether)}$$

14.3 Ether-Spaltung

In der präparativen Chemie werden OH-Gruppen gegen weitere Reaktionen
oft durch Veretherung oder Veresterung geschützt. Während Diaryl-
ether gegenüber HI inert sind, werden Dialkylether und Arylalkyl-
ether, obwohl sonst sehr reaktionsträge, von HI gespalten. Besonders
gut verläuft die Reaktion mit Benzyl- oder Alkyl-Gruppen, so daß
erstere oft als Schutzgruppe verwendet wird:

$$C_6H_5CH_2-\overline{O}-CH_3 + HI \rightleftharpoons C_6H_5CH_2-\overset{\overset{H}{|}}{\underline{O}}{}^{\oplus}-CH_3 + I^{\ominus} \longrightarrow C_6H_5CH_2I + HOCH_3$$

Diese Reaktion wird auch zur quantitativen Bestimmung von Alkoxy-
Gruppen nach *Zeisel* verwendet.

15 Sauerstoffverbindungen
III. Phenole

<u>*Phenole enthalten eine oder mehrere OH-Gruppen unmittelbar an einen aromatischen Ring (sp^2-C-Atom) gebunden.*</u> Entsprechend unterscheidet man ein- und mehrwertige Phenole (C_6H_5-CH_2-OH ist kein Phenol, sondern Benzylalkohol!).

Beispiele:

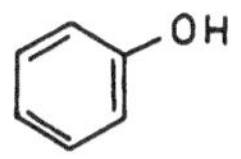

Phenol 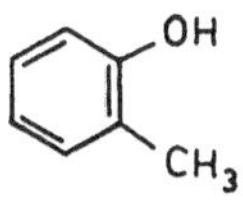   o-Kresol 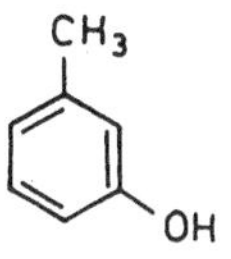   m-Kresol 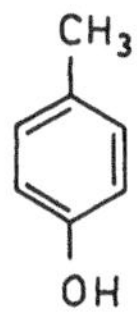   p-Kresol 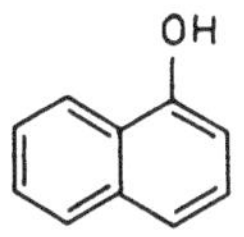   α-Naphthol 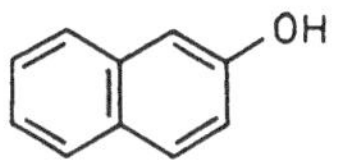   β-Naphthol

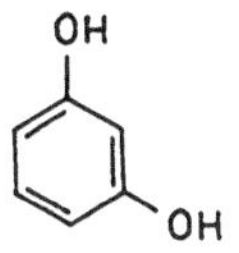

Resorcin 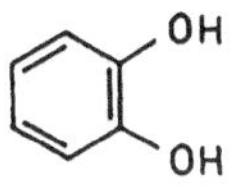   Brenz-catechin   Hydro-chinon   1,4-Naphtho-hydrochinon   Thymol 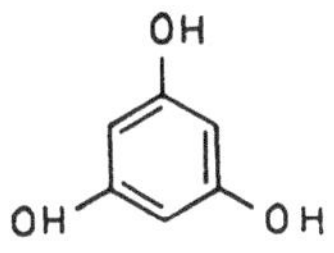   Phloroglucin

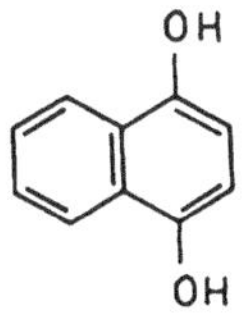

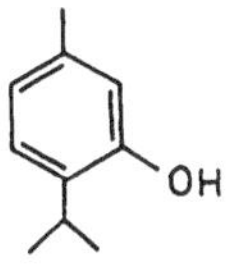

15.1 Darstellung von Phenolen

Phenole sind Bestandteil vieler pflanzlicher Farb- und Gerbstoffe sowie von ätherischen Ölen, Steroiden, Alkaloiden und Antibiotica und dienen als Inhibitoren bei Radikalreaktionen.

<u>*Phenol*</u>, C_6H_5OH, ist eine farblose, kristalline Substanz mit charakteristischem Geruch, die sich an der Luft langsam rosa färbt. In Ethanol und Ether ist Phenol leicht löslich. Wäßrige Lösungen hingegen sind nur in niederer oder sehr hoher Konzentration homogen. Die Löslichkeit ist temperaturabhängig: Oberhalb von 66°C sind Phenol und Wasser in jedem Verhältnis mischbar.

Neben der Gewinnung aus Steinkohlenteer gibt es andere Darstellungs-
verfahren und technische Synthesen.

(1) __Aus Natrium-Benzolsulfonat mit Natronlauge:__

$$C_6H_5-SO_3Na \ + \ NaOH \ \xrightarrow{350°C} \ C_6H_5-ONa \ + \ NaHSO_3$$

(2) __Alkalische Hydrolyse von Chlorbenzol:__

$$C_6H_5-Cl \ + \ 2\,NaOH \ \xrightarrow[\substack{300°C \\ 180\,bar}]{(Cu)} \ C_6H_5-ONa \ + \ NaCl \ + \ H_2O$$

(3) __Verkochen von Diazoniumsalzen__

(4) *Cumol-Phenol-Verfahren:* Aus dem Propen der Crackgase und Benzol
erhält man Cumol (Friedel-Crafts-Alkylierung) und daraus durch Oxidation mit Luftsauerstoff Cumolhydroperoxid. Dieses wird mit verd.
Schwefelsäure in Aceton und Phenol gespalten (*Hock*-Verfahren):

Benzol + Propen $\xrightarrow{H_3PO_4}$ Cumol $\xrightarrow{O_2}$ Cumolhydroperoxid $\xrightarrow{H_2SO_4}$ Phenol + Aceton

15.2 Eigenschaften von Phenolen

Das chemische Verhalten wird durch die Hydroxyl-Gruppe bestimmt.
Phenole sind im Gegensatz zu den Alkoholen erheblich stärkere Säuren:
(C_6H_5OH ("Carbolsäure)" mit $pK_s \approx 9$ (zum Vergleich: C_2H_5OH: $pK_s \approx 17$).
Phenole lösen sich daher in Alkalihydroxid-Lösungen unter Bildung von
Phenolaten. Die Basizität einer $NaHCO_3$-Lösung reicht dazu jedoch
nicht aus. Die Trennung von Phenolen und Carbonsäuren gelingt daher
durch Ausschütteln mit NaOH- bzw. $NaHCO_3$-Lösung. Durch anschließendes
Einleiten von CO_2 in die wäßrige Phenolat-Lösung wird Phenol in öli-
gen Tropfen wieder ausgeschieden:

(Reaktionsgleichung: Phenol + NaOH ⇌ Phenolat (Natriumsalz) + H_2O)

Phenolat

(Reaktionsgleichung: Phenolat-ONa + CO_2 + H_2O → Phenol-OH + $NaHCO_3$)

Phenol

Ein guter qualitativer Nachweis für Phenole ist ihre Reaktion mit $FeCl_3$ in Wasser oder Ethanol unter Bildung farbiger <u>Eisensalze</u>.

Die <u>Acidität</u> der Phenole beruht darauf, daß das Phenolat-Anion mesomeriestabilisiert ist:

(Mesomerie-Grenzformeln des Phenolat-Anions)

Dabei wird die negative Ladung des Sauerstoff-Atoms in das π-System des Benzolrings einbezogen. Zugleich wird die Elektronendichte im Ring erhöht und der Benzolkern einer elektrophilen Substitution leichter zugänglich. Dies gilt insbesondere für den Angriff eines Elektrophils in der 2- und 4-Stellung. Im Gegensatz zum Benzol wird bei Phenol die Substitution an diesen Stellen begünstigt sein, d.h. Phenole bzw. Phenolate lassen sich leichter nitrieren, sulfonieren und chlorieren.

Elektronenanziehende Gruppen, z.B. Nitrogruppen in 2- und 4-Stellung am Aromaten erhöhen die Acidität beträchtlich. So hat 2,4,6-Trinitrophenol (Pikrinsäure) $pK_s = 0,8$.

15.3 Reaktionen mit Phenolen

① <u>*Ester-Bildung*</u> mit Säurechloriden oder Säureanhydriden (*Schotten-Baumann-Reaktion;* auch möglich mit Alkoholen). Die entstehende Säure kann mit Soda-Lösung abgefangen werden.

$$\text{C}_6\text{H}_5\text{-OH} + (\text{CH}_3\text{CO})_2\text{O} \longrightarrow \text{C}_6\text{H}_5\text{-O-CO-CH}_3 + \text{CH}_3\text{COOH}$$

Essigsäurephenylester

② *Ether-Bildung* mit Halogenalkanen (Williamson-Synthese)

$$\text{C}_6\text{H}_5\text{-ONa} + \text{CH}_3\text{-Cl} \xrightarrow{-\,\text{NaCl}} \text{C}_6\text{H}_5\text{-OCH}_3$$

Methylphenylether
(Anisol)

③ *Elektrophile Substitutionsreaktionen*

a) Bei der Nitrierung wird ein Gemisch von o- und p-Nitrophenol erhalten:

$$\text{Phenol} \xrightarrow{\text{HNO}_3,\,10\,^\circ\text{C}} \text{o-Nitrophenol} \quad \text{und} \quad \text{p-Nitrophenol}$$

o-Nitrophenol   p-Nitrophenol

b) Bei der Sulfonierung von Phenol mit konz. H_2SO_4 erhält man bei $20\,^\circ$C hauptsächlich o-Phenolsulfonsäure und bei $100\,^\circ$C die p-Verbindung.

p-Phenolsulfonsäure

o-Phenolsulfonsäure

c) *Reimer-Tiemann-Synthese* zur Darstellung von Phenolaldehyden. Bei der Einwirkung von Chloroform und Natronlauge auf Phenol entsteht Salicylaldehyd. Aus Chloroform und Natronlauge bildet sich das äußerst reaktive *Dichlorcarben* $ICCl_2$, das als Elektrophil das Phenolat-Anion angreift. Durch Protonenwanderung entsteht Dichlormethylphenolat, das zu Salicylaldehyd hydrolysiert wird:

Salicylaldehyd

d) *Kolbe-Schmitt-Reaktion* zur Darstellung von Phenolcarbonsäuren. Natriumphenolat gibt mit Kohlendioxid als Hauptprodukt Salicylsäure. Die o-Hydroxybenzoesäure wird durch Wasserdampfdestillation von dem gleichzeitig gebildeten p-Isomeren getrennt:

Natriumsalicylat   Salicylsäure

e) <u>Kupplungsreaktionen mit Diazoniumsalzen</u>: Als Elektrophil fungiert dabei das Diazonium-Kation.

④ *Redoxprozesse:* Viele Phenole lassen sich durch Oxidation in Chinone überführen (s.S. 169).

Tabelle 13. Technisch und biologisch wichtige Phenole

Verbindung	Fp.$^{\circ}$C	Kp.$^{\circ}$C	Verwendung
Hydroxybenzol (Phenol)	41	181	Farbstoffe, Kunstharze (Phenoplaste), Lacke, künstliche Gerbstoffe
2-Methylphenol (o-Kresol)	31	191	Desinfektionsmittel (Lysol)
3-Methylphenol (m-Kresol)	11	202	Desinfektionsmittel (Lysol)
4-Methylphenol (p-Kresol)	34	202	Desinfektionsmittel (Lysol)
1-Hydroxy-naphthalin (α-Naphthol)	94		Farbstoffindustrie
2-Hydroxy-naphthalin (β-Naphthol)	123		Farbstoffindustrie
1,2-Dihydroxy-benzol (Brenzcatechin)	105	280	photographischer Entwickler
1,3-Dihydroxy-benzol (Resorcin)	110	295	Farbstoffindustrie, Antiseptikum
1,4-Dihydroxy-benzol (Hydrochinon)	170	246	photographischer Entwickler
1,3,5-Trihydroxy-benzol (Phloroglucin)	218		

Phenole sind oft in Pflanzen zu finden, z.B. als Gerb-, Farb- oder Geruchsstoffe, und werden z.T. auch daraus gewonnen, wie z.B. Pyrogallol aus Gallussäure.

Cannabidiol
(*Cannabis sativa*, Hanf)

Gallussäure

Pyrogallol

Eugenol
(Gewürznelke)

Thymol
(Thymianöl)

Praktische Bedeutung besitzen auch viele substituierte Phenole, z.B. als Arzneimittel oder Herbizide.

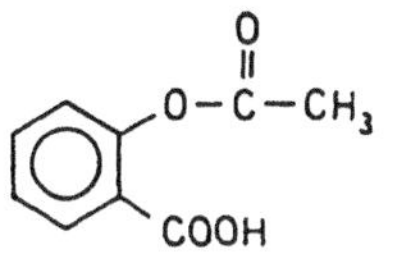

Acetylsalicylsäure
(Aspirin,
Antipyreticum)

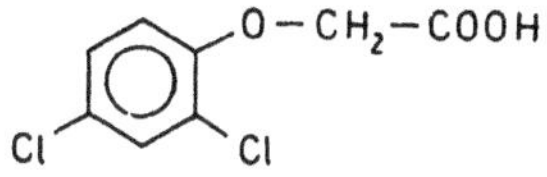

2,4-D;2,4-Dichlor-
phenoxyessigsäure
(Herbizid)

16 Schwefel-Verbindungen

Die einfachste Schwefel-Kohlenstoff-Verbindung ist der Schwefelkohlenstoff CS_2. Vom Schwefelwasserstoff H_2S leiten sich den Alkoholen und Ethern analoge Verbindungen ab, die _Thiole (Mercaptane)_ und die _Sulfide (Thioether)_. Von Bedeutung sind auch Sulfoxide, Sulfone und Sulfonsäuren.

16.1 Thiole

Thiole oder Thioalkohole sind Monosubstitutionsprodukte des H_2S und enthalten als funktionelle Gruppe die SH-Gruppe. Eine andere Bezeichnung ist _Mercaptane_, da die Thiole leicht Quecksilbersalze (Mercaptide) bilden ("mercurium captans").

$$2\ R{-}SH + HgO \longrightarrow (R{-}S)_2Hg + H_2O$$

Beispiele:

C_2H_5SH	$CH_3{-}SH$	$C_2H_5{-}S{-}C_2H_5$	$C_6H_5{-}SH$
Ethanthiol	Methanthiol	Diethylsulfid	Phenylmercaptan
Ethylmercaptan	Methylmercaptan		Thiophenol

Ebenso wie H_2S sind Thiole nicht assoziiert und zeigen einen im Vergleich zu den Alkoholen niedrigeren Siedepunkt, da sie keine H-Brücken ausbilden können. Thiole sind auch viel stärker sauer als Alkohole (kleinerer pK_s-Wert) und bilden gut kristallisierende Schwermetallsalze. Sie lassen sich an ihrem äußerst widerwärtigen Geruch leicht erkennen. Man benutzt sie zur Odorierung von Erdgas.

16.1.1 Darstellung

Thiole können auf verschiedene Weise leicht hergestellt werden.

(1) Aus allen <u>Mercaptiden</u> wird durch Mineralsäure das Mercaptan freigesetzt:

$$(C_2H_5S)_2Hg + 2\ HCl \longrightarrow 2\ C_2H_5-SH + HgCl_2$$

Ethylmercaptan

(2) Durch Erhitzen von <u>Halogenalkanen mit Kaliumhydrogensulfid</u>:

$$CH_3-I + K-SH \longrightarrow CH_3-SH + KI$$

Methyliodid   Methylmercaptan

16.1.2 Vorkommen

In der Natur bilden sich Thiole bei Zersetzungsprozessen (Fäulnis) von Eiweiß (S-haltige Verbindungen); sie sind für den unangenehmen Geruch bei der Verwesung organischer Substanz mitverantwortlich.

16.1.3 Reaktionen

Thiole können ebenso wie Alkohole oxidiert werden, jedoch ist z.B. Ethylmercaptan leichter zu oxidieren als Ethanol. Der Angriff erfolgt nicht am C-Atom wie bei den Alkoholen, sondern am <u>S-Atom</u>. Man erhält <u>Disulfide und Sulfonsäuren</u>. Disulfide sind erheblich stabiler als ihre Sauerstoff-Analogen, die Peroxide.

Ein biochemisch wichtiges Derivat des Ethylmercaptans ist die Aminosäure <u>Cystein</u>. Durch Dehydrierung (Oxidation) erhält man das Disulfid <u>Cystin</u>, das wieder zu Cystein reduziert werden kann. Diese Redox-Reaktion ist ein wichtiger biochemischer Vorgang in der lebenden Zelle.

$$H_2N-CH-CH_2-S-S-CH_2-CH-NH_2$$
$$\qquad\quad |\qquad\qquad\qquad\qquad |$$
$$\qquad\quad CO_2H\qquad\qquad\qquad CO_2H$$

Cystin

$$2\ H_2N-CH-CH_2-SH \qquad\xrightarrow[+2H]{-2H}$$
$$\qquad\quad |$$
$$\qquad\quad CO_2H$$

$$\xrightarrow{-CO_2}\quad H_2N-CH_2-CH_2-SH$$

Cystein   Cysteamin

16.2 Thioether (Sulfide)

Die Thioether, analog den Ethern benannt, sind eigentlich als Sulfide
aufzufassen und zu benennen. *Sie leiten sich formal vom Schwefelwas-*
serstoff ab, in dem die beiden H-Atome durch Alkyl-Gruppen ersetzt
sind. Man erhält Thioether durch Erhitzen von Halogenalkanen mit
Alkalimercaptiden oder Kaliumsulfid:

$$CH_3I \; + \; Na^{\oplus} \overset{\ominus}{S} - CH_3 \longrightarrow CH_3 - \overline{\underline{S}} - CH_3 \; + \; Na\,I$$

Mercaptid   Dimethylsulfid

$$2 \; C_2H_5Cl \; + \; K_2S \longrightarrow C_2H_5 - \overline{\underline{S}} - C_2H_5 \; + \; 2\,KCl$$

Diethylsulfid

$$Cl - CH_2 - CH_2 - \overline{\underline{S}} - CH_2 - CH_2 - Cl$$

Tetrahydrothiophen
(cyclischer Thioether,
Odorierungsmittel für
Erdgas)

Bis(2-chlorethyl)sulfid
(Senfgas, Lost, Gelbkreuz)

16.3 Sulfonsäuren

Die SO$_3$H-Gruppe heißt Sulfonsäure-Gruppe. Sulfonsäuren dürfen nicht
mit Schwefelsäureestern verwechselt werden: In den Estern ist der
Schwefel über Sauerstoff mit Kohlenstoff verbunden. In den Sulfonsäuren ist S direkt an ein C-Atom gebunden.
Aromatische Sulfonsäuren entstehen durch Sulfonierung von Benzol mit
SO_3 oder konz. Schwefelsäure

$$\bigcirc + SO_3 \longrightarrow \bigcirc - \overset{O}{\underset{O}{\overset{\|}{\underset{\|}{S}}}} - OH$$

Benzolsulfonsäure

Bei Einwirkung von Chlorsulfonsäure ("Chlorsulfonierung") entstehen
Sulfonsäurechloride, die weiter umgesetzt werden können:

$$\text{Benzol} + 2\ \text{ClSO}_3\text{H} \xrightarrow[-\text{H}_2\text{SO}_4]{-\text{HCl}} \text{Benzol}-\text{SO}_2\text{Cl}$$

Benzolsulfochlorid

$$C_6H_5-SO_2Cl \xrightarrow{\text{(NaOH)}} C_6H_5-SO_3^{\ominus}Na^{\oplus} + HCl$$

Na-Benzolsulfonat

$$C_6H_5-SO_2Cl \xrightarrow{\text{(NH}_3)} C_6H_5-SO_2NH_2 + HCl$$

Benzolsulfonamid

$$C_6H_5-SO_2Cl \xrightarrow[\text{(NaOH)}]{\text{(ROH)}} C_6H_5-SO_2-OR + NaCl + H_2O$$

Benzolsulfonsäureester

analog:

$$H_3C-C_6H_4-SO_2-OR = \text{p-Toluolsulfonsäureester, Tosylate}$$

16.3.1 Verwendung von Sulfonsäuren

Die Natriumsalze alkylierter aromatischer Sulfonsäuren dienen als
Tenside. Einige Sulfonamide werden als Chemotherapeutica verwendet.
Stammsubstanz ist das *Sulfanilamid* $H_2N-C_6H_4-SO_2-NH_2$ (p-Amino-benzol-
sulfonamid), das als Amid der Sulfanilsäure $H_2N-C_6H_4-SO_3H$ (p-Amino-
benzolsulfonsäure) anzusehen ist.

Weitere *Beispiele:*

$$H_2N-C_6H_4-SO_2-NH-\underset{\underset{S}{\parallel}}{C}-NH_2$$

Sulfathiocarbamid

$$HOOC-CH_2-CH_2-\underset{\underset{O}{\parallel}}{C}-\underset{\underset{H}{|}}{N}-C_6H_4-SO_2NH-\text{(Thiazol)}$$

Succinoylsulfathiazol

17 Stickstoff-Verbindungen
I. Amine

17.1 Nomenklatur

Amine können als Substitutionsprodukte des Ammoniaks aufgefaßt werden. Nach der Anzahl der im NH_3-Molekül durch andere Gruppen ersetzten H-Atome unterscheidet man primäre, sekundäre und tertiäre Amine. Die Substitutionsbezeichnunen beziehen sich auf das N-Atom; demzufolge ist das tert. Butylamin ein primäres Amin. *Falls der Stickstoff vier Substituenten trägt, spricht man von (quartären) Ammonium-Verbindungen.*

Beispiele:

$CH_3\bar{N}H_2$　　　　$CH_3-\bar{N}-CH_3$　　　　$CH_3-\bar{N}-CH_3$　　　　$CH_3-\overset{\displaystyle CH_3}{\underset{\displaystyle CH_3}{C}}-\bar{N}H_2$

Methylamin	Dimethylamin	Trimethylamin	tert. Butylamin
primär	sekundär	tertiär	primär

$H_2\bar{N}-\bigcirc$　　　$HO-CH_2-CH_2-\bar{N}H_2$　　　$NH_4^{\oplus}\ Cl^{\ominus}$　　　$HO-CH_2-CH_2-\overset{\displaystyle CH_3}{\underset{\displaystyle CH_3}{N^{\oplus}}}-CH_3\ OH^{\ominus}$

Anilin	Colamin 2-Aminoethanol Ethanolamin	Ammonium- chlorid	Cholin

　　　primäre Amine　　　　　　　　　　　　　quartäre Ammoniumsalze

Unter Di- und Triaminen versteht man aliphatische oder aromatische Kohlenwasserstoff-Verbindungen, die im Molekül zwei oder drei NH_2-Gruppen besitzen.

Beispiele:

$H_2N-CH_2-CH_2-NH_2$　　　$H_2N-(CH_2)_6-NH_2$

Ethylendiamin	Hexamethylen- diamin	2,4,6-Triamino- benzoesäure	m-Phenylen- diamin

Cyclische Amine gehören zu dem umfangreichen Gebiet der heterocyclischen Verbindungen. Es sind ringförmige Kohlenwasserstoffe (zumeist 5- und 6-Ringe), in denen eine oder mehrere CH- bzw. CH_2-Gruppen durch >NH bzw. >N— ersetzt sind. Es gibt <u>gesättigte, partiell ungesättigte und aromatische Systeme</u>. Cyclische Amine und Imine sind Bestandteile vieler biochemisch wichtiger Verbindungen (Aminosäuren, Enzyme, Nucleinsäuren, Farbstoffe, Alkaloide, Vitamine u.a.) und zahlreicher Arzneimittel. Auch viele kondensierte heterocyclische Systeme gehören in diese Stoffklasse: Indol, Acridin, Chinolin, Isochinolin, Purin, Pteridin, Alloxazin u.a.

Große Bedeutung und weite Verbreitung haben Amine auch deshalb, weil viele Verbindungen funktionelle Gruppen besitzen, die sich formal von den Aminen ableiten.

17.2 Darstellung von Aminen

① *Umsetzung von Halogen-Verbindungen mit NH_3 oder Aminen.* Diese Methode eignet sich besonders zur Gewinnung alkylierter Amine sowie von Arylaminen, deren aromatischer Kern durch elektronenziehende Substituenten aktiviert ist (vgl. Kap. 11.4.1).

Beispiele:

a)

o-Nitrochlorbenzol   o-Nitranilin

b) $\bar{N}H_3 \xrightarrow{CH_3I} CH_3\bar{N}H_2 \xrightarrow{CH_3I} (CH_3)_2\bar{N}H \xrightarrow{CH_3I} (CH_3)_3\bar{N} \xrightarrow{CH_3I} (CH_3)_4\overset{\oplus}{N}\,\overset{\ominus}{I}$

Methyl-   Dimethyl-   Trimethyl-   Tetramethyl-
amin   amin   amin   ammonium-
                                                   iodid

Nachteilig ist bei der Verwendung des Verfahrens zur Synthese, daß es i.a. zu einem Gemisch verschiedener Amine führt.

② *Reduktion von Nitro-Verbindungen oder Säurederivaten* wie Amiden, Oximen oder Nitrilen. Für aromatische Amine verwendet man vor allem die Reduktion von Nitro-Verbindungen.

Beispiele:

Nitro-
benzol   Anilin   Nitroethan   Ethylamin
         Aminobenzol

③ *Gabriel-Reaktion:* Primäre Amine entstehen bei der Hydrolyse von
N-Alkyl-phthalimiden, die aus Halogenalkanen und Kaliumphthalimid
zugänglich sind:

Kaliumphthalimid   N-Alkylphthalimid   Phthalsäure

Hinweis: Eine Mehrfachalkylierung wird dadurch verhindert, daß die
Stickstoff-Funktion durch Acylierung als Phthalimid geschützt ist
(Schutzgruppenprinzip).

④ *Abbau von Carbonsäure-Derivaten:* Primäre Amine erhält man als
Endprodukte in Abbau-Reaktionen nach

Hofmann: von Amiden

Curtius: von Aziden
(z.B. aus Hydraziden

Lossen:
von Hydroxamsäure-Derivaten

Die gebildeten primären Amine enthalten ein C-Atom weniger als die
ursprünglichen Carbonsäure-Verbindungen. Diese Reaktionen sind in
ihrem Mechanismus einander sehr ähnlich.

Mit dem Curtius-Abbau verwandt ist die *Schmidt*-Reaktion von Carbonsäuren:

⑤ *Amine werden auch bei der Benzidin-Umlagerung erhalten*. Es handelt sich dabei um eine intramolekulare Umlagerung von 1,2-Diaryl-hydrazinen, die wie folgt schematisch dargestellt werden kann:

$$H_5C_6-NH-NH-C_6H_5 \rightleftharpoons H_5C_6-\overset{\oplus}{N}H_2-\overset{\oplus}{N}H_2-C_6H_5$$

1,2-Diphenylhydrazin
Hydrazobenzol

Benzidin 70 %
4,4'-Diaminobiphenyl

+

Diphenylin 30 %

17.3 Eigenschaften der Amine

Amine besitzen wie die Stammsubstanz Ammoniak polarisierte Atombindungen und können intermolekulare H-Brücken ausbilden. Die Moleküle mit einer geringen Anzahl von C-Atomen sind daher wasserlöslich. Ebenso wie bei den Alkoholen nimmt die Löslichkeit mit zunehmender Größe des Kohlenwasserstoff-Restes ab. Verglichen mit Alkoholen sind die H-Brückenbindungen zwischen Aminen schwächer.

Bei der Verwendung von aromatischen Aminen ist ihre hohe Toxizität und Hautresorbierbarkeit zu beachten.

Basizität

Eine typische Eigenschaft der Amine ist ihre Basizität. Wie Ammoniak können sie unter Bildung von Ammoniumsalzen ein Proton anlagern. Die Extraktion mit z.B. 10%iger Salzsäre ist eine oft benutzte, einfache Methode zur Trennung von Aminen und neutralen organischen Verbindungen aus organischen Phasen.

$$CH_3-\overset{\overset{\textstyle CH_3}{|}}{\underset{\underset{\textstyle CH_3}{|}}{N}}I \quad + \quad HCl \quad \rightleftharpoons \quad \left[CH_3-\overset{\overset{\textstyle CH_3}{|}}{\underset{\underset{\textstyle CH_3}{|}}{\overset{\oplus}{N}}}-H \right]^{\oplus} \quad Cl^{\ominus}$$

Trimethylamin   Trimethylammoniumchlorid

Durch Zugabe einer Base, z.B. Natriumhydroxid, läßt sich diese Reaktion umkehren, d.h. das Amin bildet sich zurück. Es ist daher wichtig, die Stärke der einzelnen Basen quantitativ erfassen zu können. Dazu dient ihr pK_s-Wert. Kennt man diesen Wert, kann man über die bekannte Beziehung $pK_s + pK_b = 14$ auch den pK_b-Wert in Wasser ausrechnen. Ferner kann man aufgrund der Gleichung $pH = 7 + 1/2\ pK_s + 1/2\ lg\ c$ den pH-Wert einer Amin-Lösung der Konzentration c berechnen.

Beispiel: 0,1 molare Lösung von Ammoniak:

$$pH = 7 + 1/2\ (9{,}25 + lg\ 0{,}1) = 7 + 1/2\ (9{,}25 - 1) = 7 + 4{,}1 = 11{,}1.$$

Mit Hilfe der pK-Werte lassen sich die Amine in eine Reihenfolge bringen (Tabelle 14). Dabei gilt: <u>je größer der pK_s- und je kleiner der pK_b-Wert ist, desto basischer ist das Amin.</u>

Die Basizität der Amine kann in weitem Umfang durch Substituenten beeinflußt werden. Ihre Stärke hängt davon ab, wie leicht sie ein Proton aufnehmen können.

<u>*Ein aliphatisches Amin*</u> ist stärker basisch als Ammoniak, weil die elektronenliefernden Alkyl-Gruppen die Verteilung der positiven Ladung im Ammonium-Ion begünstigen. Die Abnahme der Basizität bei tertiären Aminen im Vergleich zu sekundären und primären Aminen beruht darauf, daß im ersten Fall die <u>Hydratisierung</u>, die auch zur Stabilisierung des Ammonium-Ions beiträgt, erschwert ist. <u>Der Basizitätsunterschied beruht demnach sowohl auf Solvatationseffekten als auch auf elektronischen Effekten.</u>

Erwartungsgemäß vermindert die Einführung von Elektronenacceptoren (elektronen-ziehenden Gruppen) wie $-Cl$ oder $-NO_2$ die Basizität, weil dadurch die Möglichkeit zur Aufnahme eines Protons verringert wird. Deshalb ist z.B. NF_3 keine Base mehr. Das gleiche gilt für die Acyl- und Sulfonyl-Reste, wie man anhand der mesomeren Strukturen erkennt:

Säureamide sind in Wasser nur sehr schwach basisch; monosubstituierte Sulfonamide haben etwa die gleiche Acidität wie Phenol.

Aromatische Amine sind nur schwache Basen. Beim Anilin tritt das Elektronenpaar am Stickstoff mit den π-Orbitalen des Phenyl-Rings in Wechselwirkung (+M-Effekt):

Die Resonanzstabilisierung des Moleküls wird teilweise wieder aufgehoben, wenn ein Anilinium-Ion gebildet wird:

$$pK_S = 4,58$$

Die geringe Basizität aromatischer Amine ist also eine Folge der größeren Resonanzstabilisierung im Vergleich zu den entsprechenden Ionen. Kleinere Änderungen sind durch die Einführung von Substituenten in den aromatischen Ring möglich: _Elektronendonatoren_ wie $-NH_2$, $-OCH_3$, $-CH_3$ stabilisieren das Kation und erhöhen die Basizität, _Elektronenacceptoren_ wie $-\overset{\oplus}{N}H_3$, $-NO_2$, $-SO_3^{\ominus}$ vermindern die Basizität noch stärker.

Hinweis: Der pK_S-Wert von Methylamin in Tabelle 14 ist der pK_S-Wert des Methylammonium-Ions. Der pK_S-Wert von Methylamin selbst ist etwa 35!

Tabelle 14. pK-Werte von Aminen (pK_s gilt für die Reaktion: $R^1R^2R^3NH^{\oplus} \rightleftharpoons R^1R^2R^3N + H^{\oplus}$)

	pK_b	Name	Formel	pK_s bzw. pK_a	
	3,29	Dimethylamin	$(CH_3)_2NH$	10,71	
	3,32	tert. Butylamin	$(CH_3)_3CNH_2$	10,68	
	3,36	Methylamin	CH_3NH_2	10,64	
steigende Basizität	4,26	Trimethylamin	$(CH_3)_3N$	9,74	fallende Basizität
	4,64	Benzylamin	$C_6H_5CH_2NH_2$	9,36	
	4,75	Ammoniak	NH_3	9,25	
	9,42	Anilin	$C_6H_5NH_2$	4,58	

17.4 Reaktionen von Aminen mit HNO_2

Läßt man Amine mit salpetriger Säure, HNO_2, reagieren, so können je nach Substitutionsgrad verschiedene Verbindungen entstehen:

(1) *Primäre aromatische* Amine bilden Diazoniumsalze:

$$Ar{-}NH_2 + HONO \xrightarrow{+\ HX} [Ar{-}N{\equiv}N]^{\oplus}X^{\ominus} + 2\ H_2O$$

Primäre aliphatische Amine (auch Aminosäuren!) bilden instabile Diazoniumsalze, die weiter zerfallen (van Slyke-Reaktion):

$$R{-}NH_2 + HONO \xrightarrow[-\ 2\ H_2O]{+\ HX} [R{-}N{\equiv}N]^{\oplus}X^{\ominus} \xrightarrow{H_2O} N_2 + Alkohol + Alken$$

(2) *Sekundäre* aliphatische oder aromatische Amine bilden Nitrosamine, die meist toxisch oder carcinogen sind:

$$R_2NH \xrightarrow{HONO} R_2N{-}NO\ (\xrightarrow{Red.}\ R_2NH)$$

(3) Bei *tertiären aromatischen* Aminen wird oft der Ring substituiert:

$$(CH_3)_2N{-}\text{\Large$\bigcirc$} \xrightarrow{HONO} (CH_3)_2N{-}\text{\Large$\bigcirc$}{-}NO$$

Tertiäre aliphatische Amine werden durch HNO_2 gespalten:

$$2\ R_2NCHR'_2 \xrightarrow{4\ HNO_2} 2\ R'_2C{=}O + 2\ R_2N{-}NO + N_2O + 3\ H_2O$$

17.5 Oxidation von Aminen

(1) <u>Primäre Amine</u> liefern <u>Nitro-Alkane</u>:

$$R{-}NH_2 \xrightarrow{\ H_2O_2\ } RNO_2$$

(2) <u>Sekundäre Amine</u> bilden <u>N,N-Dialkyl-Hydroxylamine</u>, die evtl. weiterreagieren können:

$$R_2NH \xrightarrow{\ H_2O_2\ } R_2{-}\overset{\overset{\displaystyle |\overline{O}|^{\ominus}}{|}}{\underset{}{N}}{\overset{\oplus}{}}{-}H \longrightarrow R_2N{-}OH$$

(3) <u>Tertiäre Amine</u> lassen sich zu <u>Aminoxiden</u> oxidieren:

$$\underset{\overset{|}{R''}}{\overset{\overset{R}{|}}{R'{-}N|}} \xrightarrow{\ H_2O_2\ } \underset{\overset{|}{R''}}{\overset{\overset{R}{|}}{R'{-}\overset{\oplus}{N}{-}\overline{\underline{O}}|^{\ominus}}}$$

Die Reaktionen (1) - (3) lassen sich auch mit verschiedenen aromatischen Aminen durchführen, insbesondere bei Verwendung von Persäuren (z.B. CF_3CO_3H) als Oxidationsmittel.

17.6 Trennung und Identifizierung von Aminen

a) Primäre und sekundäre Amine reagieren unterschiedlich mit Benzolsulfochlorid.

(1) <u>Primäre Amine</u>

$$C_6H_5SO_2Cl + RNH_2 \xrightarrow[-\ HCl]{NaOH} C_6H_5SO_2{-}\overset{\overset{\displaystyle H}{|}}{N}{-}R \xrightarrow[-\ H_2O]{NaOH} C_6H_5SO_2{-}\overset{\ominus}{N}{-}R\ Na^{\oplus}$$

N-subst.
Benzolsulfonamid

(2) <u>Sekundäre Amine</u>

$$C_6H_5SO_2Cl + R_2NH \xrightarrow[-\ HCl]{NaOH} C_6H_5SO_2NR_2 \xrightarrow{\ \ \ \not\longrightarrow\ \ \ }$$

N,N-Dialkylbenzolsulfonamid

<u>Die Reaktionsprodukte primärer Amine lösen sich in Natronlauge wegen des aciden H-Atoms;</u> bei sekundären Aminen ist dies nicht möglich.

③ <u>Tertiäre Amine</u> bleiben unter den Bedingungen der Analyse in Lösung und können mit verd. Salzsäure als Hydrochlorid entfernt werden.

b) <u>Isonitril-Reaktion</u>

Ein wichtiger Nachweis für primäre Amine ist die Isonitril-Reaktion:

$$R\text{—}NH_2 + CHCl_3 + 3\ NaOH \longrightarrow R\text{—}\overset{\oplus}{N}\!\equiv\!\overset{\ominus}{C}| + 3\ NaCl + 3\ H_2O$$

$$\text{Isonitril}$$
$$\text{(Geruch)}$$

Dabei entsteht intermediär <u>Dichlorcarben</u>, welches das primäre Amin angreift:

$$RNH_2 + ICCl_2 \longrightarrow \left[\begin{array}{c} R - \overset{\oplus}{N}H_2 \\ \underset{\ominus}{|}\,ICCl_2 \end{array}\right] \xrightarrow{2\,NaOH} R - \overset{\oplus}{N}\!\equiv\!\overset{\ominus}{C}| + 2\ NaCl + 2\ H_2O$$

Tabelle 15. Einige technisch wichtige Amine

Name	Formel	Fp. °C	Kp. °C	Verwendung
Methylamin	CH_3NH_2	-92	7,5	chem. Synthesen, Kühlmittel
Ethylendiamin	$(H_2N\text{—}CH_2)_2$	8	117	Komplexbildner
Hexamethylen-diamin	$H_2N\text{—}(CH_2)_6\text{—}NH_2$	39	196	→ Polyamide
Anilin	$C_6H_5\text{—}NH_2$	-6	184	chem. Synthesen
p-Toluidin	$p\text{-}CH_3\text{—}C_6H_4\text{—}NH_2$	44	200	→ Farbstoffe
N-Methylanilin	$H_3C\text{—}NH\text{—}C_6H_5$	-57	196	→ Farbstoffe
4-Aminophenol	$p\text{—}HO\text{—}C_6H_4\text{—}NH_2$	186 Z.	-	photograph. Ent-wickler
β-Phenylethyl-amin	$C_6H_5\text{—}CH_2\text{—}CH_2\text{—}NH_2$	-	186	Arzneimittel

<u>Biochemisch wichtige Amine</u>

$$CH_2\!=\!CH\text{—}\overset{\overset{\displaystyle CH_3}{|}}{\underset{\underset{\displaystyle CH_3}{|}}{\overset{\oplus}{N}}}\text{—}CH_3 \quad OH^{\ominus} \qquad\qquad HO\text{—}CH_2\text{—}CH_2\text{—}\overset{\overset{\displaystyle CH_3}{|}}{\underset{\underset{\displaystyle CH_3}{|}}{\overset{\oplus}{N}}}\text{—}CH_3 \quad OH^{\ominus}$$

Neurin (Nervenzellen)   Cholin (in Lecithinen)

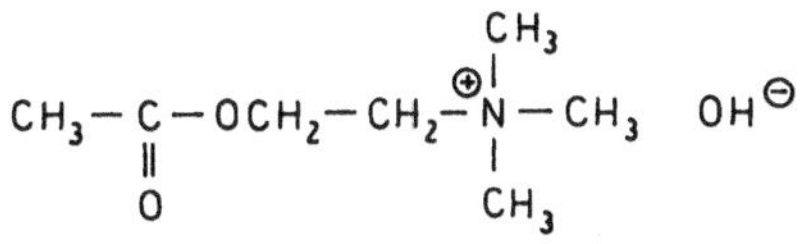

Acetylcholin (Nerven)

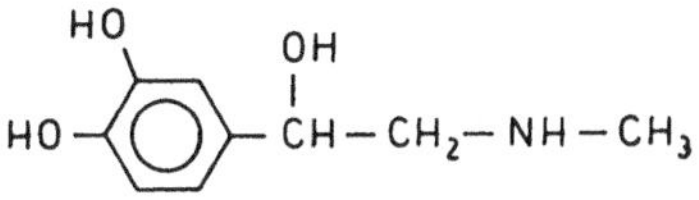

Adrenalin (Hormon,
Nebennierenmark)

18 Stickstoff-Verbindungen
II. Nitro-Verbindungen

18.1 Nomenklatur und Darstellung

Bei Nitro-Verbindungen ist die NO_2-Gruppe über das Stickstoff-Atom *mit Kohlenstoff verknüpft (C-N-Bindung).* Zum Unterschied davon ist die NO_2-Gruppe der Salpetersäureester über ein O-Atom an Kohlenstoff gebunden (N—O—C-Bindung).

Aliphatische Nitro-Verbindungen (Nitroalkane)

Das einfachste Nitroalkan ist Nitromethan, das mit Methylnitrit isomer ist.

CH_3-NO_2 CH_3-O-NO $\begin{array}{l} CH_2-O-NO_2 \\ CH-O-NO_2 \\ CH_2-O-NO_2 \end{array}$

Nitromethan   Methylnitrit

                       (Salpetrigsäure-methylester)

Glycerintrinitrat (Nitroglycerin), ein Salpetersäureester!

Darstellung von Nitroverbindungen

① **Durch direkte Nitrierung von Alkanen mit Salpetersäure.** Dabei handelt es sich vermutlich um eine radikalische Substitutions-Reaktion. Bei den höheren Paraffinen erhält man Gemische verschiedener Nitro-Verbindungen:

$$CH_3-CH_3 \xrightarrow[-H_2O]{HNO_3 \,/\, 450^\circ C} C_2H_5-NO_2 + CH_3-NO_2$$

$$\text{80 - 90\%} \quad \text{10 - 20\%}$$

② **Eine brauchbare Methode im Labor ist die Umsetzung von Halogen-alkanen mit Alkalinitrit.** Allerdings entstehen hier gleichzeitig die isomeren Salpetrigsäureester (Alkylnitrite):

$$2\ R-X\ +\ 2\ NaNO_2\ \longrightarrow\ R-NO_2\ +\ R-O-NO\ +\ 2\ NaX$$

$$\text{Nitroalkan}\qquad\text{Alkylnitrit}$$

18.2 Chemische Eigenschaften

Bei der Nitro-Gruppe sind wie bei der Carboxyl-Gruppe mehrere Grenzformeln möglich:

Benachbarte C–H-Bindungen werden durch die stark polare NO_2-Gruppe
beeinflußt (-I-Effekt). *Primäre und sekundäre Nitroparaffine sind*
daher C–H-acide Verbindungen, die mit Basen Salze bilden. Das nach
Abgabe des Protons vom α-C-Atom entstandene Anion ist mesomeriestabilisiert.

Beispiel:

nitro-Form   aci-Form

Durch Ansäuern erhält man die sog. aci-Form (analog zu der Enol-Form).
Nitroalkane können mit starken Säuren gespalten werden. Aus primären
Verbindungen entstehen Carbonsäuren und Hydroxylamin, aus sekundären
Ketone und N_2O:

① $\quad CH_3-CH_2-CH_2-NO_2 \xrightarrow{H_3O^{\oplus}/\,H_2O} CH_3-CH_2-COOH\ +\ NH_2OH$

$\qquad$ 1-Nitropropan $\qquad\qquad\qquad$ Propionsäure $\qquad$ Hydroxylamin

② $\quad 2\ \begin{array}{c}R\\[-2pt]R'\end{array}\!\!>\!CH-NO_2 \xrightarrow{H_3O^{\oplus}} 2\ \begin{array}{c}R\\[-2pt]R'\end{array}\!\!>\!C=O\ +\ N_2O\ +\ H_2O$

$\qquad\qquad\qquad\qquad\qquad\qquad\qquad\qquad$ Keton

18.3 Reduktion von Nitro-Verbindungen

Beispiel: Nitrobenzol

Bei der Reduktion aromatischer Nitro-Verbindungen lassen sich je nach
der $H_3O^{\oplus}$-Konzentration verschiedene Produkte erhalten:

(1) Reduktion in *neutraler* bis schwach saurer Lösung: Es entsteht
Phenylhydroxylamin, wobei Nitrosobenzol vermutlich eine Zwischenstufe
bildet.

(2) Reduktion in *saurer* Lösung mit Metallen als Reduktionsmittel: Wie
bei den Nitroalkanen erhält man direkt die entsprechende Amino-Ver-
bindung, wobei man Nitrosobenzol und Phenylhydroxylamin als Zwischenstufe annimmt.

Allgemeine Reaktionsgleichung:

$$\text{Nitrobenzol} \xrightarrow{+2e^{\ominus}} \text{Nitrosobenzol} \xrightarrow{+2e^{\ominus}} \text{Phenylhydroxylamin} \xrightarrow{+2e^{\ominus}} \text{Anilin}$$

(3) Reduktion in *alkalischem* Milieu: Es bildet sich zunächst Azoxy-
benzol, das aus den Reduktionsprodukten Nitrosobenzol und Phenylhydroxylamin unter Wasser-Abspaltung entsteht. Weitere Reduktion
liefert Hydrazobenzol.

$$\text{Nitrosobenzol} + \text{Phenylhydroxylamin} \xrightarrow{-H_2O} \text{Azoxybenzol (gelb)} \xrightarrow{\text{Red.}} \text{Hydrazobenzol}$$

Bei Verwendung stärkerer Reduktionsmittel erhalten wir aus Nitrobenzol Azobenzol, das durch katalytische Hydrierung in Hydrazobenzol
überführt werden kann. Reduktion von Nitrobenzol mit Zn/NaOH liefert
direkt Hydrazobenzol:

$$2 \, C_6H_5{-}NO_2 \xrightarrow[\text{NaOH}]{\text{SnCl}_2} C_6H_5{-}N{=}N{-}C_6H_5 \xrightarrow{+\,H_2} C_6H_5{-}\underset{H}{N}{-}\underset{H}{N}{-}C_6H_5$$

Zn / NaOH

Nitrobenzol Azobenzol (rot) Hydrazobenzol (farblos)

18.4 Technische Verwendung von Nitro-Verbindungen

① Nitro-Verbindungen sind Ausgangsstoffe für <u>Amine</u>.

② Nitromethan und Nitrobenzol werden als <u>Lösungsmittel</u> verwendet.

③ *<u>Handelsübliche Sprengstoffe sind meist Nitro-Verbindungen oder Salpetersäureester</u>*. Der Grund hierfür ist ihre thermodynamische Labilität bei gleichzeitiger hoher kinetischer Stabilität.

Wichtige Sprengstoffe sind: <u>Ester</u>, z.B. Cellulosenitrat (Schießbaumwolle), Glycerintrinitrat (als Dynamit, aufgesaugt z.B. in Kieselgur), Pentaerythrit-tetranitrat $(CH_2ONO_2)_4$; <u>Nitro-Verbindungen</u> wie TNT, Nitroguanidin, Hexogen (1,3,5-Trinitro-hexahydro-1,3,5-triazin).

19 Stickstoff-Verbindungen:
III. Azo- und Diazo-Verbindungen; Diazonium-Salze

Wie schon erwähnt, geben primäre Amine mit HNO_2 Diazoniumsalze
(Diazotierungsreaktion), die im Fall der <u>aliphatischen Amine</u> meist
sofort zerfallen:

$$R\!-\!NH_2 + HNO_2 \xrightarrow{\text{(HX)}} [R\!-\!N\!\equiv\!N]^{\oplus}\ X^{\ominus} + 2\ H_2O$$

Diazoniumsalz

Bei <u>aromatischen Aminen</u> (R = Aryl) sind die Salze unter $5\,^{\circ}C$ haltbar
und können weiter zu Azo-Verbindungen ($R^1\!-\!N\!=\!N\!-\!R^2$) umgesetzt werden
(<u>"Azokupplung"</u>). Im Fall des Azobenzols ($R^1, R^2 = C_6H_5$) konnten die cis-
trans-Isomere getrennt isoliert werden.

19.1 Substitutions-Reaktionen mit Diazoniumsalzen

<u>19.1.1 Azokupplung (elektrophile Substitution)</u>

① *C-Kupplung mit Phenolen:*

$$\left[C_6H_5\!-\!N\!\equiv\!N\right]^{\oplus} Cl^{\ominus} + C_6H_5\!-\!ONa \longrightarrow C_6H_5\!-\!N\!=\!N\!-\!C_6H_4\!-\!OH + NaCl$$

Benzoldiazoniumchlorid   p-Hydroxy-azobenzol

② *N-Kupplung mit primären Aminen* und anschließende Umlagerung:

$$\left[C_6H_5\!-\!N\!\equiv\!N\right]^{\oplus}Cl^{\ominus} + H_2N\!-\!C_6H_5 \rightleftharpoons C_6H_5\!-\!N\!=\!N\!-\!NH\!-\!C_6H_5 + HCl$$

1,3-Diphenyltriazen
(Diazoaminobenzol)

$$C_6H_5-N=N-NH-\!\!\bigcirc\!\!-H \xrightarrow[\;(C_6H_5NH_3^{\oplus}Cl^{\ominus})\;]{Umlagerung} H_2N-\!\!\bigcirc\!\!-N=N-C_6H_5$$

p-Aminoazobenzol

Der Reaktionsverlauf hängt vom pH-Wert ab. Im neutralen Bereich erfolgt N-Kupplung, im sauren C-Kupplung. Kupplungsreaktionen sind von großer Bedeutung für die technische Synthese der Azofarbstoffe.

19.1.2 Diazo-Spaltung (nucleophile Substitution)

(1) Der Ersatz einer Diazonium-Gruppe durch ein H-Atom (formal durch $H^{\ominus}$!) gelingt am besten mit H_3PO_2. Dies ist dann erforderlich, wenn man bei einer Synthese die dirigierende Wirkung der NH_2-Gruppe in der Ausgangsverbindung ausnutzen will.

Beispiel: m-Bromtoluol läßt sich nicht durch Bromierung von Toluol herstellen, wohl aber über p-Toluidin (p-Amino-toluol). Die Umsetzung mit Acetanhydrid, die sog. Acetylierung, dient dem Schutz der NH_2-Gruppe:

(2) Arbeitet man bei höherer Temperatur, wird die Diazonium-Gruppe unter Stickstoff-Abspaltung in einer S_N1-Reaktion durch ein Anion wie $I^{\ominus}$ oder $OH^{\ominus}$ substituiert:

$$[C_6H_5-N\equiv N]^{\oplus}OH^{\ominus} \longrightarrow C_6H_5OH + N_2 \quad \text{(Phenol-Verkochung)}$$

Im Falle aliphatischer Diazoniumsalze entstehen Alkohole.

(3) Fluorbenzole bilden sich beim Erhitzen der Tetrafluoroborate *(Schiemann-Reaktion)*:

$$[C_6H_5-N\equiv N]^{\oplus}\,BF_4^{\ominus} \xrightarrow{\;\Delta\;} C_6H_5-F + BF_3 + N_2$$

19.1.3 Sandmeyer-Reaktion (radikalische Substitution)

Die Einführung von Cl-, Br-, -C≡N und anderen Gruppen in den aromatischen Ring gelingt am besten in Gegenwart von Cu(I)-Salzen als Katalysator (*Sandmeyer-Reaktion*, eine Radikalsubstitution):

$$[Ar-N_2^{\oplus}]X^{\ominus} + \overset{+1}{Cu}X \longrightarrow Ar\cdot + N_2 + \overset{+2}{Cu}X_2$$

$$Ar\cdot + CuX_2 \longrightarrow ArX + \overset{+1}{Cu}X; \qquad X = Cl, Br, CN \text{ u.a.}$$

19.1.4 Reduktion von Diazonium-Salzen

Reduziert man das Phenyldiazonium-Salz mit Sulfit, erhält man Phenylhydrazin. Dieses wird ebenso wie 2,4-Dinitrophenylhydrazin benutzt, um von Carbonyl-Verbindungen gut kristallisierende, exakt schmelzende Derivate herzustellen:

Phenylhydrazin

2,4-Dinitrophenylhydrazin

19.2 Diazo-Verbindungen

Eines der wenigen Beispiele für die Bildung stabiler Produkte bei der Reaktion primärer Amine mit HNO_2 ist die Umsetzung von α-Aminosäure-estern (nicht der freien Aminosäuren!) mit HNO_2. Es entstehen mesomeriestabilisierte Diazoester.

Beispiel:

Glycin-ethylester ($R = C_2H_5$)

Diazomethan

Die Darstellung des *giftigen, carcinogenen Diazomethans*, CH_2N_2, erfolgt - wegen seiner Neigung zu Explosionen - am besten in Lösung
aus N-Nitroso-N-methyl-p-toluolsulfonamid:

$$H_3C - C_6H_4 - SO_2 - N \begin{array}{c} CH_3 \\ NO \end{array} + KOH \longrightarrow CH_2N_2 + CH_3 - C_6H_4 - SO_3^{\ominus} K^{\oplus} + H_2O$$

N-Nitroso-N-methyl-p-toluolsulfonamid   K-Salz der
                                               p-Toluolsulfonsäure

Diazomethan dient wegen seiner großen Reaktivität als Methylie-
rungsmittel für C-H-acide Substanzen (Säuren, Alkohole, Phenole etc.)
und zur Erzeugung von __Carben__ $|CH_2$, weil es unter Lichteinfluß in N_2
und $|CH_2$ zerfällt.

Methylierung:

$$\left[\begin{array}{c} H \\ C - N \equiv N| \\ H \end{array} \overset{\ominus \ \oplus}{} \longleftrightarrow \begin{array}{c} H \\ C = N = \underline{N}| \\ H \end{array} \overset{\oplus \ \ominus}{} \right] \quad \begin{array}{c} \xrightarrow[- N_2]{+RCOOH} R - COOCH_3 \\ \text{Methylester} \\ \xrightarrow[- N_2]{+ROH} R\,OCH_3 \\ \text{Methylether} \end{array}$$

Diazomethan

Verbindungen mit ungesättigten funktionellen Gruppen

Die Carbonyl-Gruppe

Die wichtigste funktionelle Gruppe ist die Carbonyl-Gruppe $R^1R^2C=\bar{\underline{O}}$.

Der Unterschied zwischen einer C=C- und einer C=O-Bindung besteht darin, daß die Carbonyl-Gruppe polar ist, weil Sauerstoff elektronegativer als Kohlenstoff ist. Die Carbonyl-Gruppe besitzt am Kohlenstoff ein elektrophiles und am Sauerstoff ein nucleophiles Zentrum, d.h. das C-Atom ist positiv polarisiert (trägt eine positive Partialladung), das O-Atom ist negativ polarisiert (trägt eine negative Partialladung) (Abb. 26).

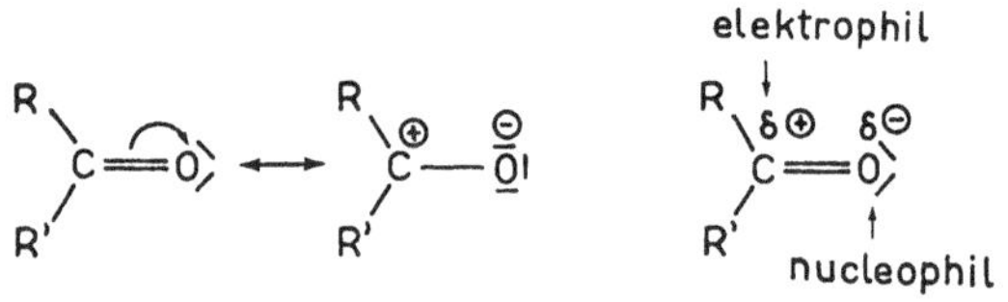

Abb. 26. Die σ-Bindungen sind durch Linien dargestellt. Die freien Elektronenpaare des Sauerstoffs sind zusätzlich eingezeichnet

Carbonyl-Verbindungen lassen sich etwa wie folgt nach steigender Reaktivität ordnen:

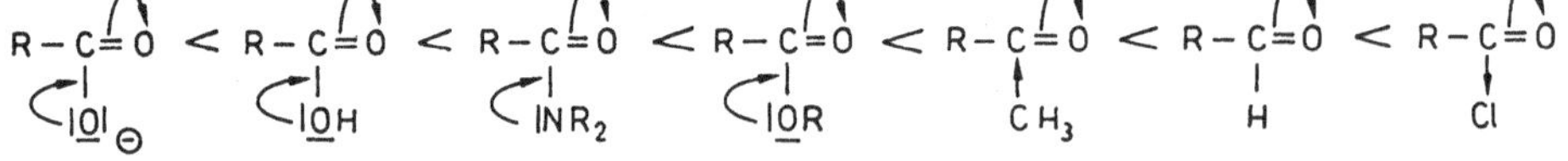

Die positive Partialladung am C-Atom kann von den Substituenten immer weniger kompensiert werden. Dies ist von großer Bedeutung für Reaktionen mit Carbonyl-Gruppen. Schlüsselschritt bei den meisten Umsetzungen ist nämlich die Addition eines Nucleophils:

$$R_2C=O \;+\; |Y^{\ominus} \;\rightleftharpoons\; R-\underset{\underset{R'}{|}}{\overset{\overset{|\overline{O}|^{\ominus}}{|}}{C}}-Y \;\longrightarrow\; \text{Produkte}$$

Die Folgereaktionen werden somit durch die Eigenschaften der entstandenen tetraedrisch koordinierten Zwischenstufe bestimmt.

Elektrophile, z.B. Protonen lagern sich am negativierten Sauerstoff an. *Beispiele:* säurekatalysierte Aldolreaktion, Chlormethylierung.

20 Aldehyde und Ketone

Aldehyde und Ketone sind <u>primäre Oxidationsprodukte der Alkohole</u>. Sie haben die Carbonyl-Gruppe gemeinsam. Bei einem <u>Aldehyd</u> trägt das C-Atom dieser Gruppe ein H-Atom und ist mit einem zweiten C-Atom verbunden (Aldehyd = *Al*kohol *dehyd*riert). Beim <u>Keton</u> ist das Carbonyl-C-Atom mit zwei weiteren C-Atomen verknüpft. (Beachte: <u>Ein Lacton ist kein Keton!</u>)

Aldehyde tragen die Endsilbe -al, Ketone die Endung -on. Für Aldehyde werden gelegentlich Namen benutzt, die von der entsprechenden Carbonsäure abgeleitet sind.

$H-\overset{\|}{\underset{H}{C}}=O$	$H_3C-\overset{\|}{\underset{H}{C}}=O$	Benzaldehyd-Struktur	$H_3C-\overset{O}{\underset{\|\|}{C}}-CH_3$	Acetophenon-Struktur
Formaldehyd,	Acetaldehyd,	Benzaldehyd	Aceton,	Acetophenon,
Methanal	Ethanal		Propanon	Methylphenyl-keton

Beachte: Die Kurzschreibweise für Aldehyde ist R-<u>CHO</u> und für Alkohole R-<u>COH</u>.

20.1 Eigenschaften

Die Siedepunkte der Aldehyde und Ketone liegen tiefer als die der analogen Alkohole, da die Moleküle untereinander keine H-Brücken ausbilden können. Niedere Aldehyde und Ketone sind wasserlöslich und können mit H_2O-Molekülen H-Brücken bilden und zu <u>Additionsprodukten (Hydrate)</u> reagieren.

Keto-Enol-Tautomerie

<u>*Aldehyde und Ketone mit α-ständigen Wasserstoff-Atomen bilden "tautomere Gleichgewichte" mit den entsprechenden Enolen*</u> (Enol = Verbindung, in der eine OH-Gruppe direkt an eine C=C-Bindung gebunden ist).

*Tautomerie ist der rasche, reversible Übergang einer konstitutions-
isomeren Form in eine andere.* Oft unterscheiden sich die beiden Formen durch die Stellung eines Protons (Prototropie, Protonen-Isomerie).
Bei der Keto-Enol-Tautomerie besteht ein Keton-Enol-Gleichgewicht:

$$-\overset{|}{\underset{|}{C}}-C\overset{\displaystyle O}{\diagup} \quad \rightleftharpoons \quad \diagup C = C \diagdown^{OH} \qquad \text{Keto-Enol-Tautomerie}$$

Keton   Enol

Die Lage des Gleichgewichts hängt von der Temperatur, dem Reaktions-
medium und dem Energieinhalt der beiden Formen ab. Enole sind dann
besonders stabil, wenn die Möglichkeit zur Konjugation besteht.
Enole reagieren leicht mit elektrophilen Reagenzien. Tautomere sind
bezüglich ihres Reaktionsverhaltens von außerordentlicher Bedeutung.

Während sich bei reinen Aldehyden und Ketonen das Gleichgewicht nur
langsam einstellt, erfolgt diese Einstellung in Lösung (durch Säuren
und Basen katalysiert) schneller. Meist liegt das Gleichgewicht auf
der Seite des Ketons.

20.2 Darstellung von Aldehyden und Ketonen

① Die Oxidation primärer Alkohole gibt Aldehyde, die Oxidation sekundärer Alkohole Ketone.
Gebräuchliche Oxidationsmittel sind $KMnO_4$, $K_2Cr_2O_7$ oder CrO_3.

$$R\,CH_2OH \xrightarrow{K_2Cr_2O_7} R-\overset{H}{\underset{|}{C}}=O \xrightarrow{K_2Cr_2O_7} R-C\overset{\displaystyle O}{\underset{OH}{\diagup}}$$

prim.
Alkohol   Aldehyd   Carbonsäure

$$R-\overset{R'}{\underset{|}{C}}HOH \xrightarrow{K_2Cr_2O_7 \text{ oder } CrO_3} R-\overset{R'}{\underset{|}{C}}=O$$

sek. Alkohol   Keton

Bei primären Alkoholen führt die Oxidation leicht bis zu den Carbonsäuren, daher muß die Aldehyd-Zwischenstufe durch spezielle Methoden
aus dem Reaktionsgemisch entfernt werden. Selektiv zu verwendende
Oxidationsreagenzien sind Silber oder Kupfer, aber auch hier muß der
Aldehyd durch Abdestillieren vor weiterer Oxidation geschützt werden.

Eine andere Möglichkeit bietet das Abfangen des Aldehyds als Diacetat
(Ester des Aldehyd-hydrats) mit Acetanhydrid (Ar = Aryl-Gruppe):

$$Ar-CH_3 \xrightarrow[(CH_3CO)_2O]{CrO_3} Ar-CH\begin{smallmatrix} O-C(=O)-CH_3 \\ O-C(=O)-CH_3 \end{smallmatrix} \xrightarrow{H_2O} Ar-CHO$$

② Die <u>Reduktion</u> von Carbonsäurechloriden mit H_2 und Palladium als
Katalysator führt zu <u>gesättigten Alkoholen</u>.
Zusatz von $BaSO_4$ und eines Kontaktgiftes (Thioharnstoff, Phenylsenf-
öl) verhindert, daß der zunächst entstehende Aldehyd zum Alkohol reduziert wird. Dieses Verfahren ist als *Rosenmund-Reduktion* zur Darstellung von Aldehyden aus Säurechloriden bekannt:

$$R-C\begin{smallmatrix} Cl \\ =O \end{smallmatrix} + H_2 \xrightarrow{(Pd/BaSO_4)} R-C\begin{smallmatrix} H \\ =O \end{smallmatrix} + HCl$$

Säurechlorid   Aldehyd

③ In Analogie zur Friedel-Crafts-Alkylierung erhält man beim Einsatz
von Säurechloriden und $AlCl_3$ als Katalysator aus Aromaten die entsprechenden <u>Ketone</u> (Friedel-Crafts-Acylierung).

$$\langle O \rangle-H + Cl-\overset{}{\underset{O}{C}}-CH_3 \xrightarrow[-HCl]{(AlCl_3)} \langle O \rangle-\overset{}{\underset{O}{C}}-CH_3$$

Acetophenon

④ Ein Spezialfall der Friedel-Crafts-Acylierung ist die *Vilsmeier-
Reaktion*. Hier gelingt die Einführung des Formaldehyd-Restes in den
Ring und somit die Darstellung aromatischer Aldehyde mittels Phosphor-
oxidtrichlorid als Lewissäure und N-Methylformanilid als Formylie-
rungsmittel. Damit lassen sich wichtige aromatische Aldehyde wie
Anisaldehyd und Vanillin darstellen.

Die Reaktion verläuft über "Vilsmeier-Komplexe", die durch Addition
des $POCl_3$ an N-Methylformanilid entstehen. Aus ihnen bildet sich ein
mesomerie-stabilisiertes Carbenium-Ion, das elektrophil am Aromaten
angreift. Hydrolyse des Primärproduktes gibt den Aldehyd und N-Methyl-
anilin-hydrochlorid.

Beispiel:

[Reaktionsschema: Vilsmeier-Reaktion mit N-Methylformanilid und POCl₃ zu Anisaldehyd]

N-Methylanilin   Anisaldehyd,
(als Hydro-   4-Methoxybenzaldehyd
chlorid)   (+ o-Isomeres)

(5) Aromatische Aldehyde und Ketone können auch durch andere elektrophile Substitutionsreaktionen erhalten werden. Dazu gehören die *Reimer-Tiemann-Reaktion* (s. Kap. 15.3) sowie die *Houben-Hoesch-Synthese:*

$$Ar-H \ + \ R-CN \ + \ HCl \xrightarrow{AlCl_3} \left[Ar-\underset{\overset{\|}{\underset{\oplus}{NH_2}}}{C}-R \right] Cl^{\ominus} \xrightarrow[- NH_4Cl]{+ H_2O} Ar-\underset{\overset{\|}{O}}{C}-R$$

(Ar-H = nur Phenole!)

(6) Die analoge Reaktion mit HCN gibt Aldehyde und heißt *Gattermann-Formylierung*, da die CHO-Gruppe in den Aromaten eingeführt wird.

(7) Die Oxosynthese führt von Olefinen durch Umsetzung mit CO und H_2 bei ca. $125°$ C und $1\text{-}4 \cdot 10^7$ Pa (Katalysator: Dicobaltoctacarbonyl) zu Aldehyden:

$$R-CH=CH_2 + CO + H_2O \longrightarrow \begin{cases} R-CH_2-CH_2CH=O \\ \\ R-\underset{CH=O}{\overset{|}{CH}}-CH_3 \end{cases}$$

Bei dem Prozeß entstehen geradkettige und verzweigte Alkane nebeneinander.

(8) Technisch bedeutsam ist die Spaltung von Cumolhydroperoxid zu Phenol und Aceton (s. Kap. 15.1).

20.3 Redox-Reaktionen mit Aldehyden und Ketonen

20.3.1 Reduktion zu Alkoholen

In Umkehrung ihrer Bildungsreaktion (Oxidation von Alkoholen) lassen
sich Aldehyde und Ketone durch Reduktion wieder in Alkohole überführen:

Aldehyd   prim. Alkohol

Keton   sek. Alkohol

(1) *Reduktion mit Metallen und Metallhydriden*

Die Reduktion mit H_2/Pt verläuft relativ langsam und ist wenig selektiv. Besser geeignet sind Metallhydride wie $NaBH_4$ in Ethanol oder
$LiAlH_4$.

(2) *Reduktion mit Isopropanol*

Eine weitere Methode, Carbonyl-Gruppen zu reduzieren, ohne daß auch
andere im Molekül gleichzeitig vorhandene Gruppen wie Doppelbindungen
oder Nitro-Gruppen miterfaßt werden, ist die *Meerwein-Ponndorf-
Verley-Reduktion*. Aldehyde bzw. Ketone reagieren mit Isopropylalkohol
in Gegenwart von Aluminiumisopropylat:

Die Umkehrung der Meerwein-Ponndorf-Verley-Reduktion ist die *Oppen-
auer-Oxidation*. Sie wird zur Darstellung spezieller Keto-Gruppen (z.B.
in der Naturstoffchemie bei Steroiden und Alkaloiden) als schonende
Dehydrierungsmethode von alkoholischen Gruppen angewandt. Für Aldehyde ist sie im allgemeinen nicht brauchbar, da Folgereaktionen wie
die Aldol-Addition eintreten.

20.3.2 Reduktion zu Kohlenwasserstoffen

Je nach Reaktionsbedingung führt die Reduktion von Ketonen zu unter-
schiedlichen Endprodukten. Unter bestimmten Voraussetzungen können
Ketone zu Kohlenwasserstoffen reduziert werden, wobei die Carbonyl-
Gruppe in eine Methylen-Gruppe überführt wird.

Bei der Methode nach Clemmensen reduziert man mittels amalgamiertem
Zink und starken Mineralsäuren Ketone, die dieses stark saure Milieu
vertragen:

$$\begin{array}{c}R \\ R' \end{array}\!\!C=O \xrightarrow[\text{(HCl)}]{\text{(Zn/Hg)}} R-CH_2-R'$$

Kohlenwasserstoff

20.3.3 Oxidationsreaktionen

Aldehyde und Ketone zeigen Unterschiede im Verhalten gegenüber
Oxidationsmitteln. So werden Aldehyde zu Carbonsäuren oxidiert; Ketone hingegen lassen sich an der Carbonyl-Gruppe nicht weiter oxidieren.

Zum Nachweis von Verbindungen mit Aldehyd-Funktionen dient daher deren
reduzierende Wirkung auf Metallkomplexe. So wird bei der *Fehling-
Reaktion* eine alkalische Kupfer(II)-tartrat-Lösung ($Cu^{2\oplus}/OH^{\ominus}$/Weinsäure)
zu rotem Cu_2O reduziert ($Cu^{2\oplus} \longrightarrow Cu^{\oplus}$) und bei der *Tollens-Reaktion*
(Silberspiegel-Prüfung) eine ammoniakalische Silbersalzlösung ($Ag^{\oplus}/$
$NH_4^{\oplus}OH^{\ominus}$) zu metallischem Silber. Alkohole und Ketone geben damit keine
Reaktion. Benzaldehyd gibt keine Fehling-Reaktion, sondern die
Cannizzaro-Reaktion.

Beachte: Während die Tollens-Reaktion auf alle Aldehyde anspricht, ist
die Fehling-Reaktion wegen des niedrigen Oxidationspotentials von $Cu^{2\oplus}$
keine typische Nachweisreaktion für Aldehyde.

20.3.4 Disproportionierungen

Aldehyde *ohne* α-ständiges H-Atom können in Gegenwart von starken Basen *keine* Aldole bilden, sondern unterliegen der *Cannizzaro-Reaktion*. Unter Disproportionierung entsteht aus dem Aldehyd ein äquimolares Gemisch des analogen primären Alkohols und der Carbonsäure. Neben aromatischen Aldehyden (z.B. Benzaldehyd) gehen auch einige aliphatische Aldehyde wie Formaldehyd und Trimethylacetaldehyd die Cannizzaro-Reaktion ein.

Beispiele:

$$2\ C_6H_5CHO\ +\ NaOH\ \longrightarrow\ C_6H_5CH_2OH\ +\ C_6H_5COO^{\ominus}\ Na^{\oplus}$$

Benzaldehyd $\qquad\qquad\qquad\qquad$ Benzylalkohol $\quad$ Na-Benzoat

$$2\ HCHO\ +\ NaOH\ \longrightarrow\ CH_3OH\ +\ HCOO^{\ominus}\ Na^{\oplus}$$

Formaldehyd $\qquad\qquad\qquad$ Methanol $\quad$ Natriumformiat

Mechanismus: Die Anlagerung eines $OH^{\ominus}$-Ions an das C-Atom der polarisierten C=O-Gruppe ermöglicht die Abspaltung eines Hydrid-Ions $H^{\ominus}$, das sich an das positivierte C-Atom einer zweiten Carbonyl-Verbindung anlagert. Auf diese Weise entstehen Alkoholat und Säure, die jetzt ein Proton austauschen.

20.4 Einfache Additions-Reaktionen mit Aldehyden und Ketonen

Aldehyde und Ketone reagieren mit Nucleophilen nach einem einheitlichen Schema in einer Additionsreaktion:

Das nucleophile Reagens lagert sich an das positivierte C-Atom der
$>$C=O-Gruppe an. Unter Protonen-Wanderung bildet sich daraus eine
Additionsverbindung, die je nach den Reaktionsbedingungen weiterreagieren kann. Die Reaktion wird durch Säuren beschleunigt, da Protonen als elektrophile Teilchen mit dem nucleophilen Carbonyl-Sauerstoff reagieren können und dadurch die Polarität der C=O-Gruppe erhöhen (Säurekatalyse):

$$>C=O + H^{\oplus} \rightleftharpoons [>C=\overset{\oplus}{O}-H \leftrightarrow \overset{\oplus}{C}-\underline{O}-H]$$

Ablauf der säurekatalysierten Additionsreaktion:

$$H\overline{B} + >C=O + H^{\oplus} \rightleftharpoons H\overset{\oplus}{B}-\overset{|}{\underset{|}{C}}-OH \overset{-H^{\oplus}}{\rightleftharpoons} \overline{B}-\overset{|}{\underset{|}{C}}-OH$$

Manchmal ist es zweckmäßig, in alkalischer Lösung zu arbeiten, wie
bei der Addition von Blausäure (HCN in H_2O). In diesem Fall ist nämlich das gebildete Cyanid-Ion ($CN^{\ominus}$) ein besseres Nucleophil als HCN
(= Cyanwasserstoff).

Die nucleophile Addition an Ketone und Aldehyde sei an einigen Beispielen erläutert:

20.4.1 Reaktion mit O-Nucleophilen

<u>Wasser lagert sich unter Bildung von Hydraten an</u>, die i.a. nicht iso-
lierbar sind (Ausnahme: Chloralhydrat, Ninhydrin u.a.).

$$>C=O + H-\underline{O}-H \rightleftharpoons -\overset{|}{\underset{|}{C}}-OH \quad (OH)$$

Beispiel:

Triketoindan $\xrightarrow{+H_2O}$ Ninhydrin

<u>Die Reaktion mit Alkoholen verläuft analog unter Bildung von Halb-
acetalen und Acetalen (bzw. Ketalen):</u>

a) $R'\!-\!\overset{H}{\underset{}{C}}\!=\!O$ + HOR $\rightleftharpoons$ $R'\!-\!\overset{H}{\underset{OH}{\overset{|}{\underset{|}{C}}}}\!-\!OR$ Halbacetal

b) $R'\!-\!\overset{H}{\underset{}{C}}\!-\!OR$ + $\overset{H}{\underset{R}{O}}$ $\underset{+H^{\oplus}}{\overset{-H^{\oplus}}{\rightleftharpoons}}$ $R'\!-\!\overset{H}{\underset{OR}{C}}\!-\!OR$ + H_2O (Voll-) Acetal

Die Acetal-Bildung verläuft in zwei Schritten. Zunächst bildet sich unter Addition eines Alkohols ein __Halbacetal__ (a). Im zweiten Schritt (b) wird die protonierte OH-Gruppe durch ein Alkohol-Molekül nucleophil substituiert. Es bildet sich ein __Acetal__ (aus Aldehyden) bzw. __Ketal__ (aus Ketonen), die beide auch ringförmig sein können.

Darstellung eines cyclischen Ketals mit Ethylenglykol:

$R'\!-\!\overset{R}{\underset{R'}{C}}\!=\!O$ + $\overset{HO}{\underset{HO}{\Big]}}$ $\xrightarrow[-H_2O]{}$ cyclisches Ketal

cyclisches Halb-   cyclisches
acetal   (Voll-)Acetal

Man beachte, daß Acetale -im Gegensatz zu Ethern- in der Regel durch __Säuren__ leicht wieder in Alkohol und Aldehyd __gespalten__ werden können, doch __gegen Basen beständig__ sind.

__Die Reaktion mit Thiolen (R-SH) verläuft analog zu den Thio-acetalen__
__bzw. Thio-ketalen.__

Hinweis: Die Bezeichnung Acetal wird oft sowohl für Vollacetale als auch für Ketale gebraucht.

20.4.2 Reaktion mit N-Nucleophilen

(1) *Primäre Amine*

$\overset{}{\underset{}{C}}\!=\!O$ + $H\!-\!\overset{}{\underset{H}{N}}\!-\!R$ $\longrightarrow$ $-\overset{}{\underset{|\underline{O}|^{\ominus}}{C}}\!-\!\overset{\oplus}{N}H_2\!-\!R$ $\xrightarrow[-H_2O]{}$ $\overset{}{\underset{}{C}}\!=\!N\!-\!R$ Schiffsche Base

$\qquad\qquad\qquad\qquad$ I $\qquad\qquad$ II $\qquad\qquad$ (Azomethin, Imin)

Das Additionsprodukt I aus dem Amin und der Carbonyl-Gruppe ist instabil und i.a. nicht isolierbar. Es geht unter Dehydratisierung (Wasserabspaltung) in das Endprodukt II (Azomethin) über.

Analog reagieren:

$$-\underset{|}{C}=O \quad + \quad H_2N-H \quad \longrightarrow \quad \left[-\underset{\underset{OH}{|}}{\overset{|}{C}}-NH_2 \right] \quad \longrightarrow \quad -\underset{|}{C}=N-H \quad (\longrightarrow \; {>}CH-NH_2)$$

$\qquad\qquad\qquad$ Ammoniak $\qquad\qquad\qquad\qquad\qquad\qquad\qquad\qquad\qquad\qquad$ Imin

Das Imin kann mit Reduktionsmitteln (z.B. H_2/Ni) zum primären Amin reduziert werden.

$$-\underset{|}{C}=O \quad + \quad H_2N-OH \quad \longrightarrow \quad \left[-\underset{\underset{OH}{|}}{\overset{|}{C}}-NH-OH \right] \quad \longrightarrow \quad -\underset{|}{C}=N-OH$$

$\qquad\qquad\qquad$ Hydroxylamin $\qquad\qquad\qquad\qquad\qquad\qquad\qquad\qquad\qquad\qquad$ Oxim

$$-\underset{|}{C}=O \quad + \quad H_2N-NH_2 \quad \longrightarrow \quad \left[-\underset{\underset{OH}{|}}{\overset{|}{C}}-NH-NH_2 \right] \quad \longrightarrow \quad -\underset{|}{C}=N-NH_2$$

$\qquad\qquad\qquad$ Hydrazin $\qquad\qquad\qquad\qquad\qquad\qquad\qquad\qquad\qquad\qquad\qquad$ Hydrazon

$${>}C=O \quad + \quad H_2N-NH-\underset{\underset{O}{\|}}{C}-NH_2 \quad \longrightarrow \quad {>}C=N-NH-CO-NH_2$$

$\qquad\qquad\qquad$ Semicarbazid $\qquad\qquad\qquad\qquad$ Semicarbazon

$$-\underset{|}{C}=O \quad + \quad H_2N-NH-C_6H_5 \quad \longrightarrow \quad \left[-\underset{\underset{OH}{|}}{\overset{|}{C}}-NH-NH-C_6H_5 \right] \quad \longrightarrow \quad -\underset{|}{C}=N-NH-C_6H_5$$

$\qquad\qquad\qquad$ Phenylhydrazin $\qquad\qquad\qquad\qquad\qquad\qquad\qquad\qquad\qquad$ Phenylhydrazon

Hinweis: Die Bezeichnung der Produkte richtet sich danach, ob die Ausgangsverbindung ein Aldehyd oder ein Keton ist, also z.B. Aldimin bzw. Ketimin, Aldoxim bzw. Ketoxim usw.

② *Sekundäre Amine* reagieren unter Bildung eines isolierbaren Primärproduktes zu einem Enamin:

$$-\underset{|}{\overset{|}{C}}H-\underset{|}{C}=O \quad + \quad HNR_2 \quad \longrightarrow \quad -\underset{|}{\overset{|}{C}}H-\underset{\underset{NR_2}{|}}{\overset{|}{C}}-OH \quad \xrightarrow{-\,H_2O} \quad -\underset{|}{C}=\underset{|}{C}-NR_2$$

$\qquad\qquad\qquad\qquad\qquad\qquad\qquad\qquad$ Primärprodukt $\qquad\qquad\qquad\qquad$ Enamin

Spaltet das Primärprodukt intramolekular kein Wasser ab, sondern reagiert mit einem weiteren Molekül Amin, so erhält man Aminale:

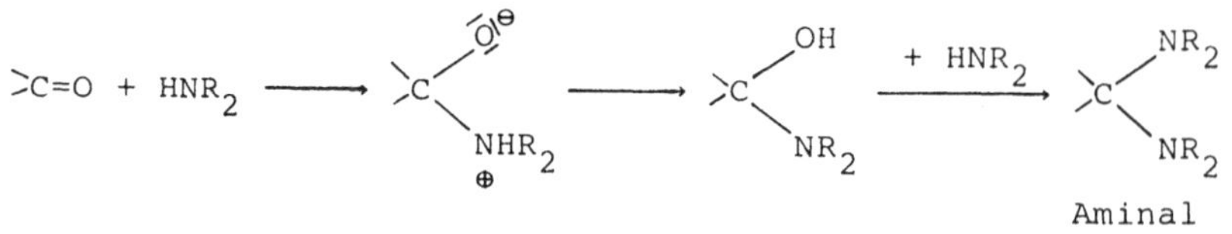

Enamine stehen mit den Iminen in einem tautomeren Gleichgewicht, das der Keto-Enol-Tautomerie analog ist:

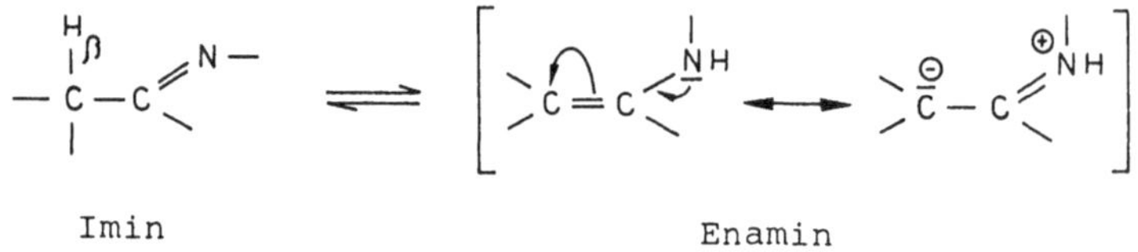

Imin   Enamin

③ *Tertiäre Amine* reagieren nicht, da sie keinen Wasserstoff am Stickstoff-Atom tragen.

20.4.3 Addition von Natriumhydrogensulfit

Diese Reaktion wird zur Reinigung und Abtrennung von Carbonyl-Verbindungen verwendet. Nach Zugabe von Säuren oder Basen wird aus dem kristallinen Addukt (Bisulfit-Addukt) die Carbonyl-Verbindung wieder freigesetzt:

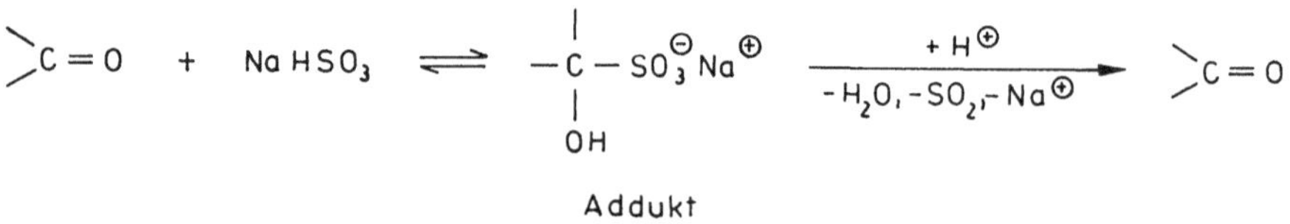

Addukt

20.4.4 Addition von HCN

Die bereits erwähnte Addition von Cyanwasserstoff (HCN) führt zu Cyanhydrinen (α-Hydroxynitrile). Durch Eliminierung von Wasser aus Cyanhydrinen erhält man α,β-ungesättigte Nitrile. Von Bedeutung ist ferner, daß Cyanhydrine als Nitrile zu α-Hydroxysäuren umgesetzt werden können.

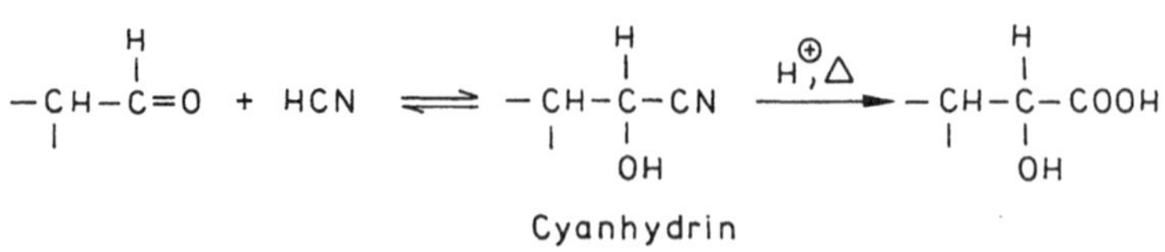

Cyanhydrin

20.4.5 Addition von Grignard-Verbindungen

Bei der Addition von Grignard-Verbindungen an Aldehyde entstehen
sekundäre Alkohole (Formaldehyd: primäre Alkohole), während die Addition an Ketone tertiäre Alkohole liefert.

20.5 Reaktionen spezieller Aldehyde

Formaldehyd, Acetaldehyd und Benzaldehyd nehmen unter den Aldehyden
eine gewisse Sonderstellung ein, die in einigen speziellen Reaktionen
zum Ausdruck kommt.

20.5.1 Formaldehyd, Acetaldehyd und Benzaldehyd

① Hydrat-Bildung

Während $\underline{Formaldehyd}$ (ein farbloses Gas) in wäßriger Lösung vollständig hydratisiert ist, beträgt der Hydrat-Anteil des $\underline{Acetaldehyds}$
lediglich 60 %. Durch Einführung elektronenziehender Gruppen ist eine
Stablisierung dieser Aldehyd-hydrate möglich, so daß sie isoliert werden können, wie z.B. $\underline{Chloralhydrat}$.

$$\begin{matrix} R \\ R' \end{matrix} C=O \ + \ O\begin{matrix} H \\ H \end{matrix} \ \rightleftharpoons \ \begin{matrix} R \\ R' \end{matrix} C \begin{matrix} OH \\ OH \end{matrix} \quad ; \quad Cl_3C - CH \begin{matrix} OH \\ OH \end{matrix} \quad \text{Chloralhydrat}$$

② Polymerisation

Aliphatische Aldehyde neigen besonders bei Gegenwart von Protonen
zur Polymerisation (genauer: Polykondensation).
Formaldehyd polymerisiert zu Paraformaldehyd, der eine lineare Ket-
tenstruktur besitzt; es handelt sich um Vollacetale.

$$HO-\underset{H}{\overset{H}{C}}-OH \quad \xrightarrow{CH_2O} \quad HO-\underset{H}{\overset{H}{C}}-O-\underset{H}{\overset{H}{C}}-OH \quad \xrightarrow{n\,CH_2O} \quad HO\left[\underset{H}{\overset{H}{C}}-O\right]_{n+2}H \quad \text{Paraform-aldehyd}$$

monomer dimer polymer

Er bildet sich bereits beim Stehenlassen einer Formalinlösung (40%ige
wäßrige Formaldehyd-Lösung). Durch Zugabe von wenig Methanol wird
eine Ausflockung polymerer Produkte verhindert.

Ein trimeres cyclisches Produkt, das <u>Trioxan</u>, wird durch Zugabe verdünnter Säuren erhalten:

$$3 \ CH_2O \ \xrightarrow{\ H^{\oplus}\ } \quad \text{Trioxan} \quad \text{(Trioxymethylen)}$$

Acetaldehyd oligomerisiert zu <u>Paraldehyd</u> und <u>Metaldehyd</u>:

Paraldehyd

Metaldehyd
(Trockenspiritus, "Esbit")

③ <u>Reaktionen mit NH_3</u>

Besonderes Interesse verdienen die Reaktionen, die Formaldehyd und Acetaldehyd mit Ammoniak eingehen können.

- <u>Acetaldehyd</u> reagiert mit NH_3 über ein Acetaldimin zu 2,4,6-Trimethyl-hexahydro-1,3,5-triazin:

Acetaldimin

- **Formaldehyd** reagiert prinzipiell ähnlich. Die Reaktion geht jedoch weiter, indem das Triazin mit Ammoniak zum Endprodukt **Hexamethylentetramin** (Urotropin) weiterreagiert.

$$3\,H-C\overset{H}{\underset{O}{\diagup}} \;\xrightleftharpoons{+3\,NH_3,\,-3\,H_2O}\; \text{(Hexahydro-1,3,5-triazin)} \;\xrightleftharpoons{+3\,HCHO,\,+NH_3}\; \text{(Hexamethylentetramin)} \;+\;3\,H_2O$$

Hexahydro-
1,3,5-triazin

Hexamethylen-
tetramin

- Die Umsetzung von **Benzaldehyd** mit NH_3 weicht ebenfalls vom üblichen Reaktionsschema ab. Es entsteht zunächst das erwartete Benzaldimin, das sofort mit überschüssigem Benzaldehyd zu Hydrobenzamid kondensiert:

$$C_6H_5-C\overset{H}{\underset{O}{\diagup}} \;+\; H_2NH \;\longrightarrow\; C_6H_5-C\overset{H}{\underset{NH}{\diagup}} \;+\; H_2O$$

Benzaldimin

$$\begin{matrix} C_6H_5-C\overset{H}{\underset{NH}{\diagup}} \\ C_6H_5-C\overset{NH}{\underset{H}{\diagup}} \end{matrix} \;+\; O{=}C-C_6H_5 \;\longrightarrow\; \begin{matrix} C_6H_5-CH{=}N \\ C_6H_5-CH{=}N \end{matrix}\!\!\!>\!CH-C_6H_5 \;+\; H_2O$$

Hydrobenzamid

20.5.2 Aromatische Aldehyde

Aromatische Aldehyde besitzen in α-Stellung zur Carbonyl-Gruppe keine H-Atome. Sie unterscheiden sich daher in manchen Reaktionen von aliphatischen Aldehyden.

① Cannizzaro-Disproportionierung

In alkalischer Lösung gehen aromatische Aldehyde keine Aldol-Reaktion ein, sondern disproportionieren in Alkohol und Carbonsäure:

$$2\;C_6H_5CHO \;\xrightarrow{OH^{\ominus}}\; C_6H_5{-}CH_2OH \;+\; C_6H_5{-}COO^{\ominus}$$

② Benzoin-Addition und Bildung von Acyloinen

Aromatische Aldehyde reagieren in alkalischer Lösung in Gegenwart von Cyanid-Ionen zu α-Hydroxy-ketonen und nicht zu Cyanhydrinen. In saurer Lösung konkurrieren beide Reaktionen miteinander.

Aus zwei Molekülen Benzaldehyd bildet sich unter dem katalytischen Einfluß von Cyanid-Ionen das Benzoin. Ketonalkohole mit der Struktur R^1-CH-C-R^1 werden auch als Acyloine bezeichnet.
    | ‖
    OH O

Benzoin
(2-Hydroxy-1,2-diphenylethanon)

20.6 Diketone

Verbindungen, die zwei C=O-Gruppierungen im Molekül enthalten, heißen Diketone. Je nach Stellung ihrer Carbonyl-Funktionen zueinander werden 1,2-, 1,3- und 1,4-Diketone bzw. α-, β- und γ-Diketone unterschieden. Von besonderer Bedeutung ist die Reaktion von Diketonen mit Aminen. Diese Umsetzungen ermöglichen einen guten Zugang zu Heterocyclen.

20.6.1 1,2-Diketone (α-Diketone)

1,2-Diketone sind wichtige Ausgangssubstanzen für die präparative organische Chemie. Ihre Dioxime werden in der Analytik zum Nachweis bestimmter Metallkationen verwendet, z.B. Diacetyldioxim für $Ni^{2\oplus}$
Die einfachsten Vertreter sind Diacetyl (Dimethylglyoxal) und Benzil.

Diacetyl

Diacetyl-dioxim
(Dimethylglyoxim)

Benzil

Benzil-dioxim

Benzil zeigt als charakteristische Reaktion *die Benzilsäure-Umlagerung*:

$$Ph-\overset{\overset{O}{\|}}{C}-\overset{\overset{O}{\|}}{C}-Ph \quad \xrightarrow{OH^{\ominus}} \quad HO-\underset{Ph}{\overset{|}{C}}-\overset{\overset{\ominus}{\overset{|O|}{\|}}}{C}-Ph \quad \longrightarrow \quad HO-\overset{\overset{O}{\|}}{C}-\underset{Ph}{\overset{\overset{|O|^{\ominus}}{|}}{C}}-Ph \quad \rightleftharpoons \quad {}^{\ominus}\underline{O}-\overset{\overset{O}{\|}}{C}-\underset{Ph}{\overset{\overset{OH}{|}}{C}}-Ph$$

Ph = C_6H_5- Benzilsäure-
                                                        Anion

Es handelt sich um einen intramolekularen Redoxvorgang.
Derartige Umlagerungen lassen sich auch mit anderen 1,2-Diketonen durchführen, wobei man α-Hydroxycarbonsäuren erhalten kann.

20.6.2 1,3-Diketone (β-Diketone)

1,3-Diketone sind als 1,3-Dicarbonyl-Verbindungen mit ihrer "eingeschlossenen" CH_2-Gruppe vergleichsweise starke CH-Säuren (pK_s-Werte um 9). Darüber hinaus stehen sie im Gleichgewicht mit ihren enolischen Formen, die gegenüber den Keto-Formen überwiegen. Der Enol-Anteil beträgt z.B. bei Acetylaceton (Pentan-2,4-dion) etwa 85 %:

$$CH_3-\overset{\overset{O}{\|}}{C}-CH_2-\overset{\overset{O}{\|}}{C}-CH_3 \quad \rightleftharpoons$$

Keto-Enol-Tautomerie
des Acetylacetons

Keto-Form 15 %   Enol-Form 85 %

Hierin zeigt sich ein deutlicher Unterschied zu den einfachen Ketonen, bei denen die Keto-Form thermodynamisch stabiler ist. Die Stabilisierung der Enol-Form der 1,3-Diketone beruht auf der Bildung einer intramolekularen Wasserstoff-Brückenbindung und der Ausbildung konjugierter Doppelbindungen. Enolat-Ionen von 1,3-Diketonen sind starke Nucleophile. Dies bestimmt auch ihr Reaktionsverhalten. *Acetylaceton bildet mit einigen Metallkationen Komplexe,* so mit Eisen einen roten Komplex. Enolische Gruppen werden an dieser Rotfärbung leicht erkannt.

20.7 Ungesättigte Carbonyl-Verbindungen

α,β-ungesättigte Carbonyl-Verbindungen wurden bereits bezüglich ihrer
Additionsreaktionen erwähnt. Die einfachste Verbindung, das Keten,
$H_2C=C=O$, ist nur bei tiefen Temperaturen monomer. Es entsteht bei
der Pyrolyse von Aceton oder durch Dehydratisierung von Essigsäure.

Ketene werden leicht nucleophil angegriffen und dienen daher zum Ein-
führen einer Acyl-Gruppe:

Tabelle 16. Eigenschaften und Verwendung einiger Carbonyl-Verbindungen

Verbindung	Formel	Fp.$^{\circ}$C	Kp.$^{\circ}$C	Verwendung
Methanal (Formaldehyd)	$H-CHO$	-92	-21	Farbstoffe, Pheno- u. Aminoplaste, Desinfektions- u. Konservierungsmittel, Polyformaldehyd: Filme, Fäden
Ethanal (Acetaldehyd)	CH_3-CHO	-123	20	Ausgangsprodukt für Ethanol, Essigsäure, Acetanhydrid, Butadien
Propanal (Propionaldehyd)	CH_3-CH_2-CHO	-81	49	Zwischenprodukte
Butanal (Butyraldehyd)	$CH_3-(CH_2)_2-CHO$	-97	75	
Pentanal (Valeraldehyd)	$CH_3-(CH_2)_3-CHO$	-92	104	
Propenal (Acrolein)	$CH_2=CH-CHO$	-88	52	
2-Butenal (Crotonaldehyd)	$CH_3-CH=CH-CHO$	-76	104	
Benzaldehyd	C_6H_5-CHO	-26	178	Farbstoffindustrie
Propanon (Aceton, Dimethylketon)	$CH_3-CO-CH_3$	-95	56	gutes Lösungsmittel (für Acetylen, Acetatseide, Lacke), Ausgangsprodukt für Chloroform u. Methacrylsäureester
Butanon (Methylethylketon)	$CH_3-CO-C_2H_5$	-86	80	
3-Pentanon (Diethylketon)	$C_2H_5-CO-C_2H_5$	-42	102	
Cyclohexanon	⬡=O	-30	156	Ausgangsprodukt für Perlon, höhergliedrige Ringketone sind Riechstoffe
Acetophenon (Methylphenylketon)	$CH_3-CO-C_6H_5$	20	202	
Benzophenon (Diphenylketon)	$C_6H_5-CO-C_6H_5$	48	306	
Keten	$CH_2=C=O$	-151	-56	Darst. v. Essigsäurederivaten, Acylierungsmittel

20.8 Reaktionen mit C–H–aciden Verbindungen (Carbanionen I)

20.8.1 Bildung und Eigenschaften von Carbanionen

Carbonyl-Verbindungen sind Schlüsselsubstanzen bei vielen Synthesen.
Dies gilt vor allem für Verbindungen, die am α-C-Atom zur Carbonyl-
Funktion ein H-Atom besitzen. Die elektronenziehende Wirkung des
Carbonyl-O-Atoms und die daraus resultierende Positivierung des Car-
bonyl-C-Atoms beeinflussen die Stärke der C–H-Bindung an dem zur
$\geq$C=O-Gruppe benachbarten α-C-Atom in besonderem Maße. Dadurch ist es
oft möglich, dieses H-Atom mit einer Base Bl$^{\ominus}$ als Proton abzuspalten.
Man spricht daher auch von der C–H-Acidität dieser C–H-Bindung.

*Es entstehen negativ geladene Ionen, die als mesomeriestabilisierte
Enolationen bzw. Carbanionen formuliert werden können:*

$$Bl^{\ominus} + R-\overset{\overset{\displaystyle H}{|}}{\underset{\underset{\displaystyle H}{|}}{C}}-C=O \quad \rightleftharpoons \quad B-H + \left[\; R-\overset{\ominus}{\underset{\underset{\displaystyle H}{|}}{C}}-\overset{H}{\underset{}{C}}=O \quad \longleftrightarrow \quad R-\overset{H}{\underset{\underset{\displaystyle H}{|}}{C}}=C-\underline{\overset{\ominus}{O}}l \;\right]$$

$$\qquad\qquad\qquad\qquad\qquad\qquad\qquad\qquad \text{Carbanion} \qquad\qquad \text{Enolat-Ion}$$

Beachte: Eine Verbindung R_3C-CHO enthält kein α-ständiges H-Atom und
kann deshalb nicht entsprechend der vorstehenden Gleichung reagieren.
Die Lage des Gleichgewichts bei der Carbanion-Bildung ist abhängig
von den Basizitäten der Base Bl$^{\ominus}$ und des Carbanions. Eine elektronenziehende Gruppe steigert die Acidität des betreffenden H-Atoms.

Die aktivierende Wirkung von $-\overset{\overset{\displaystyle }{}}{\underset{\underset{\displaystyle Y}{|}}{C}}=O$ nimmt wegen der zunehmenden Elektro-
nendonator-Wirkung von Y in folgender Reihe ab:

$$R-CH_2-\overset{}{\underset{\underset{\displaystyle H}{|}}{C}}=O \;>\; R-CH_2-\overset{}{\underset{\underset{\displaystyle R'}{|}}{C}}=O \;>\; R-CH_2-\overset{}{\underset{\underset{\displaystyle OR'}{|}}{C}}=O \;>\; R-CH_2-\overset{}{\underset{\underset{\displaystyle NH_2}{|}}{C}}=O \;>\; R-CH_2-\overset{}{\underset{\underset{\displaystyle \underline{|O|}_{\ominus}}{|}}{C}}=O$$

Auch andere elektronenziehende Substituenten wie -CN oder $-NO_2$ können
zur Stabilisierung von α-Carbanionen beitragen. Bezüglich ihrer acidi-
fizierenden Wirkung läßt sich folgende Reihe angeben:

$$-NO_2 \;>\; -\overset{}{\underset{\underset{\displaystyle H}{|}}{C}}=O \;>\; -\overset{}{\underset{\underset{\displaystyle R}{|}}{C}}=O \;>\; -CN \;>\; -COOR$$

20.8.2 Die Aldol-Reaktion

Die basenkatalysierte Aldol-Reaktion

Bei der basenkatalysierten Reaktion zweier Aldehyde entsteht zunächst
ein Alkohol, der noch eine Aldehyd-Gruppe (= <u>Aldol</u>) enthält. Voraussetzung ist, daß einer der Reaktionspartner (die "Methylenkomponente")
ein acides α-H-Atom besitzt, das durch eine Base $|B^{\ominus}$ unter Bildung
eines Carbanions abgespalten werden kann. Ketone reagieren analog.
Bei Reaktionen mit Aldehyden fungieren Ketone wegen ihrer geringeren
Carbonyl-Aktivität stets als Methylen-Komponente.

Reaktionsablauf:

$$|B^{\ominus} \;+\; R\text{-}CH_2\text{-}CHO \;\rightleftharpoons\; B\text{-}H \;+\; R\text{-}\overset{\ominus}{C}H\text{-}CHO$$

Das mit einer Base gebildete Carbanion kann selbst als Nucleophil mit
einer Carbonyl-Gruppe reagieren:

$$\underset{H}{\overset{R'}{>}}C=O \;+\; {}^{\ominus}|C\underset{H}{\overset{R}{<}}\text{-}CHO \;\rightleftharpoons\; R'\text{-}\underset{H}{\overset{|\overset{\ominus}{O}|}{C}}\text{-}\underset{H}{\overset{R}{C}}\text{-}CHO \;\xrightarrow{+B\text{-}H}\; R'\text{-}\underset{H}{\overset{HO}{C}}\text{-}\underset{H}{\overset{R}{C}}\text{-}CHO \;+\; |B^{\ominus}$$

$$(\text{I})$$

*Der <u>nucleophile Angriff</u> des Carbanions am Carbonyl-C-Atom hat somit
eine <u>Verlängerung der Kohlenstoffatom-Kette</u> zur Folge.* An diese Addition, die zu (I) führt, schließt sich oft die Abspaltung von Wasser
(Dehydratisierung) an, so daß ungesättigte Carbonyl-Verbindungen (II)
entstehen:

$$R'\text{-}\underset{H}{\overset{HO}{C}}\text{-}\underset{H}{\overset{R}{C}}\text{-}CHO \;\xrightarrow{-H_2O}\; \underset{H}{\overset{R'}{>}}C=C\underset{CHO}{\overset{R}{<}}$$

$$(\text{I}) \qquad\qquad (\text{II})$$

Beachte: Die Reaktionsfolge, die zu (I) führt, ist auch umkehrbar
("<u>Retro-Aldolreaktion</u>"), sofern keine Dehydratisierung stattfindet
(Beispiel 3). <u>Eine Dehydratisierung ist nur möglich, wenn die Methylen-
Komponente zwei α-H-Atome enthält.</u>

Beispiele zur Aldol-Reaktion

Beispiel ① : Acetaldehyd CH_3-CHO

ⓐ Bildung des Carbanions mit Hilfe der Base $B|^{\ominus}$:

$$B|^{\ominus} + CH_3CHO \longrightarrow B-H + {}^{\ominus}|CH_2-CHO$$

ⓑ Nucleophiler Angriff des Carbanions am Carbonyl-Kohlenstoff eines zweiten Acetaldehydmoleküls (Aldol-Addition):

H₃C–C(=O)H + ⊖|CH₂–C(=O)H ⟶ H₃C–C(OH)(H)–CH₂–CHO ⟶ (+B–H) H₃C–CH(OH)–[CH₂–CHO] + B|⊖

Acetaldehyd   Aldol (3-Hydroxybutanal)

ⓒ Der gebildete Hydroxyaldehyd Aldol kann dehydratisiert werden (Aldol-Kondensation):

H₃C–CH(OH)–CH₂–CHO —(H⊕) / –H₂O→ H₃C–CH=CH–CHO

Crotonaldehyd (trans-2-Butenal)

Der Name Aldol-Reaktion ist für diese Art von Umsetzung allgemein üblich, auch wenn statt Acetaldehyd andere Aldehyde oder gar Ketone eingesetzt werden.

Beispiel ② : Aceton $CH_3-\overset{\|}{\underset{O}{C}}-CH_3$

H₃C–C(=O)–CH₂–H + C(=O)(CH₃)–CH₃ —Base→ H₃C–C(=O)–CH₂–C(OH)(CH₃)–CH₃ —(–H₂O)→ H₃C–C(=O)–CH=C(CH₃)–CH₃

(Dimethylketon)   4-Hydroxy-4-methyl-2-pentanon   Mesityloxid
Aceton   Diacetonalkohol   (4-Methyl-3-penten-2-on)

Beispiel ③ : Säurekatalysierte Aldol-Reaktion

Die Aldol-Reaktion z.B. mit Acetaldehyd kann auch <u>säurekatalysiert</u> ablaufen. Der Acetaldehyd wird protoniert und reagiert dann mit der Methylen-Komponente. Diese liegt dabei in der Enol-Form vor, deren Bildung durch Protonierung an der Carbonyl-Gruppe erleichtert wird. Die C=C-Doppelbindung ist elektronenreich und kann daher elektrophil angegriffen werden.

<u>Säurekatalysierte Aldol-Reaktion von Acetaldehyd:</u>

protonierter   Enol-Form
Acetaldehyd   ("Vinylalkohol")

Aldol

Crotonaldehyd

Man erkennt, daß dabei dasselbe Endprodukt wie bei der basenkataly-sierten Addition entsteht, jedoch läßt sich die säurekatalysierte Aldol-Reaktion nicht auf der Stufe des Aldols stoppen.

20.8.3 Synthetisch wichtige Reaktionen mit Carbanionen

20.8.3.1 Die Mannich-Reaktion

Unter der Mannich-Reaktion versteht man *die <u>Aminoalkylierung von C-H-aciden Verbindungen</u>*. Sie ist eine <u>Drei</u>komponenten-Reaktion, durch die man β-Aminoketone, die sog. <u>Mannich-Basen</u>, erhält. Ein Reaktions-teilnehmer ist in der Regel Formaldehyd, dazu kommen als Variable die C-H-acide Komponente, z.B. Ketone, und die Amin-Komponente (prim. und sek. Amine).

Carbenium-Immonium-Ion

Mannich-Base

20.8.3.2 Perkin-Reaktion

Die **Perkin-Synthese** (nur mit aromatischen Aldehyden) *dient zur Darstellung* α,β-*ungesättigter aromatischer Monocarbonsäuren*. Der einfachste Vertreter ist die **Zimtsäure**. Sie wird durch Kondensation von Benzaldehyd mit Essigsäureanhydrid und Na-Acetat erhalten. Das zunächst entstehende gemischte Säureanhydrid spaltet ein Molekül Carbonsäure ab und es entsteht Zimtsäure.

$$C_6H_5-CH=CH-COOH \quad \text{(Zimtsäure)}$$

20.8.3.3 Knoevenagel-Reaktion

Die Knoevenagel-Reaktion bietet eine allgemeine *Synthesemöglichkeit für Alkene und Acrylsäure-Derivate*.

Reaktions-Schema: Nucleophiler Angriff eines Carbanions an einem Aldehyd oder Keton:

$$Z^1 \text{ und } Z^2 = -CHO, -COR, -COOR, -CN, -NO_2, \; {>}C=NR$$

Beispiel:

Zur Synthese der Zimtsäure verwendet man Benzaldehyd sowie einen Malonester ($Z^1 = Z^2 = -COOR$). Der entstandene Benzalmalonester wird hydrolysiert und danach zur **Zimtsäure** decarboxyliert.

Malonester　　　　　　　　　　　Benzalmalonester

20.8.4 Synthese von Halogencarbonyl-Verbindungen

Die zur Carbonyl-Gruppe α-ständigen H-Atome werden leicht durch Halogene ersetzt. Die Reaktion kann säure- bzw. basenkatalysiert ablaufen.

20.8.4.1 Basenkatalysierte α-Halogenierung

Der Angriff der Base $OH^{\ominus}$ führt zunächst zur Abspaltung des α-ständigen H-Atoms, wobei gleichzeitig die Konzentration des Enolats erhöht wird. An dieses Enolat lagert sich dann das Halogen an:

20.8.4.2 Säurekatalysierte α-Halogenierung

Zunächst erfolgt eine Protonierung des Carbonyl-Sauerstoffatoms und danach die Abspaltung eines α-H-Atoms mit Wasser als Protonenacceptor. Das dabei gebildete Enol reagiert mit Halogenen weiter:

Beispiele und Verwendung der Produkte

$$CH_3-\underset{O}{\overset{\|}{C}}-CH_3 \quad + \quad 3\ Br_2 \longrightarrow CH_3-\underset{O}{\overset{\|}{C}}-CBr_3 \quad + \quad 3\ HBr$$

Aceton   Tribromaceton

$$C_6H_5-\underset{O}{\overset{\|}{C}}-CH_3 \quad + \quad Cl_2 \longrightarrow C_6H_5-\underset{O}{\overset{\|}{C}}-CH_2-Cl \quad + \quad HCl$$

Acetophenon   ω-Chloracetophenon
                                          (Phenacylchlorid)

Halogenaldehyde und besonders die Trihalogen-Derivate sind wichtige Ausgangsstoffe für Arzneimittel und Insektizide. Halogenketone, vor allem Monohalogenketone, dienen zur Darstellung heterocyclischer Verbindungen. Aufgrund der stark augenreizenden Wirkung werden Monohalogenketone als Tränengase benutzt.

21 Chinone

Chinone nennt man Verbindungen, die *zwei Carbonyl-Funktionen in cyclischer Konjugation enthalten*. Ihre Darstellung gelingt oft durch
eine Oxidation (Dehydrierung) der entsprechenden Hydrochinone. So
läßt sich das Hydrochinon (p-Dihydroxy-benzol) leicht zu dem Chinon
(p-Benzochinon) oxidieren. Dabei geht das aromatische System in ein
"chinoides" über. Auch andere Dihydroxy-Aromaten mit OH-Gruppen in
o- oder p-Stellung können zu Chinonen oxidiert werden:

o-Benzochinon   p-Benzochinon   1,4-Naphthochinon   9,10-Anthrachinon
E^O = 0,792 V E^O = 0,699 V E^O = 0,47 V E^O = 0,13 V

(Unter den Formeln sind die in Wasser gemessenen Normalpotentiale E^O
angegeben.)

Chinone und ihre Hydrochinone können durch Redoxreaktionen ineinander
umgewandelt werden.

Beispiele:

Technische Darstellung von H_2O_2.

$+ H_2O_2$ z.B. R = C_2H_5

Anthrahydrochinon   Anthrachinon   Wasserstoffperoxid

22 Carbonsäuren

Carbonsäuren sind die Oxidationsprodukte der Aldehyde. Sie enthalten die Carboxyl-Gruppe —COOH. Die Hybridisierung am Kohlenstoff der COOH-Gruppe ist wie bei der Carbonyl-Gruppe $\underline{sp^2}$. Viele schon lange bekannte Carbonsäuren tragen Trivialnamen. Nomenklaturgerecht ist es, an den Stammnamen die Endung -säure anzuhängen oder das Wort -carbonsäure an den Namen des um ein C-Atom verkürzten Kohlenwasserstoff-Restes anzufügen. Die Stammsubstanz kann aliphatisch, ungesättigt oder aromatisch sein. Ebenso können auch mehrere Carboxyl-Gruppen im gleichen Molekül vorhanden sein. Entsprechend unterscheidet man $\underline{Mono-}$, $\underline{Di-}$, $\underline{Tri-}$ und $\underline{Poly}$carbonsäuren.

Beispiele (die Namen der Salze sind zusätzlich angegeben):

$H-COOH$

Ameisensäure: Formiate
Methansäure

$H_3C-COOH$

Essigsäure: Acetate
Ethansäure

CH_3-CH_2-COOH

Propionsäure: Propionate
Propansäure

$CH_3-CH_2-CH_2-COOH$

n-Buttersäure
Butansäure
(Butyrate)

$CH_3-(CH_2)_{16}-COOH$

Stearinsäure
Octadecansäure
(Stearate)

$CH_3-(CH_2)_7-CH=CH-(CH_2)_7-COOH$

Ölsäure   isomer mit   Elaidinsäure
cis-9-Octadecen-   trans-9-Octa-
säure   decensäure
(Oleate)   (Elaidate)

Benzoesäure
(Benzoate)

p-Amino-
benzoesäure

Oxalsäure
(Oxalate)

Malonsäure
(Malonate)

Maleinsäure
(Maleate)

22.1 Eigenschaften von Carbonsäuren

Carbonsäuren enthalten in der Carboxyl-Gruppe je eine polare C=O- und
OH-Gruppe. Sie können deshalb untereinander und mit anderen geeigneten
Verbindungen H-Brückenbindungen bilden. Die ersten Glieder der Reihe
der aliphatischen Carbonsäuren sind daher unbeschränkt mit Wasser
mischbar. Die längerkettigen Säuren werden erwartungsgemäß lipophiler
und sind in Wasser schwerer löslich. Sie lösen sich besser in weniger
polaren Lösungsmitteln wie Ether, Alkohol oder Benzol. Der Geruch
der Säuren verstärkt sich von intensiv stechend zu unangenehm ranzig.
Die längerkettigen Säuren sind schon dickflüssig und riechen wegen
ihrer geringen Flüchtigkeit (niederer Dampfdruck) kaum. Carbonsäuren
haben außergewöhnlich hohe Siedepunkte und liegen sowohl im festen
als auch im dampfförmigen Zustand als Dimere vor, die durch H-Brückenbindungen zusammengehalten werden:

$$R-C \underset{\diagdown O-H \cdots O}{\overset{\diagup O \cdots H-O}{\diagup}} C-R$$

Die erheblich größere Acidität der COOH-Gruppe im Vergleich zu den
Alkoholen beruht auf der Mesomeriestabilisierung der konjugierten
Base (vgl. auch Phenole). Die Delokalisierung der Elektronen führt
zu einer symmetrischen Ladungsverteilung und damit zu einem energieärmeren, stabileren Zustand.

$$R-C\overset{O}{\underset{OH}{\diagup}} \underset{+H^{\oplus}}{\overset{-H^{\oplus}}{\rightleftharpoons}} \left[R-C\overset{O}{\underset{\bar{O}|^{\ominus}}{\diagup}} \longleftrightarrow R-C\overset{\bar{O}|^{\ominus}}{\underset{O}{\diagup}} \right] \equiv R-C\overset{\bar{O}|}{\underset{\bar{O}|}{\diagup}} \ominus$$

22.1.1 Substituenteneinflüsse auf die Säurestärke

Die Abspaltung des Protons der Hydroxyl-Gruppe wird durch den Rest R
in R—COOH beeinflußt. Dieser Einfluß läßt sich mit Hilfe induktiver
und mesomerer Effekte plausibel erklären.

① Elektronenziehender Effekt (-I-Effekt)

Elektronenziehende Substituenten wie Halogene, —CN, —NO$_2$ oder auch
—COOH bewirken eine Zunahme der Acidität. Ähnlich wirkt eine in Konjugation zur Carboxyl-Gruppe stehende Doppelbindung.

Bei den α-Halogen-carbonsäuren $X-CH_2COOH$ nimmt der Substituteneinfluß entsprechend der Elektronegativität der Substituenten in der Reihe F > Cl > Br > I deutlich ab, was an der Zunahme der zugehörigen pK_s-Werte zu erkennen ist (pK_s = 2,66; 2,81; 2,86; 3,12 für X = F, Cl, Br, I).

-I-Effekt
(Zunahme der Acidität)

② __Elektronendrückender Effekt (+I-Effekt)__

Elektronendrückende Substituenten wie __Alkyl-Gruppen__ bewirken eine Abnahme der Acidität (Zunahme des pK_s-Wertes), weil sie die Elektronendichte am Carboxyl-C-Atom und am Hydroxyl-sauerstoff erhöhen. Alkyl-Gruppen haben allerdings keinen so starken Einfluß wie die Gruppen mit einem -I-Effekt.

Trimethylessigsäure, Pivalinsäure

+I-Effekt
(Abnahme der Acidität)

③ __Mesomere Effekte__

Bei aromatischen Carbonsäuren treten zusätzlich mesomere Effekte auf. Benzoesäure ist zwar stärker sauer als Cyclohexancarbonsäure (pK_s = 4,87), doch läßt sich die an sich schwache Acidität durch Einführung von Substituenten beträchtlich steigern.

Beispiel: p-Nitrobenzoesäure, pK_s = 3,42

Ebenso wie bei den Aminen kann man auch bei den Carbonsäuren mit
Hilfe des pK_s-Wertes den pH-Wert der Lösungen berechnen, sofern man
die Konzentration der Säure kennt.

Tabelle 17. pK_s-Werte von Carbonsäuren

pK_s	Formel	Name	pK_s	Formel	Name
4,76	CH_3COOH	Essigsäure	5,05	$(CH_3)_3CCOOH$	Trimethyl-essigsäure
4,26	$CH_2{=}CHCOOH$	Acrylsäure	4,85	$(CH_3)_2CHCOOH$	Iso-Buttersäure
2,81	$ClCH_2COOH$	Monochlor-essigsäure	4,88	CH_3CH_2COOH	Propionsäure
1,30	$Cl_2CHCOOH$	Dichlor-essigsäure	4,76	CH_3COOH	Essigsäure
0,65	Cl_3CCOOH	Trichlor-essigsäure	3,77	$HCOOH$	Ameisensäure
4,88	CH_3CH_2COOH	Propionsäure	0,23	F_3CCOOH	Trifluor-essigsäure
4,1	CH_2ClCH_2COOH	β-Chlor-propionsäure	4,22	C₆H₅–COOH	Benzoesäure
2,8	$CH_3CHClCOOH$	α-Chlor-propionsäure			

(Spalte links: steigender pK_s-Wert)

22.2 Darstellung von Carbonsäuren

Die Darstellungsmethode hängt oft von der zur Verfügung stehenden Ausgangsverbindung ab.

① Ein allgemein gangbarer Weg ist die *Oxidation primärer Alkohole
und Aldehyde*. Sie führt ungesteuert generell zu Carbonsäuren. Als
Oxidationsmittel eignen sich z.B. CrO_3, $K_2Cr_2O_7$ und $KMnO_4$.

$$R-CH_2OH \xrightarrow{\text{Oxid.}} R-CHO \xrightarrow{\text{Oxid.}} R-COOH$$

prim. Alkohol　　　　　Aldehyd　　　　　Carbonsäure

Bei der Oxidation von Alkylaromaten werden aromatische Carbonsäuren
erhalten:

$$\text{Toluol} \xrightarrow{\text{KMnO}_4} \text{Benzoesäure}$$

Toluol　　　　　　　　Benzoesäure

② *Die Verseifung von Nitrilen* bietet präparativ mehrere Vorteile. Nitrile sind leicht zugänglich aus Halogenalkanen und KCN. Die Verseifung geschieht mit Säuren- oder Basenkatalyse:

$$R-Cl \xrightarrow[-KCl]{KCN} R-C\equiv N \xrightarrow{H_2O} R-\underset{\underset{O}{\|}}{C}-NH_2 \xrightarrow{H_2O} R-CO_2H + NH_3$$

③ Eine präparativ wichtige Darstellungsmethode ist die *Umsetzung von Grignard-Verbindungen mit CO$_2$-*:

$$R-Mg-Br + CO_2 \longrightarrow R-C\underset{OMgBr}{\overset{O}{<}} \xrightarrow{\text{verd. HCl}} R-CO_2H + MgBrCl$$

Eine Carboxylierungsreaktion ist auch die Reaktion von Phenolat mit CO_2, vgl. die Darstellung der Salicylsäure.

Substituierte Carbonsäuren

④ *Die Verseifung von Cyanhydrinen* (aus Aldehyden und HCN) liefert speziell α-Hydroxycarbonsäuren. Man erhält hierdurch eine Verlängerung der C-Kette um eine Einheit.

⑤ Aminosäuren lassen sich u.a. durch die *Strecker-Synthese* herstellen (s. Kap. 31.3).

⑥ α-Halogencarbonsäuren wie α-Brom oder Chlor-carbonsäuren werden am besten *nach Hell-Volhard-Zelinsky* mit Halogenen und Phosphor (rot) als Katalysator hergestellt:

$$2\,P \;+\; 3\,Br_2 \;\longrightarrow\; 2\,PBr_3$$

$$R-CH_2COOH \xrightarrow{\;PBr_3\;} R-CH_2-C{\overset{O}{\underset{Br}{<}}} \;\underset{(H^{\oplus})}{\rightleftharpoons}\; R-CH=C{\overset{OH}{\underset{Br}{<}}} \xrightarrow[-HBr]{\;Br_2\;} R-\underset{Br}{CH}-C{\overset{O}{\underset{Br}{<}}}$$

$$R-CH_2-C{\overset{O}{\underset{Br}{<}}} \;+\; R-\underset{Br}{CH}-COOH \;\longleftarrow\; R-CH_2COOH$$

22.3 Reaktionen von Carbonsäuren

① <u>Reduktion</u> (Umkehr der Synthese)

$$R-COOH \xrightarrow[\;2)\;H_2O\;]{\;1)\;LiAlH_4\;} R-CH_2OH$$

② <u>Oxidation mit H$_2$O$_2$ zu Persäuren</u>

$$R-C{\overset{O}{\underset{OH}{<}}} \;\underset{}{\overset{H^{\oplus}}{\rightleftharpoons}}\; R-\underset{OH}{C}{\overset{\oplus}{OH}} \;+\; I\bar{O}-\bar{O}-H \;\rightleftharpoons\; R-\underset{OH\,H}{\overset{OH}{C}}-\overset{\oplus}{O}-OH \;\overset{-H^{\oplus}}{\rightleftharpoons}\; R-C{\overset{O}{\underset{O_{\,OH}}{<}}} \;+\; H_2O$$

③ <u>Abbau unter CO$_2$-Abspaltung</u>

Decarboxylierungen sind möglich durch Erhitzen der Salze (über 400° C),
Oxidation mit Bleitetraacetat oder durch oxidative Decarboxylierung zu
Bromiden <u>(Hunsdiecker-Reaktion)</u>.

$$R-COO^{\ominus}Ag^{\oplus} \;+\; Br-Br \xrightarrow{\;CCl_4\;} R-Br \;+\; CO_2 \;+\; AgBr$$

Tabelle 18. Verwendung und Eigenschaften von Monocarbonsäuren

Name	Formel	Fp. °C	Kp. °C	pK$_s$	Vorkommen, Verwendung
Ameisensäure	$HCOOH$	8	100,5	3,77	Ameisen, Brennesseln
Essigsäure	CH_3COOH	16,6	118	4,76	Lösungsmittel, Speiseessig
Propionsäure	C_2H_5COOH	-22	141	4,88	Konservierungsmittel
Buttersäure	$CH_3(CH_2)_2COOH$	-6	164	4,82	Butter, Schweiß
Isobuttersäure	$(CH_3)_2CHCOOH$	-47	155	4,85	Johannisbrot
n-Valeriansäure	$CH_3(CH_2)_3COOH$	-34,5	187	4,81	Baldrianwurzel
Capronsäure	$CH_3(CH_2)_4COOH$	-1,5	205	4,85	Ziege
Önanthsäure	$CH_3(CH_2)_5COOH$	-11	224	4,89	Weinblüte
Caprylsäure	$CH_3(CH_2)_6COOH$	16	237	4,85	Ziege
Caprinsäure	$CH_3(CH_2)_8COOH$	31	269		Ziege
Laurinsäure	$CH_3(CH_2)_{10}COOH$	44			Lorbeer
Myristinsäure	$CH_3(CH_2)_{12}COOH$	54			Myristica, Muskatnuß
Palmitinsäure	$CH_3(CH_2)_{14}COOH$	63			Palmöl
Stearinsäure	$CH_3(CH_2)_{16}COOH$	70			Talg
Acrylsäure	$CH_2=CHCOOH$	13	141	4,26	Kunststoffe
Sorbinsäure	COOH	133			Konservierungsmittel
Ölsäure	cis-9-Octadecensäure	16	223 (10 Torr)		
Elaidinsäure	trans-9-Octadecensäure	44			
Linolsäure	cis,cis-9,12-Octadecandiensäure	-5	230 (16 Torr)		in Fetten
Linolensäure	cis-cis-cis-9,12,15-Octadecantrien-säure	-11	232 (16 Torr)		
Benzoesäure	C_6H_5COOH	122	250	4,22	Konservierungsmittel
Phenylessigsäure	$C_6H_5CH_2COOH$	78	265	4,31	
Salicylsäure	$o-HOC_6H_4COOH$	159		3,00	Konservierungsmittel
Anthranilsäure	$o-H_2NC_6H_4COOH$	145		5,00	
p-Aminobenzoesäure	$p-H_2NC_6H_4COOH$	187		4,92	

22.4 Dicarbonsäuren

Dicarbonsäuren enthalten zwei Carboxyl-Gruppen im Molekül und können
daher in zwei Stufen dissoziieren. Die ersten Glieder der homologen
Reihe sind stärker sauer als die entsprechenden Monocarbonsäuren, da
sich die beiden Carboxyl-Gruppen gegenseitig beeinflussen. Die einfachen Dicarbonsäuren haben oft Trivialnamen, die auf die Herkunft
der Säure aus einem bestimmten Naturstoff hinweisen (Einzelheiten
s. Tabelle 19). Die IUPAC-Nomenklatur entspricht der der Monocarbonsäuren: $HOOC-CH_2-CH_2-COOH$ (Bernsteinsäure) $=$ Butandisäure.

22.4.1 Synthesebeispiele

Die Synthese von Dicarbonsäuren erfolgt meist nach speziellen Methoden. Grundsätzlich können aber die gleichen Verfahren wie bei Monocarbonsäuren angewandt werden, wobei als Ausgangsstoffe bifunktionel-
le Verbindungen eingesetzt werden.

Oxalsäure: Durch Erhitzen von Natriumformiat:

Von historischem Interesse ist die Synthese von Oxalsäure durch Hydrolyse von Dicyan von *F.Wöhler* (1824) .

Malonsäure: Durch Hydrolyse von Cyanessigsäure, die aus Chloressig-
säure und KCN erhalten wird:

Adipinsäure: Aus Phenol über Cyclohexanon durch oxidative Ringöffnung:

Tabelle 19. Eigenschaften und Verwendung von Dicarbonsäuren

Trivialname	Formel	Fp. $^\circ$C	pK_{s_1}	pK_{s_2}	Vorkommen und Verwendung
Oxalsäure	HOOC—COOH	189	1,46	4,40	Sauerklee (Oxalis), Harnsteine
Malonsäure	$HOOCCH_2COOH$	135	2,83	5,85	Leguminosen
Bernstein-säure	$HOOC(CH_2)_2COOH$	185	4,17	5,64	Citrat-Cyclus, Rhabarber, Zuckerrübe
Glutarsäure	$HOOC(CH_2)_3COOH$	97,5	4,33	5,57	Citrat-Cyclus, Rhabarber, Zuckerrübe
Adipinsäure	$HOOC(CH_2)_4COOH$	151	4,43	5,52	Nylonherst.; Zuckerrübe
Maleinsäure	(cis-) Z- HOOCCH=CHCOOH	130	1,9	6,5	
Fumarsäure	(trans-) E- HOOCCH=CHCOOH	287	3,0	4,5	Citrat-Cyclus
Acetylen-dicarbonsäure	HOOC—C≡C—COOH	179	–	–	Synthesen
Phthalsäure	$1,2-C_6H_4(COOH)_2$	231	2,96	5,4	Weichmacher, Polymere
Terephthal-säure	$1,4-C_6H_4(COOH)_2$	300	3,54	4,46	Kunststoffe, Kunstfasern

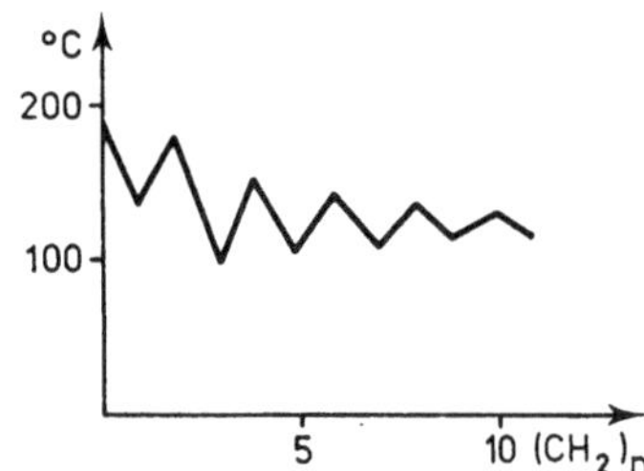

Abb. 26. Zusammenhang zwischen Fp. und - $(CH_2)_{\overline{n}}$ von Dicarbonsäuren

22.4.2 Reaktionen von Dicarbonsäuren

Die Dicarbonsäuren unterscheiden sich durch ihr Verhalten beim Erhitzen.

1,1-Dicarbonsäuren, wie die Malonsäure, decarboxylieren viel leichter als die Monocarbonsäuren:

1,2- und 1,3-Dicarbonsäuren liefern beim Erhitzen <u>cyclische Anhy-</u>
<u>dride</u>:

Bernsteinsäure   -anhydrid   Glutarsäure   -anhydrid

<u>Höhergliedrige Dicarbonsäuren</u> mit 5 oder mehr Kohlenstoff-Atomen zwi-
schen den Carboxyl-Gruppen <u>geben beim Erhitzen ausschließlich poly-</u>
<u>mere Anhydride</u>. In Gegenwart von Basen werden anstelle der <u>polymeren</u>
<u>Anhydride cyclische Ketone erhalten</u>. Eine 1,4-Dicarbonsäure wie
Adipinsäure wird z.B. in Cyclopentanon übergeführt. Diese Reaktion
eignet sich zur Darstellung fünf- und sechsgliedriger cyclischer
Ketone. Unter bestimmten Voraussetzungen können Ketone mit Ringgrößen
bis zu 20 Ringatomen erhalten werden.

Beispiel:

$$HOOC(CH_2)_4COOH \xrightarrow[-H_2O]{\Delta} HOOC \left[(CH_2)_4 - \overset{O}{\overset{\|}{C}} - O - \overset{O}{\overset{\|}{C}} \right] (CH_2)_4 COOH$$

polymeres   Anhydrid

Adipinsäure   Cyclopentanon

22.4.3 Spezielle Dicarbonsäuren

Neben <u>gesättigten</u> Dicarbonsäuren gibt es auch <u>ungesättigte</u> und <u>aroma-</u>
<u>tische Dicarbonsäuren</u>, wovon Maleinsäure, Fumarsäure und die Benzol-
dicarbonsäuren besondere Bedeutung haben.

Maleinsäure und Fumarsäure sind cis-trans-Isomere. Bei der Maleinsäure sind die beiden Carboxyl-Gruppen räumlich benachbart (cis-Anord-

nung) und ermöglichen die Bildung eines Anhydrids im Gegensatz zur Fumarsäure:

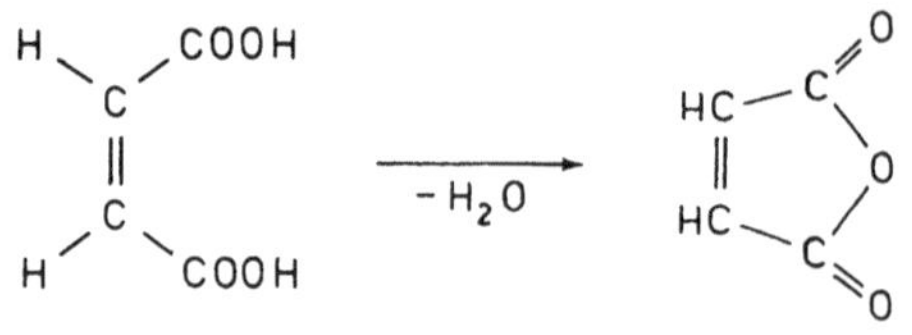

Maleinsäure Maleinsäureanhydrid

Maleinsäure und Fumarsäure können durch Erhitzen im Einschlußrohr oder UV-Bestrahlung wechselseitig umgewandelt werden (Isomerisierung):

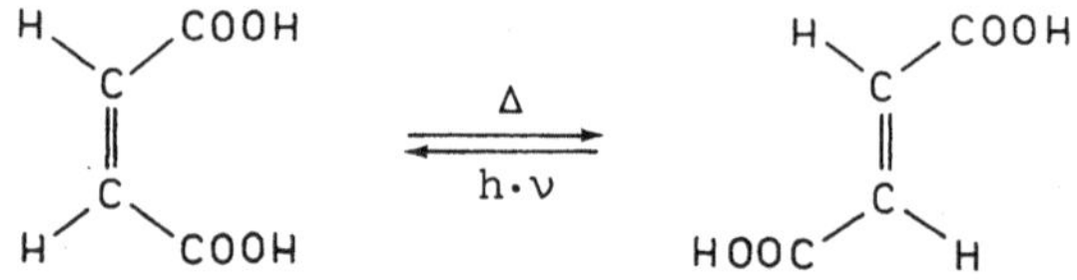

Maleinsäure (cis) Fumarsäure (trans)

o-Phthalsäure (Benzol-o-dicarbonsäure) findet zur Synthese von Farbstoffen Verwendung. Sie läßt sich durch Wasserabspaltung leicht in ihr Anhydrid überführen, das ebenfalls als Ausgangsverbindung für chemische Synthesen vielfache Anwendung findet:

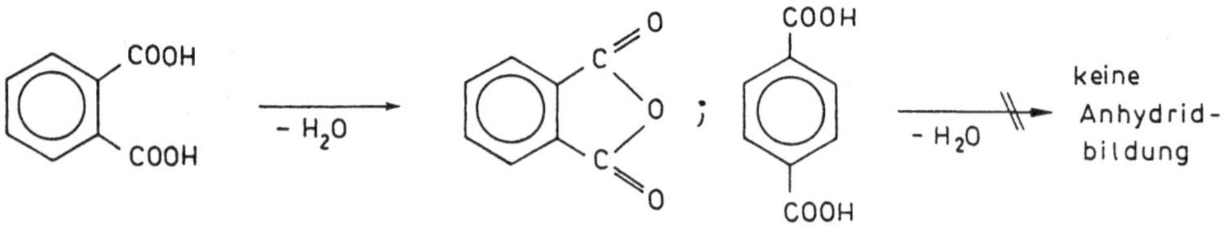

Phthalsäure Phthalsäure-anhydrid Terephthal-säure

Die Benzol-p-dicarbonsäure wird auch Terephthalsäure genannt. Sie besitzt zur Darstellung von Kunststoffen (Polyesterfaser) wie Trevira, Diolen u.a. technische Bedeutung.

22.4.4 Cyclisierungen von Dicarbonsäure-Estern zu carbocyclischen Ringsystemen

Dieckmann-Reaktion

Ester von Dicarbonsäuren können die Claisen-Reaktion (s. Kap. 23.3.1) wie üblich intermolekular, in einigen Fällen aber auch intramolekular eingehen, wobei cyclische Ketoester entstehen. Dies erlaubt den Aufbau **fünf-** und **sechsgliedriger** Ringsysteme.

Beispiel:

Adipinsäure-diethylester

NaOEt
-EtOH

2-Carbethoxy-cyclopentanon
2-Oxocyclopentan-
1-carbonsäure-ethylester

22.5 Hydroxy- und Oxo-Carbonsäuren

Außer den bisher besprochenen Carbonsäuren mit einer oder mehreren Carboxyl-Gruppen gibt es auch solche, die daneben andere funktionelle Gruppen tragen. Diese haben z.T. in der Chemie der Naturstoffe große Bedeutung. Zu ihnen zählen u.a.

die Aminosäuren mit einer NH_2-Gruppe,

die Hydroxy-carbonsäuren mit einer oder mehreren OH-Gruppen und

die Oxo-carbonsäuren (früher: Ketocarbonsäuren), die Keto-Gruppen enthalten (auch Oxosäuren genannt).

Man kennt aliphatische und aromatische Hydroxy-carbonsäuren mit einer oder mehreren Carboxyl-Gruppen.

Beispiele auf nachfolgender Seite:

Tabelle 20

	Formel	Fp. $^{\circ}$C	Vorkommen
Hydroxysäuren			
Glykolsäure, Hydroxyethansäure	CH_2-COOH $\quad\vert$ $\quad OH$	79	in unreifen Weintrauben u. Zuckerrohr
Milchsäure 2-Hydroxypropansäure	$CH_3-CH-COOH$ $\qquad\vert$ $\qquad OH$	L-Form: 25 Racemat:18	L(+)-Milchsäure: Abbauprodukt der Kohlenhydrate im Muskel; Salze: Lactate
Glycerinsäure, 2,3-Dihydroxypropansäure	$CH_2-CH-COOH$ $\quad\vert\qquad\vert$ $\quad OH\quad OH$	sirup.	wichtiges Zwischenprodukt im Kohlenhydratstoffwechsel; Salze: Glycerate
L(−)-Äpfelsäure, 2-Hydroxybutandisäure	$HOOC-CH_2-CH-COOH$ $\qquad\qquad\qquad\vert$ $\qquad\qquad\qquad OH$	100-101	in unreifen Äpfeln u.a. Früchten, bes. in Vogelbeeren: Salze: Malate
(+)-Weinsäure, 2,3-Dihydroxybutandisäure	$HOOC-CH-CH-COOH$ $\qquad\quad\vert\qquad\vert$ $\qquad\quad OH\quad OH$	170	in Früchten; Salze: Tartrate
Citronensäure, 2-Hydroxy-1,2,3-propantricarbonsäure	$\qquad\qquad OH$ $\qquad\qquad\vert$ $HOOC-{}^{\alpha}CH_2-{}^{\beta}C-{}^{\alpha}CH_2-COOH$ $\qquad\qquad\vert$ $\qquad\qquad COOH$	153	in Citrusfrüchten u.a., Citrat-Cyclus; Salze: Citrate
Oxosäuren			
Brenztraubensäure, 2-Oxopropansäure	$CH_3-C-COOH$ $\qquad\Vert$ $\qquad O$	Fp. 14 Kp.165	zentrales Zwischenprodukt d. Stoffwechsels; Salze: Pyruvate
Acetessigsäure 3-Oxobutansäure	CH_3-C-CH_2-COOH $\qquad\Vert$ $\qquad O$	unbeständig	als Ketonkörper i. Harn v. Diabetikern; Salze: Acetacetate
Oxalessigsäure, 2-Oxobutandisäure	$HOOC-C-CH_2-COOH$ $\qquad\quad\Vert$ $\qquad\quad O$	unbeständig	wichtiges Zwischenprodukt d. Stoffwechsels; Salze: Oxalacetate
E-9-Oxo-2-decensäure	(Strukturformel)		Pheromon der Honigbienenkönigin
Lactone			
L(+)-Ascorbinsäure (Vit. C) γ-Lacton von 2-Keto-L-gulonsäure	(Strukturformel)	235°Z	in frischen Früchten; bei Fehlen: → Scorbut; techn. Synthese aus Glucose

Tabelle 20 (Fortsetzung)

	Formel	Fp. °C	Vorkommen
Cumarin δ-Lacton der Cumarinsäure	(Struktur)	68 °C	Waldmeister, Lavendel

(Struktur) Salicylsäure 2-Hydroxybenzol-carbonsäure	$O{=}C-COOH$, CH_2, $H_2C-COOH$ α-Ketoglutarsäure 2-Oxopentan-disäure	CH_3, $\overset{\beta}{C}HOH$, $\overset{\alpha}{C}H_2$, $COOH$ 3-Hydroxy-butansäure = β-Hydroxy-buttersäure

Die Oxalessigsäure weist Keto-Enol-Tautomerie und cis-trans-Isomerie
auf. Folgende Verhältnisse liegen vor:

Enol-Form		Keto-Form		Enol-Form	Tautomerie

$$HO-C-COOH \;\; \rightleftharpoons \;\; O{=}C-COOH \;\; \rightleftharpoons \;\; HO-C-COOH$$
$$HOOC-C-H \qquad\qquad H_2C-COOH \qquad\qquad H-C-COOH$$

Hydroxyfumarsäure   Oxalessigsäure   Hydroxymaleinsäure

trans   cis   Isomerie

22.5.1 Hydroxy-Carbonsäuren

22.5.1.1 Darstellung von Hydroxy-carbonsäuren und -estern

Erwähnt sei die Hydrolyse von Cyanhydrinen zu α-Hydroxy-carbon-
säuren:

$$R-CHO \; + \; HCN \; \longrightarrow \; R-\underset{OH}{CH}-CN \; \xrightarrow[-NH_3]{+2\,H_2O} \; R-\underset{OH}{CH}-COOH$$

22.5.1.2 Reaktionen von Hydroxy-Carbonsäuren

Das chemische Verhalten der Hydroxy-carbonsäuren wird durch beide
funktionelle Gruppen bestimmt. Beim Erhitzen spalten sie Wasser ab,
wobei verschiedene Verbindungen erhalten werden.

- Aus α-Hydroxysäuren entstehen durch *inter*molekulare Wasser-Abspaltung cyclische Ester, die *Lactide*:

$$H_3C-\underset{\underset{OH}{\overset{||}{C}}}{\overset{H}{\underset{|}{C}}}-OH \quad + \quad HO-\underset{\underset{H}{|}}{\overset{\overset{O}{\diagup}}{\underset{|}{C}}}-CH_3 \quad \xrightarrow{-2H_2O}$$

Milchsäure

3,6-Dimethyl-1,4-dioxan-2,5-dion
(Lactid)

- Bei β-Hydroxysäuren erfolgt *intra*molekulare Wasser-Abspaltung unter Bildung α,β-ungesättigter Carbonsäuren:

$$\underset{OH}{\overset{}{CH_2}}-CH_2-COOH \quad \xrightarrow{-H_2O} \quad CH_2{=}CH-COOH$$

β-Hydroxy-propionsäure,   Acrylsäure,
3-Hydroxy-propansäure   Propensäure

22.5.2 Oxocarbonsäuren (Ketocarbonsäuren)

22.5.2.1 Darstellung von 2-Oxocarbonsäuren (α-Ketocarbonsäuren)

① Hydrolyse von Acylcyaniden, aus Säurechloriden und Cyaniden erhältlich, zu 2-Oxocarbonsäuren

$$R-C{\overset{\diagup O}{\diagdown Cl}} \quad \xrightarrow[-CuCl_2]{+CuCN} \quad R-C{\overset{\diagup O}{\diagdown CN}} \quad \xrightarrow[-NH_3]{+2H_2O} \quad R-\overset{\overset{O}{||}}{C}-C{\overset{\diagup O}{\diagdown OH}}$$

② Dehydrieren (Oxidation) von Hydroxysäuren

Glyoxylsäure entsteht durch Oxidation mit Bleitetraacetat aus Weinsäure, Brenztraubensäure aus Milchsäure.

$$\underset{HO-CH-COOH}{\overset{HO-CH-COOH}{|}} \quad \xrightarrow{-H_2} \quad 2\ O{=}CH-COOH$$

Weinsäure   Glyoxylsäure

22.5.2.2 3-Oxocarbonsäuren (β-Keto-carbonsäuren)

Im Gegensatz zu den 2-Oxocarbonsäuren sind 3-Oxocarbonsäuren unbeständig. So zerfällt Acetessigsäure leicht in Aceton und CO_2 *(Decarboxylierung)*. Im Organismus werden 3-Oxocarbonsäuren ebenfalls durch Decarboxylierungsreaktionen abgebaut (z.B. im Citrat-Cyclus, Bildung von Keto-Verbindungen bei Diabetikern).

Beispiele:

$$O=C-COOH$$
$$|$$
$$H-C-COOH \quad \xrightarrow{-CO_2} \quad O=C-COOH$$
$$| \qquad\qquad\qquad\qquad\qquad |$$
$$H_2C-COOH \qquad\qquad\qquad CH_2$$
$$|$$
$$H_2C-COOH$$

Oxalbernsteinsäure α-Ketoglutarsäure
 2-Oxopentandisäure

$$H_3C-\overset{\beta}{C}-\overset{\alpha}{C}H_2-COOH \quad \xrightarrow{-CO_2} \quad H_3C-\overset{\overset{O}{\|}}{C}-CH_3$$
$$\|$$
$$O$$

Acetessigsäure   Aceton

22.5.2.3 Keto-Enol-Tautomerie / Oxo-Enol-Tautomerie

Wie bei Ketonen gibt es auch bei Ketosäuren Keto-Enol-Tautomerie. Die Keto-Enol-Tautomerie wurde am *Acetessigsäure-ethylester* untersucht:

$$R-\underset{\underset{O}{\|}}{\overset{\overset{H}{|}}{C}}-\underset{\underset{H}{|}}{C}-R' \; \rightleftharpoons \; R-C=\underset{\underset{OH}{|}}{\overset{\overset{H}{|}}{C}}-R' \qquad H_3C-\underset{\underset{O}{\|}}{C}-\underset{\underset{H}{|}}{\overset{\overset{H}{|}}{C}}-\underset{\underset{O}{\|}}{C}-OC_2H_5 \; \rightleftharpoons \; H_3C-C=\underset{\underset{OH}{|}}{\overset{\overset{H}{|}}{C}}-\underset{\underset{O}{\|}}{C}-OC_2H_5$$

Keto-Form   Enol-Form   92,5 %   Acetessigester   7,5 %
 (allgemein)

An der Tautomerie ist die CH_2-Gruppe beteiligt, denn beim Übergang zur Enol-Form entsteht eine C=C-Doppelbindung, die zur O=C-Doppelbindung in Konjugation treten kann. Der enolische Anteil beträgt bei reinem Acetessigester 7,5 %, in wäßriger Lösung 0,4 % und in alkoholischer 12 % und ist also vom Lösungsmittel abhängig.

Acetessigester kann in verschiedener Weise reagieren: In Gegenwart von Natrium bzw. starken Basen wie eine CH-acide Säure, mit Phenylhydrazin

wie ein <u>Keton</u> (Phenylhydrazon-Bildung) und gegenüber Brom wie ein
<u>Olefin</u> (Brom-Anlagerung). Die Brom-Anlagerung kann zur quantitativen
Bestimmung des enolischen Anteils im Gleichgewicht herangezogen werden, da die Gleichgewichtseinstellung verhältnismäßig langsam erfolgt. -
Der qualitative Nachweis erfolgt mit $FeCl_3$-Lösung, das mit dem Enol
einen Komplex bildet: Mit $FeCl_3$ entsteht eine tiefrote Lösung.

$$H_3C-\underset{\underset{HO}{|}}{C}=CH-\underset{\underset{O}{\|}}{C}-OC_2H_5 \xrightarrow{Br_2} H_3C-\underset{\underset{HO}{|}}{\overset{\overset{Br}{|}}{C}}-\underset{\underset{H}{|}}{\overset{\overset{Br}{|}}{C}}-\underset{\underset{O}{\|}}{C}-OC_2H_5 \xrightarrow{-HBr} H_3C-\underset{\underset{O}{\|}}{\overset{\overset{Br}{|}}{C}}-\underset{\underset{H}{|}}{C}-\underset{\underset{O}{\|}}{C}-OC_2H_5$$

23 Derivate der Carbonsäuren

Zu den wichtigsten Reaktionen der Carbonsäuren zählt der Ersatz der
OH-Gruppe durch eine andere funktionelle Gruppe Y. Die entstehenden
Produkte werden als Carbonsäure-Derivate bezeichnet und können allge-
mein als R-C=O formuliert werden.
$$R-\overset{\displaystyle |}{\underset{\displaystyle Y}{C}}=O$$

Die Derivate lassen sich meist leicht ineinander überführen und haben
daher präparativ große Bedeutung. Es gibt folgende Verbindungstypen,
die <u>in der Reihenfolge zunehmender Reaktivität gegenüber Nucleophilen
geordnet</u> sind:

$$
R-\underset{OH}{C}=O \; < \; R-\underset{NH_2}{C}=O \; < \; R-\underset{OR}{C}=O \; < \; R-\underset{SR}{C}=O \; < \; R-\underset{\underset{R-C=O}{O}}{C}=O \; < \; R-\underset{Cl}{C}=O
$$

Carbon- säure	-amid	-ester	-thioester	-anhydrid	-chlorid (-halogenid)

$$CH_3-\underset{NH_2}{C}=O \qquad CH_3-\underset{OCH_2CH_3}{C}=O \;) \qquad CH_3-\underset{\underset{CH_3-C=O}{O}}{C}=O \qquad CH_3-\underset{Cl}{C}=O$$

$$CH_3-COOEt$$

Essigsäure-amid	-ethylester	-anhydrid	-chlorid
Acetamid	Ethylacetat	Acetanhydrid	Acetylchlorid

$$HO-\underset{O}{\overset{\parallel}{C}}-NH_2 \qquad H_2N-\underset{O}{\overset{\parallel}{C}}-NH_2 \qquad Cl-\underset{O}{\overset{\parallel}{C}}-Cl \qquad C_2H_5O-\underset{O}{\overset{\parallel}{C}}-NH_2$$

Kohlensäure- -monoamid	-diamid	-dichlorid	Carbaminsäure- ethylester
Carbaminsäure	Harnstoff	Phosgen	Ethylurethan

Benzoyl-
chlorid   Acetyl-salicylsäure   Acetessigsäure-ethylester

                                                          Acetessigester

Benzoyl-Rest: C_6H_5-C

                                          (allgemein: Acyl-Rest)

Acetyl-Rest: CH_3-C

Spezielle Carbonsäure-Derivate

① Aus Säurechloriden entstehen durch HCl-Abspaltung *Ketene*.

$$(C_6H_5)_2CH-C \xrightarrow[- HCl]{(C_2H_5)_3N} (C_6H_5)_2C=C=O$$

Diphenylketen

② Durch Wasserabspaltung werden aus Säureamiden u.a. *Nitrile* (Cyani-
de, R-C≡N) hergestellt.

$$CH_3-C \xrightarrow{- H_2O} CH_3-C≡N \left(\xrightarrow{H^\oplus / H_2O} CH_3-C \right)$$

Acetamid   Acetonitril

$$H-C \xrightarrow{P_4O_{10}} HCN + H_2O$$

Formamid   Cyanwasserstoff
                         (Blausäure)

③ *Phthalimid* bildet sich beim Erhitzen von Phthalsäureanhydrid mit
Ammoniak:

$$\xrightarrow[- H_2O]{+ NH_3}$$; allgemein

Phthalsäureanhydrid   Phthalimid   Carbonsäureimid

23.1 Reaktionen mit Carbonsäure-Derivaten

Die Umsetzung von Carbonsäure-Derivaten mit Nucleophilen verläuft
nach folgendem Schema:

$$
HBI + \overset{\overset{\textstyle R}{|}}{\underset{\underset{\textstyle Y}{|}}{C}}=O \;\rightleftharpoons\; H-\overset{\oplus}{B}-\overset{\overset{\textstyle R}{|}}{\underset{\underset{\textstyle Y}{|}}{C}}-\bar{\underline{O}}I^{\ominus} \;\xrightarrow{-H^{\oplus}}\; B-\overset{\overset{\textstyle R}{|}}{\underset{\underset{\textstyle Y}{|}}{C}}-\bar{\underline{O}}I^{\ominus} \;\xrightarrow{-Y^{\ominus}}\; R-\overset{}{\underset{\underset{\textstyle BI}{|}}{C}}=O
$$

$$I$$

Dabei greift HBI an der Carbonyl-Gruppe an und substituiert $YI^{\ominus}$.

<u>Acyl-Verbindungen lassen sich in der Regel leichter substituieren
als Alkyl-Verbindungen</u>. Dies liegt an der größeren Reaktivität der
Carbonyl-Gruppe im Vergleich zu einer Alkyl-Gruppe.

Die Reaktion mit Carbonsäure-<u>Derivaten</u> lassen sich durch <u>Säuren und
Basen</u> katalytisch beschleunigen:

$$
HBI + \overset{\overset{\textstyle R}{|}}{\underset{\underset{\textstyle Y}{|}}{C}}=\bar{\underline{O}} + H^{\oplus} \;\rightleftharpoons\; H-\overset{\oplus}{B}-\overset{\overset{\textstyle R}{|}}{\underset{\underset{\textstyle Y}{|}}{C}}-\bar{\underline{O}}-H \;\xrightarrow{-H^{\oplus}}\; IB-\overset{\overset{\textstyle R}{|}}{\underset{\underset{\textstyle Y}{|}}{C}}-O-H \;\xrightarrow{-H^{\oplus},-Y^{\ominus}}\; R-\overset{}{\underset{\underset{\textstyle BI}{|}}{C}}=O
$$

Die <u>Basen-Katalyse</u> beruht darauf, daß in einer Gleichgewichtsreaktion
das viel reaktionsfähigere Anion $BI^{\ominus}$ gebildet wird, das nun als Nucleophil reagieren kann:

(1) $\quad HB + IOH^{\ominus} \;\rightleftharpoons\; H_2O + BI^{\ominus}$

(2) $\quad BI^{\ominus} + \overset{\overset{\textstyle R}{|}}{\underset{\underset{\textstyle Y}{|}}{C}}=\underline{O}I \;\rightleftharpoons\; B-\overset{\overset{\textstyle R}{|}}{\underset{\underset{\textstyle Y}{|}}{C}}-\bar{\underline{O}}I^{\ominus} \;\xrightarrow{-YI^{\ominus}}\; R-\overset{}{\underset{\underset{\textstyle B}{|}}{C}}=O$

Die Carbonsäuren selbst werden dagegen durch Basen-Zusatz in das
mesomeriestabilisierte Carboxylat-Anion überführt und zeigen keine
Reaktivität mehr:

$$
R-C\!\!\underset{OH}{\overset{O}{<}} + OH^{\ominus} \;\longrightarrow\; R-C\!\!\underset{\underline{O}I}{\overset{\bar{O}I}{<}}\,{}^{\ominus} + H_2O
$$

23.1.1 Einige einfache Umsetzungen von Carbonsäure-Derivaten mit Nucleophilen

① *Hydrolyse* von Carbonsäure-Derivaten zu Carbonsäuren (z.B. mit
verd. Säuren oder Laugen):

$$
R-\overset{}{\underset{\underset{\textstyle NH_2}{|}}{C}}=O + H_2O \;\underset{\Delta}{\rightleftharpoons}\; R-\overset{}{\underset{\underset{\textstyle OH}{|}}{C}}=O + NH_3 \qquad (vgl.\ ②)
$$

$$R-\underset{\underset{\displaystyle OR}{|}}{C}=O \quad + \quad H_2O \quad \underset{H^{\oplus}}{\overset{H^{\oplus},\,OH^{\ominus}}{\rightleftharpoons}} \quad R-\underset{\underset{\displaystyle OH}{|}}{C}=O \quad + \quad ROH$$

$$R-\underset{\underset{\displaystyle Cl}{|}}{C}=O \quad + \quad H_2O \quad \longrightarrow \quad R-\underset{\underset{\displaystyle OH}{|}}{C}=O \quad + \quad HCl$$

$$\begin{array}{c} R-C=O \\ | \\ O \\ | \\ R-C=O \end{array} \quad + \quad H_2O \quad \longrightarrow \quad 2\ R-COOH$$

② _Umsetzung von Carbonsäure-Derivaten mit H_2NR' bzw. NH_3_ (für R' = H).
Bei der Aminolyse bzw. Ammonolyse entstehen (N-substituierte) Carbon-
säure-amide. Die wäßrigen Lösungen der Amide reagieren im Gegensatz
zu den Aminen neutral. (Die Carbonsäuren selbst geben mit NH_3 Ammoniumsalze: $CH_3-CH_2-COOH + NH_3 \longrightarrow CH_3-CH_2-COO^{\ominus}NH_4^{\oplus}$.)

$$R-\underset{\underset{\displaystyle NH_2}{|}}{C}=O \quad + \quad H_2NR' \quad \rightleftharpoons \quad R-\underset{\underset{\displaystyle NHR'}{|}}{C}=O \quad + \quad NH_3 \qquad (\text{"Transaminierung"})$$

$$R-\underset{\underset{\displaystyle OR}{|}}{C}=O \quad + \quad H_2NR' \quad \rightleftharpoons \quad R-\underset{\underset{\displaystyle NHR'}{|}}{C}=O \quad + \quad ROH$$

$$R-\underset{\underset{\displaystyle Cl}{|}}{C}=O \quad + \quad H_2NR' \quad \longrightarrow \quad R-\underset{\underset{\displaystyle NHR'}{|}}{C}=O \quad + \quad HCl$$

$$\begin{array}{c} R-C=O \\ | \\ O \\ | \\ R-C=O \end{array} \quad + \quad H_2NR' \quad \longrightarrow \quad R-\underset{\underset{\displaystyle NHR'}{|}}{C}=O \quad + \quad R-COOH$$

③ _Umsetzungen mit ROH zu Carbonsäure-estern_. Die niederen Glieder
der Carbonsäure-ester haben einen fruchtartigen Geruch und werden
u.a. als künstliche Aromastoffe verwendet, z.B. Buttersäureethyl-
ester (Ananas):

$$R-\underset{\underset{\displaystyle NH_2}{|}}{C}=O \quad + \quad HOR' \quad \rightleftharpoons \quad R-\underset{\underset{\displaystyle OR'}{|}}{C}=O \quad + \quad NH_3$$

$$R-\underset{\underset{OR'}{|}}{C}=O \quad + \quad HOR'' \quad \rightleftharpoons \quad R-\underset{\underset{OR''}{|}}{C}=O \quad + \quad HOR' \quad (\text{"Umesterung"})$$

$$\underset{\underset{\underset{\underset{R-C=O}{|}}{O}}{|}}{R-C=O} \quad + \quad HOR' \quad \longrightarrow \quad R-COOH \quad + \quad R-COOR'$$

④ *Die Acylierung* ist eine wichtige analytische Methode zur Charakterisierung von Alkoholen durch Derivatbildung. Dabei werden Säurechloride mit Alkoholen umgesetzt; zum Abfangen des gebildeten HCl dient oft Pyridin.

$$R-\underset{\underset{Cl}{|}}{C}=O \quad + \quad HOR' \quad \longrightarrow \quad R-\underset{\underset{OR'}{|}}{C}=O \quad + \quad HCl$$

⑤ *Die Reaktion von Alkoholen mit Orthocarbonsäurechloriden* führt zu Estern der instabilen Orthosäuren, die gegen Basen beständig sind mit Säuren jedoch hydrolysieren. Sie dienen zur Herstellung von Ketalen und bei Synthesen zum Abfangen von H_2O.

$$HCCl_3 \quad + \quad 3\ C_2H_5\bar{O}|^{\ominus} \quad \longrightarrow \quad H-C\!\!\begin{array}{l} {}^{OC_2H_5} \\ {-OC_2H_5} \\ {}_{OC_2H_5} \end{array} \quad \xrightarrow[-2\,Et\,OH]{+\,H_2O} \quad H-C\!\!\begin{array}{l}{}^{\diagup O}\\{}_{\diagdown OC_2H_5}\end{array}$$

Chloroform
Ortho-
ameisensäure-
chlorid

Orthoameisensäure-
triethylester

Ethylformiat

$$H_2C\!\!\begin{array}{l}{}^{\diagup O\,C_2H_5}\\{}_{\diagdown O\,C_2H_5}\end{array}$$

$$+\,H_2O \quad \Big| \quad -Et\,OH$$

$$H-C\!\!\begin{array}{l}{}^{\diagup O}\\{}_{\diagdown OH}\end{array}$$

Ameisensäure

23.2 Darstellung von Carbonsäure-Derivaten

Reaktionen mit Säurechloriden, -estern u. a. Carbonsäure-Derivaten verlaufen oft exotherm, relativ schnell und mit hohen Ausbeuten, so daß man von <u>energiereichen</u> Carbonsäure-Derivaten spricht.

192

Beispiel: Darstellung von <u>Barbitursäure</u>:

$$O=C{\overset{\displaystyle NH_2}{\underset{\displaystyle NH_2}{}}} \;+\; {\overset{\displaystyle C_2H_5-O-\overset{O}{\overset{\|}{C}}}{\underset{\displaystyle C_2H_5-O-\underset{O}{\underset{\|}{C}}}{}}}CH_2 \;\longrightarrow\; O=C{\overset{\displaystyle \overset{H}{N}-\overset{O}{\overset{\|}{C}}}{\underset{\displaystyle \underset{H}{N}-\underset{O}{\underset{\|}{C}}}{}}}CH_2 \;+\; 2\ C_2H_5OH$$

Harnstoff   Malonsäure-   Barbitursäure   Ethanol
            diethylester

23.2.1 Carbonsäureanhydride

Die präparativ wichtigen <u>Säureanhydride</u> können aus Dicarbonsäuren durch Erhitzen oder aus aliphatischen Monocarbonsäuren durch Umsetzung der Säurechloride mit Carbonsäuren hergestellt werden. Eine Base, z.B. Pyridin, dient zum Abfangen des gebildeten HCl.

$$R^1-COOH \;+\; R^2-COCl \;\xrightarrow{\ (\text{Base})\ }\; R^1-\underset{O}{\overset{\|}{C}}-O-\underset{O}{\overset{\|}{C}}-R^2 \;+\; HCl$$

<u>Säureanhydride mit gleichen Resten R erhält man bei der Dehydrati-</u>
<u>sierung von 2 Molekülen der Monocarbonsäure mit</u> P_4O_{10}:

$$2\ R-COOH \;\xrightarrow{\ P_4O_{10}\ }\; R-\underset{O}{\overset{\|}{C}}-O-\underset{O}{\overset{\|}{C}}-R$$

23.2.2 Carbonsäurehalogenide

Säurechloride erhält man z.B. durch Umsetzung von Carbonsäuren mit $SOCl_2$ oder Phosphorhalogeniden:

$$R-COOH \;+\; PCl_5 \;\longrightarrow\; R-C{\overset{\displaystyle O}{\underset{\displaystyle Cl}{}}} \;+\; POCl_3 \;+\; HCl$$

23.2.3 Carbonsäureamide

<u>Carbonsäureamide</u> werden durch Umsetzung von Estern oder Säurehalogeniden mit NH_3 (bzw. Aminen) hergestellt. Auch beim Erhitzen entspr. Ammoniumsalze entstehen Säureamide:

$$R-COO^{\ominus}NH_4^{\oplus} \xrightarrow{\Delta} R-C\overset{\displaystyle O}{\underset{\displaystyle NH_2}{\diagup}} \quad + \quad H_2O$$

Technische Bedeutung hat die *Beckmann-Umlagerung* (Oxim-Amid-Umlagerung) zur Synthese von Amiden. Ketoxime lagern sich bei der Einwirkung konzentrierter Mineralsäuren in die isomeren Carbonsäureamide bzw. Anilide um:

$$\underset{C_6H_5}{\overset{C_6H_5}{\diagdown}}C=N-OH \xrightarrow{(H_2SO_4)} C_6H_5-\underset{O}{\overset{\|}{C}}-NH-C_6H_5$$

Benzophenonoxim   Benzanilid

Mechanismus

$$\underset{R'}{\overset{R}{\diagdown}}C=N\diagdown_{OH} \xrightarrow{+H^{\oplus}} \underset{R'}{\overset{R}{\diagdown}}C=N\overset{\oplus}{\diagdown}_{OH_2} \xrightarrow{-H_2O} \left[R'-\overset{\oplus}{C}=\underline{N}-R \longleftrightarrow R'-C\equiv\overset{\oplus}{N}-R \right]$$

$$\xrightarrow{+H_2O} R'-\overset{\overset{\displaystyle OH}{|}}{C}=\overset{\oplus}{N}H-R \xrightarrow{-H^{\oplus}} R'-\underset{O}{\overset{\|}{C}}-NH-R$$

Angewandt wird diese Reaktion bei der Darstellung von Perlon (Polycaprolactam). Die Beckmann-Umlagerung von Cyclohexanonoxim führt zu ε-Caprolactam, das leicht zu dem Polyamid weiterreagiert:

Cyclohexanonoxim

$$\xrightarrow{H_2O} H_2N-(CH_2)_5-CO_2H \xrightarrow[-H_2O]{+n\ \text{Caprolactam}} H\left(NH-(CH_2)_5-\underset{O}{\overset{\|}{C}}\right)_{n+1}OH$$

ε-Caprolactam

23.2.4 Carbonsäureester

① aus Carbonsäuren und Alkoholen

Von den Umsetzungen der Carbonsäure-Derivate sei die Veresterung und ihre Umkehrung, die *Verseifung oder Esterhydrolyse*, eingehender besprochen:

$$CH_3COOH \; + \; C_2H_5OH \; \underset{(H^\oplus,OH^\ominus)}{\overset{(H^\oplus)}{\rightleftharpoons}} \; CH_3COOC_2H_5 \; + \; H_2O$$

$$K = \frac{c(CH_3COOC_2H_5) \cdot c(H_2O)}{c(CH_3COOH) \cdot c(C_2H_5OH)} \approx 4$$

Veresterung

Die Einstellung des Gleichgewichts dieser Umsetzung läßt sich erwartungsgemäß durch Zusatz starker Säuren katalytisch beschleunigen. Im gleichen Sinne wirkt eine Erhöhung der Reaktionstemperatur. Da eine Gleichgewichtsreaktion vorliegt, wird auch die Rückreaktion, d.h. die Hydrolyse des gebildeten Esters, beschleunigt. Will man das Gleichgewicht auf die Seite des Esters verschieben, muß man die Konzentrationen der Reaktionspartner verändern:

a) Eine der Ausgangskomponenten (meist der billigere Alkohol) wird im 5- bis 10-fachen Überschuß eingesetzt.

Beispiel zur Ausbeuteberechnung für einen Ansatz mit 1 mol Säure und 10 mol Alkohol. Aus der Reaktionsgleichung läßt sich entnehmen: Säure und Alkohol reagieren im Molverhältnis 1 : 1. Ihre Konzentrationen nehmen bis zum Gleichgewicht um den Wert x ab. Im Gleichgewicht beträgt $c(C_2H_5OH) = 10 - x$ und $c(CH_3COOH) = 1 - x$. Demgegenüber steigen die Konzentrationen von Ester und Wasser jeweils von Null auf x an. Somit ergibt sich für die Ester-Ausbeute, bezogen auf die eingesetzte Säure:

$$K = \frac{x \cdot x}{(1 - x)(10 - x)} = 4; \quad x = 0,97, \text{ d.h. 97 Mol\% Ester}$$

b) Das entstehende Wasser wird aus dem Gleichgewicht entfernt, z.B. durch die Katalysatorsäure (H_2SO_4 u.a.).

Verseifung

Die Veresterung kann wegen der Reaktionsträgheit des Carboxylat-Anions nicht durch Basen katalysiert werden. Dieser Nachteil wirkt sich bei der Umkehrung der Esterbildung, der Verseifung, zum Vorteil aus.

Die alkalische Esterhydrolyse liefert das Carboxylat-Ion. Dieses ist gegenüber Nucleophilen fast völlig inert (man kann damit z.B. kein Carbonsäure-Derivat herstellen). Die alkalische Esterverseifung läuft also praktisch irreversibel ab: Das Hydroxid-Ion wird verbraucht unter Bildung eines Alkohols sowie eines Säure-Anions:

Die säurekatalysierte Ester-Spaltung ist dagegen reversibel, das Proton wirkt als Katalysator. Die Esterspaltung verläuft im Prinzip unter Umkehr der Veresterungsmechanismen, so z.B.:

② Weitere Methoden zur Darstellung von Carbonsäureestern:

Umsetzung von Säurechloriden und Alkoholen:

$$R-C\big(^{O}_{Cl}\ +\ R'-OH\ \xrightarrow[-HCl]{}\ R-COOR'$$

③ Die Umesterung: Ester können mit Alkoholen eine Alkoholyse eingehen. Diese Reaktion wird wie die Hydrolyse durch Säuren (z.B. H_2SO_4) oder Basen (z.B. entspr. Alkoholat-Ionen) katalysiert. Der Reaktionsmechanismus ist analog. Da eine Gleichgewichtsreaktion vorliegt, wird bei der praktischen Durchführung ein Produkt abdestilliert oder der Ausgangsalkohol im Überschuß eingesetzt. Die Umesterung ist vorteilhaft für die Darstellung von Estern hochsiedender Alkohole (z.B. aus einem Methyl- oder Ethylester).

Benzylalkohol   Essigsäureethylester   Essigsäurebenzylester

④ Eine elegante Methode speziell zur Darstellung von Methylestern ist die (säurefreie!) Alkylierung von Carbonsäuren mit Diazomethan

Beispiel:

Benzoesäure   Diazomethan   Benzoesäure-
methylester

Tabelle 21. Eigenschaften und Verwendung einiger Säurederivate

Verbindung	Formel	Fp. $^{\circ}$C	Kp. $^{\circ}$C	Verwendung
Chloride:				
Acetylchlorid	CH_3-COCl	-112	51	Acetylierungsmittel
Benzoylchlorid	C_6H_5-COCl	-1	197	
Phosgen	$O=CCl_2$	-126	8	Farbstoffindustrie
Anhydride:				
Acetanhydrid	$(CH_3CO)_2O$	-73	139	Acetylierungsmittel
Bernsteinsäure-anhydrid		120	261	
Maleinsäure-anhydrid		53	202	Dien-Synthesen
Phthalsäure-anhydrid		132	285	Farbstoffindustrie
Ester:				
Ameisensäure-ethylester (Ethylformiat)	$HCOOC_2H_5$	-81	54	Lösungsmittel, Aromastoff für Rum und Arrak
Essigsäure-ethylester (Ethylacetat)	$CH_3-COOC_2H_5$	-83	77	Lösungsmittel
Essigsäure-isobutylester (Isobutylacetat)	$CH_3-COOCH_2CH(CH_3)_2$	-99	118	Lösungsmittel, Aromastoffe
Benzoesäure-ethylester (Ethylbenzoat)	$C_6H_5-COOC_2H_5$	-34	213	
Phthalsäure-dibutylester, Dibutylphthalat	$COOC_4H_9$ / $COOC_4H_9$		340	Weichmacher (Nitrocellulose, Lacke, PVC)
Acetessigsäure-ethylester	$CH_3-CO-CH_2-COOC_2H_5$	-44	181	Synth. v. Pyrazolonfarbstoffen u. Pharmazeutika
Malonsäure-diethylester	$CH_2(COOC_2H_5)_2$	-50	199	Malonester-Synthesen, Barbiturate

Tabelle 21 (Fortsetzung)

Verbindung	Formel	Fp. °C	Kp. °C	Verwendung
Amide:				
Formamid	$HCONH_2$	2	105/ 11 Torr	Lösungsmittel
N,N-Dimethyl-formamid	$HCON(CH_3)_2$		155	Lösungsmittel
Acetamid	$CH_3{-}CONH_2$	82	221	
Benzamid	$C_6H_5{-}CONH_2$	130		
Cyanamid	$H_2N{-}CN$	43 – 44		Düngemittel
Harnstoff	$O{=}C(NH_2)_2$	133		Düngemittel, Harnstoff-Form-aldehyd-Harze
Nitrile:				
Blausäure	HCN	−13	26	Cyanhydrin-Synthesen
Acetonitril (Methylcyanid)	$CH_3{-}CN$	−45	82	
Acrylnitril	$CH_2{=}CH{-}CN$	−82	78	Polyacrylnitril
Benzonitril	$C_6H_5{-}CN$	−13	191	

23.3 Knüpfung von C–C-Bindungen mit Estern über Carbanionen

Mit Carbonsäureestern lassen sich Reaktionen z.B. vom Typ der Aldol-
Reaktion durchführen. Häufig verwendet man hierzu 1,3-Ketoester oder
1,3-Diester, deren α-H-Atom durch zwei funktionelle Gruppen aktiviert
ist. Bevorzugt werden Ethylester genommen und als Base Ethanolat-
Ionen in stöchiometrischen Konzentrationen hinzugefügt.
Beispiele:

23.3.1 Claisen-Reaktion zur Darstellung von 1,3-Ketoestern (β-Keto-estern)

Die Claisen-Reaktion nur mit Estern, oder mit einem Ester und einem
Keton, gibt *1,3-Dicarbonyl-Verbindungen*. Durch Mono- oder Dialkylie-
rung können aus ihnen neue 1,3-Dicarbonyl-Verbindungen erhalten werden; Reduktion gibt 1,3-Diole.

Synthese von Acetessigester

Von präparativer Bedeutung ist der Ethylester der Acetessigsäure
(Acetessigester), der durch Claisen-Kondensation aus Essigsäureethylester (Essigester) mit starken Basen (Na-Ethylat oder Natriumamid)
dargestellt wird (Lösungsmittel: Ethanol):

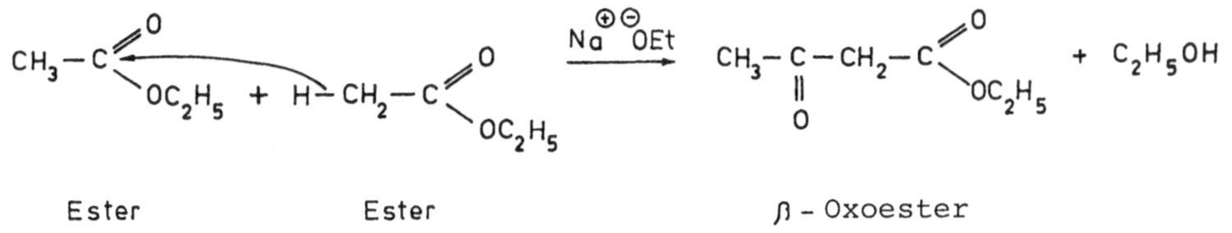

$$CH_3-C\!\!\begin{smallmatrix}O\\\\OC_2H_5\end{smallmatrix} \; + \; H-CH_2-C\!\!\begin{smallmatrix}O\\\\OC_2H_5\end{smallmatrix} \quad\xrightarrow{Na^{\oplus}\,OEt^{\ominus}}\quad CH_3-\underset{O}{C}-CH_2-C\!\!\begin{smallmatrix}O\\\\OC_2H_5\end{smallmatrix} \; + \; C_2H_5OH$$

Ester   Ester   β - Oxoester

Hier wird unter dem Einfluß einer Base erst ein Proton abgespalten:

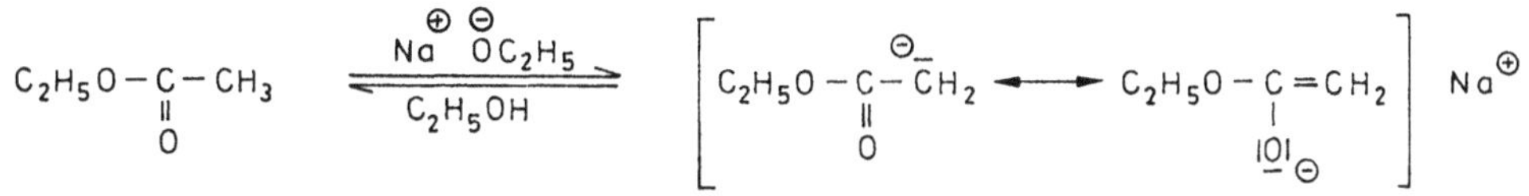

$$C_2H_5O-\underset{O}{C}-CH_3 \quad \underset{C_2H_5OH}{\overset{Na^{\oplus}\,OC_2H_5^{\ominus}}{\rightleftharpoons}} \quad \left[C_2H_5O-\underset{O}{C}-\overset{\ominus}{C}H_2 \longleftrightarrow C_2H_5O-\underset{\underline{|O|^{\ominus}}}{C}=CH_2 \right] Na^{\oplus}$$

Die entstandene Methylen-Komponente addiert sich an die Carbonyl-
Gruppe eines weiteren Ester-Moleküls (Ester-Komponente). Das instabile Zwischenprodukt wird durch Abspaltung eines Ethanolat-Ions
stabilisiert:

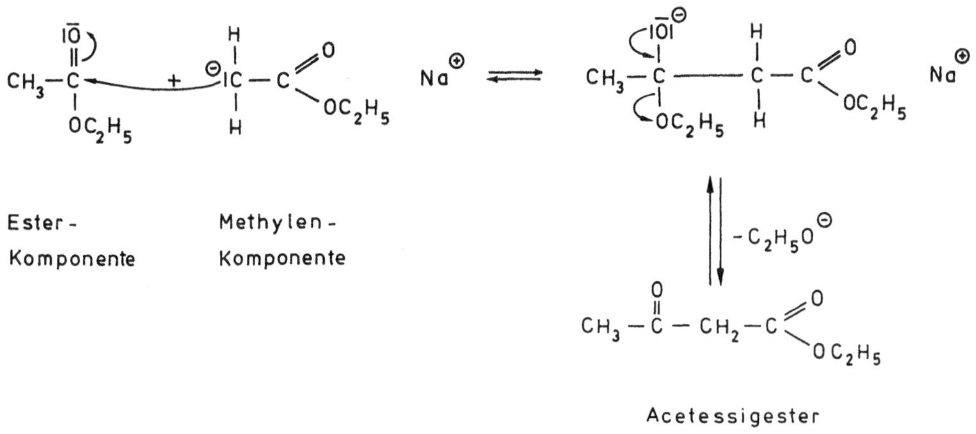

$$CH_3-\underset{OC_2H_5}{\overset{|\overline{O}|}{C}} \; + \; {}^{\ominus}|\underset{H}{\overset{H}{C}}-C\!\!\begin{smallmatrix}O\\\\OC_2H_5\end{smallmatrix} \quad Na^{\oplus} \;\rightleftharpoons\; CH_3-\underset{OC_2H_5}{\overset{|\overline{O}|^{\ominus}}{C}}-\underset{H}{\overset{H}{C}}-C\!\!\begin{smallmatrix}O\\\\OC_2H_5\end{smallmatrix} \quad Na^{\oplus}$$

Ester-   Methylen-

Komponente   Komponente

$$\Big\updownarrow \; -C_2H_5O^{\ominus}$$

$$CH_3-\underset{O}{C}-CH_2-C\!\!\begin{smallmatrix}O\\\\OC_2H_5\end{smallmatrix}$$

Acetessigester

Der gebildete Oxoester ist stärker sauer als Ethanol, d.h. er gibt
im nächsten Reaktionsschritt ein Proton an ein Ethanolat-Ion ab. Im
Unterschied zur Aldol-Reaktion müssen hier also äquimolare Mengen
Base eingesetzt werden, während dort katalytische Mengen ausreichen.

Dadurch wird das Gleichgewicht auf die Seite des Na-Acetessigesters
verschoben:

$$CH_3-\underset{\underset{O}{\|}}{C}-CH_2-\underset{\underset{O}{\|}}{C}-OC_2H_5 \; + \; C_2H_5\bar{\underset{}{O}}\text{I}^{\ominus} \; \rightleftharpoons \; C_2H_5OH \; + \; CH_3-\underset{\underset{O^{\ominus}}{\|\cdot}}{C}\text{---}CH-COOC_2H_5 \quad Na^{\oplus}$$

Die Reaktionsmischung enthält das mesomerie-stabilisierte Anion des
Natrium-Acetessigesters, woraus der freie Ester durch Ansäuern erhalten werden kann.

Die Umkehrung der Esterkondensation heißt Esterspaltung.

Acetessigester dient als Ausgangsverbindung für Synthesen, insbes.
von Arzneimitteln.

Synthese von 1,3-Cyclohexandion

Intramolekulare Claisen-Reaktionen, die fünf- oder sechsgliedrige
Ringe geben, treten leicht ein. Sie werden *Dieckmann-Reaktion* genannt

Beispiel: Intramolekulare Reaktion eines Esters mit einem Keton:

δ-Oxoester (1,5-Ketoester)
5-Oxo-hexansäureethylester

1,3-Cyclohexandion

23.3.2 Die Knoevenagel-Reaktion

Die Knoevenagel-Reaktion liefert üblicherweise α,β-*ungesättigte Ester
und Säuren*. Meist läßt man einen 1,3-Diester mit einem Aldehyd reagieren. Aus Malonsäurediethylester und Benzaldehyd entsteht so die
Zimtsäure.

23.3.3 Reaktionen mit 1,3-Dicarbonyl-Verbindungen

1,3-Dicarbonylverbindungen, wie Acetessigester und 1,3-Diester, wie
Malonsäurediester, bilden mesomerie-stabilisierte Anionen, die unterschiedliche Folgereaktionen eingehen können; die erhaltenen Produkte
lassen sich (z.B. in Abbaureaktionen) weiter umsetzen. Die ganze
Reaktionsfolge bezeichnet man oft als Acetessigester- bzw. Malon-
ester-Synthese. Sie liefern u.a. Ketone, Ester und Carbonsäuren.

23.3.3.1 Reaktionen mit Carbanionen aus 1,3-Dicarbonyl-Verbindungen

Synthesen mit Carbanionen seien am Acetessigester erläutert. Das
ambidente Anion des Acetessigesters enthält zwei reaktive nucleophile
Stellen, die z.B. mit Halogenverbindungen umgesetzt werden können:

① *O-Alkylierung*

Natriumacetessigester reagiert mit Acylhalogeniden und reaktiven
Halogenverbindungen wie Allylchlorid in Pyridin zu O-Acyl-Derivaten:

O-Acetyl-acetessigester

② *C-Alkylierung*

Natriumacetessigester gibt mit Alkyl- oder Acylhalogeniden C-Alkyl-
bzw. Acyl-Derivate:

C-Propyl-acetessigester

Der Reaktionsverlauf hängt von der Reaktivität der Halogenverbindung
bzw. des Natriumacetessigesters und von der Polarität des Lösungsmittels ab.

Das Verhältnis O- zu C-Substitution hängt ab vom Lösungsmittel, den
Strukturen der β-Dicarbonyl-Verbindung sowie vom Alkylierungs- bzw.
Acylierungsmittel. Natriumsalze auf der einen sowie Iod-Verbindungen
auf der anderen Seite liefern bevorzugt C-alkylierte Produkte in
Lösungsmitteln wie Ethanol oder Aceton.

23.3.3.2 Abbaureaktionen von 1,3-Dicarbonyl-Verbindungen

① *Keton-Spaltung*

Unter Verseifung des Oxoesters mit verd. Laugen oder Säuren und
nachfolgender Decarboxylierung der β-Ketosäure entstehen Ketone:

3-Benzyl-2-hexanon

② *Säurespaltung*

Der Acyl-Rest wird mit konz. Laugen als Säure-Anion abgespalten und
der verbleibende Ester verseift. Die Carboxyl-Gruppe bleibt demnach
erhalten, und man erhält eine Monocarbonsäure:

1-Benzyl-pentansäure

Analog erhält man aus β-Diketonen ein Säure-Anion und ein <u>Keton</u>.

Bei der Säurespaltung tritt in erheblichem Maß die Keton-Spaltung als Konkurrenzreaktion auf. Das läßt sich manchmal vermeiden, wenn man Alkoholat-Ionen als Basen verwendet (Esterspaltung).

③ *Ester-Spaltung*

Die Spaltung von β-Oxoestern mit Alkoholat-Ionen ist die Umkehrung der Claisen-Reaktion. Sie ist möglich, weil alle Teilreaktionen der Claisen-Reaktion Gleichgewichtsreaktionen sind. Aus einem β-Oxoester erhält man folglich zwei Moleküle Ester, aus einem β-Diketon je ein Molekül Ester und Keton:

23.3.4 Synthesen mit Dicarbonsäure-Estern

Meist werden Malonsäurediester eingesetzt. Diese β-Diester bilden leicht ein mesomerie-stabilisiertes Carbanion, das u.a. bei Knoevenagel- und Michael-Reaktionen breite Anwendung findet. Wichtig sind auch Alkylierungs- und Abbaureaktionen, wie sie bereits beim Acetessigester behandelt wurden.

24 Kohlensäure und ihre Derivate

Die Chemie der Kohlensäure und ihrer Derivate ist von großer Bedeutung. Viele Verbindungen lassen sich strukturell auf die Kohlensäure zurückführen.

Die Kohlensäure kann als Hydrat des Kohlendioxids aufgefaßt werden. Sie ist instabil und zerfällt leicht in CO_2 und H_2O. In wäßriger Lösung existiert sie auch bei hohem CO_2-Druck nur in relativ geringer Konzentration im Gleichgewicht neben physikalisch gelöstem CO_2:

$$HO - \underset{\underset{O}{\parallel}}{C} - OH \;\rightleftharpoons\; H_2O \;+\; CO_2$$

Die Kohlensäure ist bifunktionell, deshalb besitzen auch ihre Derivate zwei funktionelle Gruppen, die gleich oder verschieden sein können.

Beispiele:

$$Cl - \underset{\underset{O}{\parallel}}{C} - Cl \qquad H_2N - \underset{\underset{O}{\parallel}}{C} - NH_2 \qquad C_2H_5O - \underset{\underset{O}{\parallel}}{C} - OC_2H_5 \qquad C_2H_5O - \underset{\underset{O}{\parallel}}{C} - Cl$$

Phosgen	Harnstoff	Kohlensäure-diethylester	Chlorameisensäureethylester,
Carbonylchlorid	(Kohlensäure-diamid)		
(Kohlensäure-dichlorid)		(Diethylcarbonat)	Chlorkohlensäureethylester

$$H_2N - \underset{\underset{O}{\parallel}}{C} - OC_2H_5 \qquad H_2N - \underset{\underset{NH}{\parallel}}{C} - NH_2 \qquad H_2N - \underset{\underset{S}{\parallel}}{C} - NH_2 \qquad C_6H_{11} - N = C = N - C_6H_{11}$$

Urethan	Guanidin	Thioharnstoff	Dicyclohexylcarbodiimid (DCC)
(Carbamidsäure-ethylester)		(Derivat der Thiokohlensäure)	(Derivat von Kohlendioxid)

Kohlensäure-Derivate, die eine OH-Gruppe enthalten, sind instabil und zersetzen sich:

$$Cl-\overset{\displaystyle O}{\underset{\displaystyle \|}{C}}-OH \longrightarrow CO_2 + HCl \qquad\qquad H_2N-\overset{\displaystyle O}{\underset{\displaystyle \|}{C}}-OH \longrightarrow CO_2 + NH_3$$

Chlorameisensäure

Carbamidsäure

(Carbaminsäure)

$$RO-\overset{\displaystyle O}{\underset{\displaystyle \|}{C}}-OH \longrightarrow CO_2 + ROH$$

Kohlensäure-alkylester

24.1 Darstellung einiger Kohlensäure-Derivate

Die meisten Kohlensäure-Derivate lassen sich direkt oder indirekt aus dem äußerst giftigen Säurechlorid Phosgen herstellen, das aus Kohlenmonoxid und Chlor leicht zugänglich ist:

$$CO + Cl_2 \xrightarrow{\text{Aktivkohle} \atop 200\,^\circ C} Cl-\overset{\displaystyle O}{\underset{\displaystyle \|}{C}}-Cl$$

Phosgen

Phosgen reagiert als Säurechlorid mit Carbonsäuren, Wasser, Ammoniak und Alkoholen:

$$\text{RCOOH} \longrightarrow R-\overset{\displaystyle O}{\underset{\displaystyle \|}{C}}-Cl + CO_2 + HCl$$

$$H_2O \longrightarrow Cl-\overset{\displaystyle O}{\underset{\displaystyle \|}{C}}-OH \longrightarrow CO_2 + HCl$$

$$Cl-\overset{\displaystyle O}{\underset{\displaystyle \|}{C}}-Cl$$

Phosgen

$$NH_3 \longrightarrow H_2N-\overset{\displaystyle O}{\underset{\displaystyle \|}{C}}-NH_2 + 2\,HCl$$

Harnstoff

$$ROH \longrightarrow Cl-\overset{\displaystyle O}{\underset{\displaystyle \|}{C}}-OR \xrightarrow{\text{ROH}} RO-\overset{\displaystyle O}{\underset{\displaystyle \|}{C}}-OR$$

Chlorkohlensäure-alkylester

Kohlensäure-dialkylester

$$\xrightarrow{R'NH_2} R'NH-\overset{\displaystyle O}{\underset{\displaystyle \|}{C}}-OR$$

Urethan

Auf diese Weise können die präparativ wichtigen Kohlensäureester und Harnstoff leicht dargestellt werden.

Urethane werden auch durch Addition von Alkoholen an Isocyanate erhalten.

Beispiel:

$$H_3C-N=C=O \ + \ HO-C_2H_5 \ \longrightarrow \ H_3C-NH-C\underset{OC_2H_5}{\overset{O}{\big<}}$$

Methylisocyanat   N-Methyl-carbamidsäure-ethylester

24.2 Harnstoff

24.2.1 Synthese von Harnstoff

Eine preiswerte *technische Synthesemöglichkeit für Harnstoff* besteht in der thermischen Umwandlung von Ammoniumcarbamat, das aus NH_3 und CO_2 erhältlich ist.

$$2\,NH_3 \ + \ CO_2 \ \longrightarrow \ H_2N-CO_2^{\ominus} \ \overset{\oplus}{NH_4} \ \xrightarrow[-H_2O]{150\,°C} \ O=C\underset{NH_2}{\overset{NH_2}{\big<}}$$

                    Ammonium-   Harnstoff
                    carbamat

Von historischem Interesse ist die Synthese durch Isomerisierung von Harnstoff aus Ammoniumcyanat durch *F. Wöhler* (1828).

Harnstoff kann auch durch Hydrolyse von Cyanamid, $H_2N-C\equiv N$, hergestellt werden:

$$CaN-C\equiv N \ \xrightarrow[-Ca(OH)_2]{+\,2\,H_2O} \ H_2N-C\equiv N \ \xrightarrow{+\,H_2O} \ H_2N-CO-NH_2$$

Calcium-   Cyanamid   Harnstoff
cyanamid

24.2.2 Eigenschaften und Nachweis

Harnstoff ist das Endprodukt des Eiweißstoffwechsels und findet sich
in den Ausscheidungsprodukten von Mensch und Säugetier. Als Amid
reagiert Harnstoff in wäßriger Lösung neutral, mit starken Säuren
entstehen jedoch beständige Salze. Die im Vergleich zu anderen Amiden höhere Basizität, die aber noch deutlich geringer ist als von
Alkylaminen, beruht auf einer Mesomeriestabilisierung des Kations:

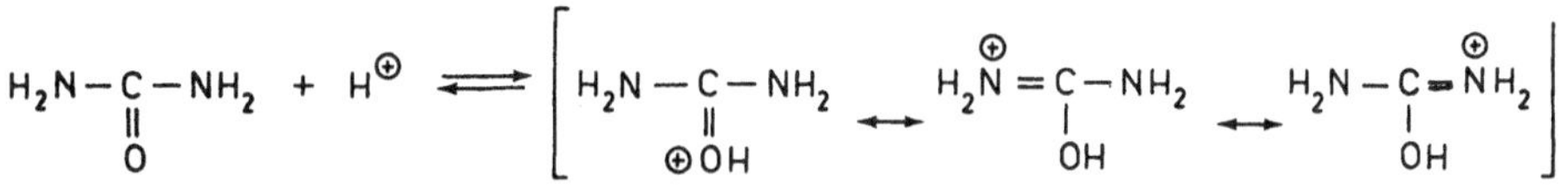

$$H_2N-\underset{\underset{O}{\|}}{C}-NH_2 \; + \; H^\oplus \; \rightleftharpoons \; \left[H_2N-\underset{\underset{\oplus OH}{\|}}{C}-NH_2 \; \longleftrightarrow \; H_2\overset{\oplus}{N}=\underset{\underset{OH}{|}}{C}-NH_2 \; \longleftrightarrow \; H_2N-\underset{\underset{OH}{|}}{C}=\overset{\oplus}{N}H_2 \right]$$

Erhitzt man Harnstoff über den Schmelzpunkt hinaus, so wird NH_3 abgespalten, und die entstandene *Isocyansäure reagiert mit einem weiteren*
Molekül Harnstoff zu Biuret:

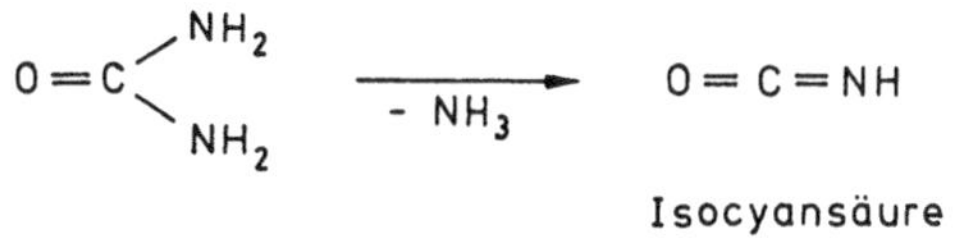

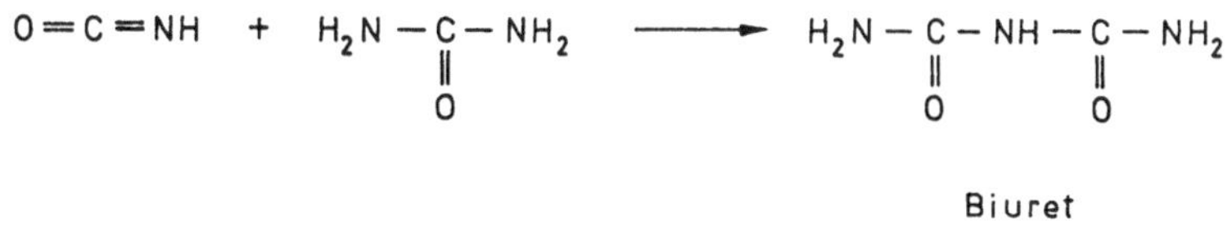

$$O=C\!\!\begin{array}{l} \diagup NH_2 \\ \diagdown NH_2 \end{array} \quad \xrightarrow{-\,NH_3} \quad O=C=NH$$

Isocyansäure

$$O=C=NH \; + \; H_2N-\underset{\underset{O}{\|}}{C}-NH_2 \; \longrightarrow \; H_2N-\underset{\underset{O}{\|}}{C}-NH-\underset{\underset{O}{\|}}{C}-NH_2$$

Biuret

In alkalischer Lösung gibt Biuret mit $Cu^{2\oplus}$-Ionen eine blauviolette
Färbung (Biuret-Reaktion). Es entsteht ein Kupferkomplexsalz:

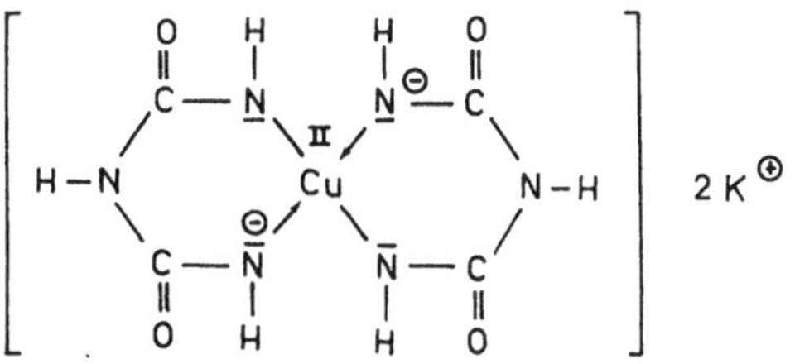

$$\left[\text{Kupferkomplex} \right] \; 2\,K^\oplus$$

Neben der Verwendung des Harnstoffs als Düngemittel und in der Analytik kommt ihm vor allem als Ausgangssubstanz für pharmazeutische
Präparate große Bedeutung zu.

24.2.3 Synthesen mit Harnstoff

N-Acyl-harnstoffe (Ureide) sind Reaktionsprodukte von Harnstoff mit organischen Carbonsäure-chloriden oder -estern.

Beispiel:

$$O=C(NH_2)_2 + \begin{matrix} C_2H_5OC\\ C_2H_5OC \end{matrix}CH_2 \xrightarrow[\text{110 °C}]{\text{Na}^{\oplus}\ominus\underline{O}C_2H_5\ \text{in Ethanol}} \text{Barbitursäure} + 2\ C_2H_5OH$$

Barbitursäure (cyclisches Ureid)

Am C-1-Atom substituierte cyclische Ureide sind wichtige <u>Schlafmittel</u> und <u>Narkotica</u>, z.B. die Phenylethyl- und Diethyl-barbitursäure.

24.2.4 Derivate des Harnstoffs

Zu den Harnstoff-Derivaten zählen u.a. Guanidin und Semicarbazid.

$$HN=C(NH_2)_2 \qquad\qquad O=C(NH_2)(NH-NH_2)$$

Guanidin   Semicarbazid

<u>Guanidin</u> ist eine starke Base, $pK_b = 0,5$, die nur schwer isolierbar ist. Stabil sind ihre Salze, z.B. Guanidin-hydrochlorid, das bei der Synthese des Guanidins aus Cyanamid und Ammoniumchlorid erhalten wird:

$$N\equiv C-NH_2\ +\ NH_4Cl \longrightarrow \left[H_2\overset{\oplus}{N}=C(NH_2)_2 \right] Cl^{\ominus}$$

24.3 Cyansäure und ihre Derivate

Die *Cyansäure*, formal das Nitril der Kohlensäure, steht im Gleichgewicht mit der isomeren *Isocyansäure*, wobei letztere überwiegt:

$$HO-C\equiv NI \rightleftharpoons O=C=NH$$

Cyansäure   Isocyansäure

Freie Cyansäure und Isocyansäure trimerisieren leicht zu der entsprechenden *Cyanur- und Isocyanursäure*, die im Gleichgewicht miteinander stehen (Tautomerie):

$$3\ HN=C=O \longrightarrow$$

Isocyansäure   Isocyanur-säure   Cyanursäure, 2,4,6-Trihydroxy-1,3,5-triazin   Melamin, Cyanursäure-amid

Ersetzt man die OH-Gruppe der Cyansäure durch ein Halogen-Atom, z.B. durch Chlor, entsteht das äußerst reaktive Chlorcyan, das als Derivat der Blausäure aufgefaßt werden kann. Durch Umsetzung mit Ammoniak entsteht Cyanamid:

$$Cl-C\equiv N| \ + \ NH_3 \ \xrightarrow{-HCl} \ H_2N-C\equiv N|$$

Chlorcyan   Cyanamid

Cyanamid ist einerseits das Amid der Cyansäure, andererseits das Nitril der Carbamidsäure. Es besteht das Gleichgewicht:

$$H_2N-C\equiv N| \ \rightleftharpoons \ HN=C=NH$$

Carbodiimid

Das Calciumsalz des Cyanamids ist ein wertvolles Düngemittel (Kalkstickstoff) und eine wichtige Ausgangsverbindung für zahlreiche technische Synthesen (z.B. Harnstoff).

Cyansäureester (Cyanate) sind auf üblichem Wege nicht zugänglich, da der intermediär gebildete Ester sofort mit dem vorhandenen Alkohol zu einem Imidokohlensäure-diester weiterreagiert:

$$R-ONa \ + \ Br-CN \ \xrightarrow{-NaBr} \ RO-C\equiv N \ \xrightarrow{+ROH} \ RO-\overset{\overset{\displaystyle NH}{\|}}{C}-OR$$

Alkoholat Bromcyan   Cyansäure-ester   Imidokohlensäure-diester

Isocyansäureester (Isocyanate) sind aufgrund ihrer kumulierten Doppel-bindungen äußerst reaktiv (Heterokumulene). Sie sind präparativ leicht zugänglich aus <u>Aminen</u> und <u>Phosgen</u>.

$$C_6H_5-NH_2 \xrightarrow[-\,HCl]{+\,COCl_2} C_6H_5-NH-C\underset{Cl}{\overset{O}{\diagdown}} \xrightarrow[-\,HCl]{(Wärme)} C_6H_5-N=C=O$$

Anilin   Phenylcarbamoylchlorid   Phenylisocyanat

<u>Isocyanate addieren Alkohole, Ammoniak sowie primäre und sekundäre Amine</u>. Es entstehen gut kristallisierende Verbindungen, weshalb man diese Reaktionen zur Charakterisierung bzw. Reinigung von flüssigen Alkoholen und Aminen verwenden kann:

$$O=C\underset{OC_2H_5}{\overset{NHR}{\diagup}} \xleftarrow{+\,H-OC_2H_5} O=C=N-R \xrightarrow{+\,NH_3} O=C\underset{NH_2}{\overset{NHR}{\diagup}}$$

N-Alkyl-urethan   Alkylisocyanat   N-Alkyl-harnstoff

Durch Hydrolyse der Isocyansäure-ester erhält man primäre Amine und CO_2:

$$R-N=C=O \;+\; H_2O \longrightarrow R-NH_2 \;+\; CO_2$$

24.4 Schwefel-analoge Verbindungen der Kohlensäure

Die O-Atome der Kohlensäure können durch S-Atome ersetzt werden, und man erhält:

$$O=C\underset{OH}{\overset{SH}{\diagup}} \rightleftharpoons S=C\underset{OH}{\overset{OH}{\diagup}} \;;\; S=C\underset{OH}{\overset{SH}{\diagup}} \rightleftharpoons O=C\underset{SH}{\overset{SH}{\diagup}} \;;\; S=C\underset{SH}{\overset{SH}{\diagup}}$$

Thiolkohlen-   Thionkohlen-   Thiolthion-   Dithiol-   Trithio-
säure   säure   kohlensäure   kohlensäure   kohlensäure

                                (Xanthogen-
                                säure)

Von diesen Säuren ist nur die Trithiokohlensäure in freiem Zustand existent. Beständige Derivate bilden dagegen alle Thiosäuren.

Schwefelkohlenstoff, CS_2, ist die S-analoge Verbindung des Kohlendi-oxids und somit Anhydrid der Xanthogensäure. Schwefelkohlenstoff ist ein gutes Lösungsmittel für viele organische Stoffe, für Schwefel und weißen Phosphor.

Die wichtige Stoffklasse der *Xanthogenate* ist durch Umsetzung von Alkoholaten mit CS_2 leicht zugänglich, z.B.:

$$S=C=S \quad + \quad Na^{\oplus} \overset{\ominus}{\underline{|\underline{O}}}-C_2H_5 \quad \longrightarrow \quad S=C\begin{smallmatrix} \nearrow S^{\ominus} Na^{\oplus} \\ \searrow OC_2H_5 \end{smallmatrix} \qquad \text{Natriumethyl-xanthogenat}$$

Analog hierzu entsteht aus Cellulose, CS_2 und NaOH-Lösung eine zähe Xanthogenat-Lösung, die "Viscose". Beim Verspinnen der Viscose in einem Säurebad erhält man Viscosefasern, beim Pressen durch einen Spalt Cellophan.

Thioharnstoff, die S-analoge Verbindung des Harnstoffs, ist auch in ihren chemischen Reaktionen mit diesem verwandt.

Thiocyansäure- und Isothiocyansäure-ester sind die S-analogen Verbindungen der Cyansäure- bzw. Isocyansäure-ester. Die zugrunde liegenden Säuren stehen miteinander in einem tautomeren Gleichgewicht:

$$H-\underline{\underline{S}}-C\equiv N| \quad \rightleftarrows \quad \underline{\underline{S}}=C=N-H$$

$$\text{Thiocyansäure} \qquad \text{Isothiocyansäure}$$

Die Salze der Thiocyansäure heißen auch Rhodanide.

Durch Umsetzung von Rhodaniden mit Halogenalkanen erhält man Thiocyansäure-ester (Alkylthiocyanate, Alkylrhodanide):

$$KSCN \quad + \quad R-X \quad \xrightarrow[-KX]{} \quad R-S-C\equiv N|$$

$$\text{Thiocyanat}$$

Isothiocyansäure-ester (Alkyl-isothiocyanate) heißen auch wegen ihres charakteristischen Geruchs *Senföle*. Sie finden sich meist glykosidisch gebunden in Pflanzen.

Die Senföl-Synthese geht von primären Aminen aus, die mit Schwefelkohlenstoff zu einer N-Alkyl-dithiocarbamidsäure umgesetzt werden. Durch Reaktion mit Chlorameisensäure-ester werden daraus die Senföle erhalten:

$$RNH_2 + S=C=S \xrightarrow[-H_2O]{+NaOH} \left[S=C\begin{smallmatrix} \nearrow NHR \\ \searrow \underline{\underline{S}}|^{\ominus} \end{smallmatrix} \right]^{\ominus} Na^{\oplus} \xrightarrow[-NaCl]{+Cl-COOC_2H_5} \left[S=C\begin{smallmatrix} \nearrow NHR \\ \searrow S-COOC_2H_5 \end{smallmatrix} \right]$$

$$\text{(unbeständig)}$$

$$\longrightarrow \quad COS \quad + \quad C_2H_5OH \quad + \quad S=C=N-R \quad \text{(Senföl, Isothiocyanat)}$$

25 Element-organische Verbindungen

In der präparativen organischen Chemie finden zunehmend Verbindungen
Verwendung, die Heteroatome enthalten (B, Si, Li, Cd u.a.). Die Bindungen zwischen Kohlenstoff und den Heteroatomen ähneln in ihren
Eigenschaften mehr organischen als anorganischen Bindungen, nicht
zuletzt wegen des organischen Restes R. Man bezeichnet sie oft als
metallorganische Verbindungen R–M und läßt dabei für M alle Elemente
zu, außer N, O, S, Hal und Edelgasen. In diesem Kapitel soll ein
kurzer Überblick über element-organische Verbindungen gegeben werden
unter besonderer Berücksichtigung ihrer Bedeutung für Synthesen.

25.1 Eigenschaften element-organischer Verbindungen

Oft ist es notwendig, element-organische Verbindungen unter Schutz-
gas-Atmosphäre zu handhaben (meist unter N_2 oder Ar), da sie in der
Regel oxidations- oder hydrolyse-empfindlich sind. Manche sind sogar
selbstentzündlich. Bei weniger reaktiven Verbindungen und Ether als
Lösungsmittel genügt das über der Lösung befindliche "Ether-Polster".

25.2 Einige Beispiele für element-organische Verbindungen
(angeordnet nach dem Periodensystem)

25.2.1 I. Gruppe: Lithium

Li-organische Verbindungen werden im technischen Maßstab hergestellt
durch Addition von Lithium-organylen an Alkene:

$$R–Li + CH_2=CH_2 \longrightarrow R–CH_2–CH_2–Li$$

Einfache Verbindungen wie Phenyl-lithium erhält man durch Reaktion von metallischem Lithium mit Halogen-Verbindungen.

$$C_6H_5Br + 2\ Li \longrightarrow C_6H_5Li + LiBr$$

Eine weitere Methode ist der *Metall-Metall-Austausch (Transmetallierung, Ummetallierung)*:

$$4\ C_6H_5Li + (CH_2{=}CH)_4Sn \longrightarrow 4\ CH_2{=}CHLi + (C_6H_5)_4Sn$$

Das tetramere Methyl-lithium $(CH_3Li)_4$ sowie Butyl-lithium-Verbindungen - oft als Isomerengemisch - werden häufig als starke Basen und Nucleophile bei Synthesen verwendet. Sie sind reaktiver als Grignard-Verbindungen.

25.2.2 II. Gruppe: Magnesium

Für Synthesen von besonderer Bedeutung sind die *Grignard-Verbindungen*. Sie werden meist durch Umsetzung von Alkyl- oder Aryl-halogeniden mit metallischem Magnesium hergestellt. Die Reaktion wird gewöhnlich in wasserfreiem Ether durchgeführt, in dem (vermutlich) solvatisierte monomere RMgX-Moleküle (Ether-Komplex) vorliegen.

Grignard-Verbindungen sind daher nucleophile Reagenzien, die mit elektrophilen Reaktionspartnern nucleophile Substitutionsreaktionen eingehen. Vereinfacht betrachtet greift das Carbanion $R\vert^{\ominus}$ am positivierten Atom des Reaktionspartners an.

25.2.2.1 Addition an Verbindungen mit aktivem Wasserstoff

Substanzen wie Wasser, Alkohole, Amine, Alkine und andere C–H-acide Verbindungen zersetzen Grignard-Verbindungen unter Bildung von Kohlenwasserstoffen:

$$CH_3{-}MgBr + H{-}OH \longrightarrow CH_4 + Mg\,Br(OH)$$

$$\overset{\delta\ominus}{CH_3}{-}\overset{\delta\oplus}{MgBr} + CH_3{-}\overset{\overset{\displaystyle OH}{|}}{C}{=}CH{-}\overset{\overset{\displaystyle O}{\|}}{C}{-}CH_3 \longrightarrow CH_4 + CH_3{-}\overset{\overset{\displaystyle OMgBr}{|}}{C}{=}CH{-}\overset{\overset{\displaystyle O}{\|}}{C}{-}CH_3$$

Enol des Acetylacetons

25.2.2.2 Addition an Verbindungen mit polaren Mehrfachbindungen

(1) Reaktion mit Aldehyden; es entstehen <u>sekundäre Alkohole</u>:

$$R-\overset{\delta\oplus}{C}\underset{\delta\ominus}{\overset{H}{\underset{O}{\diagup}}} \quad \xrightarrow{+R'-MgBr} \quad R-\overset{H}{\underset{\underset{R'}{|}}{C}}\diagdown_{OMgBr} \quad \xrightarrow[-Mg(OH)Br]{+H_2O} \quad \overset{R}{\underset{R'}{\diagdown}}C\overset{H}{\diagdown_{OH}}$$

<u>Primäre Alkohole</u> können bei Verwendung von Formaldehyd synthetisiert werden.

(2) Reaktion mit Ketonen; es entstehen <u>tertiäre Alkohole</u>:

$$\overset{\delta\ominus\ \delta\oplus}{R-MgX} \ + \ \overset{H_3C}{\underset{H_3C}{\diagup}}\overset{\delta\oplus\ \delta\ominus}{C=0} \ \longrightarrow \ \overset{H_3C}{\underset{H_3C}{\diagup}}\overset{}{\underset{\underset{R}{|}}{C}}-OMgX \ \xrightarrow{H_2O} \ R-\overset{CH_3}{\underset{\underset{CH_3}{|}}{\overset{|}{C}}}-OH \ + \ Mg(OH)X$$

Aceton   tert. Alkohol   Mg-Salz

(3) Reaktion mit Kohlendioxid; es entstehen <u>Carbonsäuren</u>:

$$R-MgCl \ \xrightarrow{+CO_2} \ R-COOMgCl \ \xrightarrow[-Mg(OH)Cl]{+H_2O} \ R-COOH$$

(4) Reaktion mit Estern; es entstehen <u>Ketone</u>, die zu tertiären Alkoholen weiterreagieren. Ameisensäure-ester ergeben sekundäre Alkohole. Säurechloride reagieren analog. Die zunächst gebildeten Ketone sind gelegentlich isolierbar.

$$H_3C-C\overset{\diagup O}{\diagdown_{OC_2H_5}} \ + \ R-MgX \ \longrightarrow \ H_3C-\overset{O-MgX}{\underset{\underset{R}{|}}{C}}-OC_2H_5 \ \xrightarrow{-MgXOC_2H_5}$$

Essigester

$$H_3C-\overset{O}{\overset{||}{C}}-R \ \xrightarrow[2)H_2O]{1)R-MgX} \ H_3C-\overset{R}{\underset{\underset{R}{|}}{\overset{|}{C}}}-OH \ + \ Mg(OH)X$$

Keton   tert. Alkohol

(5) Reaktion mit Nitrilen; es entstehen <u>Ketone</u>:

$$H_3C-C\equiv N \;\; + \;\; R-MgX \;\longrightarrow\; \underset{R}{\overset{H_3C}{>}}C=N-MgX \;\xrightarrow{\;H_2O\;}\; \left[\underset{R}{\overset{H_3C}{>}}C=NH\right] \xrightarrow[-NH_3]{+H_2O} \underset{R}{\overset{H_3C}{>}}C=O$$

Acetonitril   Ketimin   Keton

25.2.2.3 Addition an Verbindungen mit C=C-Bindungen

Die <u>Knüpfung von C-C-Bindungen</u> ist auch möglich durch nucelophile Addition einer Grignard-Verbindung an aktivierte C=C-Bindungen. Die Aktivierung wird durch eine elektronenziehende Gruppe erreicht.

25.2.2.4 Substitutionsreaktion

Die wichtigste Substitutionsreaktion ist die <u>Ummetallierung zur Darstellung anderer Element-organoverbindungen</u> aus Metall- bzw. Nicht-metallhalogeniden:

Beispiel:

$$R-MgX \;\; + \;\; Z-Cl \;\longrightarrow\; R-Z \;\; + \;\; MgXCl \qquad\qquad Z = \text{Metall bzw.}$$
$$\text{Nichtmetall}$$

$$PCl_3 \;\; + \;\; 3\,C_2H_5MgCl \;\longrightarrow\; P(C_2H_5)_3 \;\; + \;\; 3\,MgCl_2$$

25.2.3 III. Gruppe: Aluminium, Bor

$\boxed{Al}$ <u>Aluminium-organyle</u> können durch Reaktion von Halogenalkanen mit Aluminium gewonnen werden. Aluminium-trialkyle werden z.B. als Katalysatoren bei Polymerisationen verwendet.

$\boxed{B}$ Bor-organische Verbindungen und dabei vor allem die Trialkylborane sind reaktive Zwischenprodukte bei organischen Synthesen, da sie sich leicht an Alkene addieren. Von großer Bedeutung sind auch Reduktionen mit B_2H_6 oder $NaBH_4$.

25.2.4 IV. Gruppe: Blei, Zinn, Silicium

$\boxed{Pb}$ Die derzeit noch mengenmäßig wichtigste metallorganische Verbindung ist das <u>Tetraethylblei</u> (ein Antiklopfmittel):

$$4\ NaPb + 4\ C_2H_5Cl \longrightarrow (C_2H_5)_4Pb + 3\ Pb + 4\ NaCl$$

$\boxed{Sn}$ Die C-Sn-Bindung unterscheidet sich in ihrer Reaktivität von der C-Si-Bindung; sie ist stärker polar und daher leichter zu spalten. Bei bestimmten Syntheseproblemen ist es deshalb zweckmäßig, statt einer Si-Verbindung die analoge Sn-Verbindung einzusetzen. Einige Zinn-organyle dienen als <u>Fungizide</u> und <u>Stabilisatoren für Polymere</u>.

$\boxed{Si}$ Organosilicium-Verbindungen werden ausgehend von Silicium-dioxid über elementares Si und Chlorsilane hergestellt

$$SiO_2 \xrightarrow[-\,2\ CO]{+\,2\ C} Si \xrightarrow[-\,H_2]{+\,3\ HCl} HSiCl_3 \xrightarrow{+\ RCH=CH_2} RCH_2CH_2SiCl_3$$

<u>Chlorsilane</u> sind nicht nur reaktive Zwischenprodukte zur Herstellung von Organosilicium-Verbindungen, sondern auch Ausgangsmaterial für die <u>Produktion von Siliconen</u>:

$$2\ R\!-\!Cl + Si \xrightarrow{(Cu)} R_2SiCl_2 \quad (R = \text{Alkyl, Aryl}) \qquad \textit{Müller-Rochow-Synthese}$$

$$n\ R_2SiCl_2 \xrightarrow[-\,2n\ HCl]{+\,2n\ H_2O} n\ R_2Si(OH)_2 \xrightarrow{-\,n\ H_2O} \left(-O-\underset{R}{\overset{R}{\underset{|}{\overset{|}{Si}}}}-O-\underset{R}{\overset{R}{\underset{|}{\overset{|}{Si}}}}-\right)_{\frac{n}{2}}$$

Dichlorsilan   Silandiol   Silicon

Die hochmolekularen Produkte werden eingeteilt in Siliconöle (ölige Flüssigkeiten), Siliconkautschuk (gummiartig) und Siliconharze (Festkörper). Sie sind gegen chemische Einwirkungen sehr widerstandsfähig und zeigen eine hohe Thermostabilität.

25.2.5 V. Gruppe: Phosphor

Die Alkylphosphine RPH_2, R_2PH und R_3P sind oxidations-empfindlich und oft selbstentzündlich. Sie sind schwächere Basen, aber nucleophiler als die analogen Amine, und sie bilden stabile Übergangsmetallkomplexe.

$$R-PH_2 \xrightarrow{\text{Ox.}} R-\overset{\displaystyle H}{\underset{\displaystyle H}{P}}=O \xrightarrow{\text{Ox.}} R-\overset{\displaystyle H}{\underset{\displaystyle O}{P}}-OH \xrightarrow{\text{Ox.}} R-\overset{\displaystyle OH}{\underset{\displaystyle O}{P}}-OH$$

Phosphin   Phosphinoxid   Phosphinsäure   Phosphonsäure

25.2.6 I. Nebengruppe: Kupfer

Aus Kupfer(I)-iodid und einer Alkyl-lithium-Verbindung lassen sich leicht Li-Alkyl-Kupfer-Verbindungen, sog. *Cuprate*, herstellen.

Beispiel: Synthese von Lithium-dipropyl-kupfer

$$2\ CH_3-CH_2-CH_2Li + CuI \longrightarrow (CH_3-CH_2-CH_2)_2CuLi + LiI$$

Sie werden ebenso wie die Cd-Verbindungen zur Herstellung von Ketonen aus Säurechloriden benutzt.

25.2.7 II. Nebengruppe: Zink, Cadmium, Quecksilber

$\boxed{Zn}$ Zink-organische Verbindungen werden bei der Reformatzky-Reaktion verwendet.

$\boxed{Cd}$ Cadmium-organische Verbindungen dienen zur Synthese von Ketonen aus Acylhalogeniden:

$$2\ R-C\overset{\displaystyle O}{\underset{\displaystyle Cl}{\big\langle}} \xrightarrow{+\ R_2'Cd} 2\ \underset{\displaystyle R'}{\overset{\displaystyle R}{\big\rangle}}C=O\ +\ CdCl_2$$

Die Reaktion bleibt auf dieser Stufe stehen, denn $R_2'Cd$ ist zu wenig reaktiv, um das gebildete Keton anzugreifen (Unterschied zur Reaktion von Grignard-Verbindungen!).

$\boxed{\text{Hg}}$ Quecksilber-organische Verbindungen können durch Ummetallierung hergestellt werden und dienen bei Synthesen zu Alkylierungen. Sie sind <u>giftig</u>. Eine bekannte Anwendung ist die Saatgutbehandlung mit Hg-haltigen Beizmitteln zur Abtötung von Sporen oder Pilzen.

26 Heterocyclen

Heterocyclische Verbindungen enthalten außer C-Atomen ein oder mehrere Heteroatome als Ringglieder, z.B. Stickstoff, Sauerstoff oder Schwefel. *Man unterscheidet heteroaliphatische und heteroaromatische Verbindungen.* Ringe aus fünf und sechs Atomen sind am beständigsten.

26.1 Nomenklatur

Abgesehen von der Verwendung von Trivialnamen als Stammbezeichnung gibt es zwei Nomenklatursysteme, deren Verwendung leider nicht einheitlich ist

① Bei der "a"-Nomenklatur werden die Namen der Heteroelemente als a-Terme dem zugrunde liegenden Stamm-Kohlenwasserstoff vorangestellt. (Ungewöhnliche Bindungszahlen der Heteroatome werden als λ^n angegeben.)

Beispiele:

$-O-$: oxa ; $-S-$: thia ; $-N<$: aza ; $-P<$: phospha ; $-\overset{|}{\underset{|}{Si}}-$: sila ;

② Das Hantzsch-Widman-Patterson-System (HWP) bringt Ringgröße und Sättigungsgrad durch spezifische Endungen zum Ausdruck (Tabelle 22). Hinzu tritt das Hetero-Symbol aus der "a"-Nomenklatur. Δ^n gibt in Zweifelsfällen die Lage einer Doppelbindung an.

Beispiel:

$$
\begin{array}{c}
H \\
| \\
N \\
\diagup {}^1 \diagdown \\
H_2Si\,{}^4 \qquad {}^2\,P-H \\
\diagdown {}_3 \diagup \\
N \\
| \\
H
\end{array}
$$

Bezeichnung als:

① 1,3-Diaza-2-phospha-4-sila-cyclobutan, mit dem Stamm-Kohlenwasserstoff Cyclobutan und vorangestellten Heteroatomen, oder

② 1,3,2,4-Diaza-phospha-siletidin, mit der Endung für einen gesättigten Vierring -etidin und vorangestellten Heteroatomen.

Tabelle 22. Suffixe bei systematischen Namen von Heterocyclen

Ring-größe	Stickstoff-haltige Ringe		Stickstoff-freie Ringe	
	maximal ungesättigt	gesättigt	maximal ungesättigt	gesättigt
3	-irin	-iridin/iran[+]	-iren	-iran
4	-et	-etidin/etan[+]	-et	-etan
5	-ol	-olidin	-ol	-olan
6	-in/-ixin[+]	-ixan[+]	-in	-an
7	-epin	-epan[+]	-epin	-epan
8	-ocin	–	-ocin	-ocan

+) neue, zukünftige Bezeichnung

26.2 Heteroaliphaten

Heterocyclische Verbindungen mit fünf und mehr Ringatomen, die gesättigt sind oder isolierte Doppelbindungen enthalten, verhalten sich chemisch wie die analogen acyclischen Verbindungen. Dazu gehören cyclische Ether, Thioether, Acetale u.a. Kleinere Ringsysteme sind wegen der hohen Ringspannung reaktiver als größere.

26.3 Heteroaromaten

Viele ungesättigte Heterocyclen können ein delokalisiertes π-Elektronensystem ausbilden. Falls für sie die Hückel-Regel gilt, werden sie als "Heteroaromaten" bezeichnet. Im Vergleich zum Benzol und verwandten Verbindungen sind ihre aromatischen Eigenschaften jedoch weniger stark ausgeprägt.

26.3.1 Fünfgliedrige Ringe

Die elektronische Struktur der fünfgliedrigen Heteroaromaten unterscheidet sich in bezug auf die Elektronenkonfiguration der Heteroatome erheblich von der sechsgliedriger Heterocyclen.

<u>Valenz-Strukturen von Pyrrol</u> (analog <u>Furan</u>, <u>Thiophen</u>):

Pyrrol

analog:

Furan

Thiophen

Bindungsbeschreibung für Furan, Pyrrol und Thiophen

Jedes Ringatom benutzt <u>drei sp^2-Orbitale</u>, um ein planares pentagonales σ-Bindungsgerüst aufzubauen. Beim Pyrrol ist das einzige freie Elektronenpaar in das π-System einbezogen.

Die unterschiedliche Elektronegativität der Ringatome hat eine unsymmetrische Ladungsdichteverteilung zur Folge: π-Elektronenüberschuß im Ring, Unterschuß am Heteroatom ("π-reiches System").

26.3.1.1 Reaktivität

<u>Die typische Reaktion der Heterocyclen ist die elektrophile Substitution</u>. In dieser Hinsicht sind sie allerdings erheblich reaktiver als Benzol, wobei sich etwa folgende Reihe angeben läßt:

Pyrrol > Furan > Thiophen >> Benzol.

Sie unterscheiden sich auch untereinander in ihren chemischen Eigenschaften und Reaktionen: Nur Furan bildet z.B. mit Maleinsäureanhydrid leicht ein Diels-Alder-Adukt.

Elektrophile Substitution

Viele für aromatische Systeme charakteristische Reaktionen verlaufen bei den Heteroaromaten analog (Nitrierung, Sulfonierung, Halogenierung u.a.).

26.3.2 Sechsgliedrige Ringe

__Pyridin__, Beispiel für einen sechsgliedrigen Heterocyclus, läßt sich durch folgende Resonanz-Strukturformeln beschreiben:

Im Gegensatz zum Pyrrol ist das einsame Elektronenpaar hier nicht am aromatischen Elektronensextett beteiligt. Pyridin ist daher eine Base (pK_b = 8,7) und bildet mit Säuren Pyridinium-Salze. Da es auch ein gutes Lösungsmittel ist, wird es oft als Hilfsbase verwendet (z.B. zum Abfangen von HCl).

26.4 Synthesen von Pyridin

(1) Pyridine nach Hantzsch

Die Verbindungen werden aus Aldehyden, β-Oxoestern und Ammoniak erhalten. Die ersten Schritte bei der Synthese sind:

– eine Knoevenagel-Kondensation des Aldehyds mit dem β-Oxoester:

$$CH_3CHO \ + \ H_3C-\underset{\underset{O}{\|}}{C}-CH_2-COOCH_3 \ \xrightarrow{-H_2O} \ \ (I)$$

Acetaldehyd   Acetessigester

– Bildung eines Enamins aus NH_3 und dem β-Oxoester:

$$NH_3 \ + \ H_3C-\underset{\underset{O}{\|}}{C}-CH_2-COOCH_3 \ \xrightarrow{-H_2O} \ H_3C-\underset{\underset{NH_2}{|}}{C}=CH\,COOCH_3 \quad (II)$$

Enamin II setzt sich dann in einer Michael-Reaktion mit dem Kondensationsprodukt I zu III um:

Der Ringschluß erfolgt durch Reaktion der Amino-Gruppe mit der Carbonyl-Gruppe. Der entstandene Dihydro-pyridindiester wird durch Oxidation aromatisiert; die Ester-Gruppen werden nach der Hydrolyse decarboxyliert.

② Chinoline

Die Synthese nach *Friedländer* verwendet o-Amino-benzaldehyde und Aldehyde bzw. Ketone. Im ersten Schritt bildet sich wahrscheinlich ein Enamin, aus dem durch basen-katalysierte Aldol-Kondensation das gewünschte Chinolin erhalten wird.

Bei der **Synthese nach** *Skraup* reagiert ein (substituiertes) Anilin mit
Glycerin unter Zugabe von konz. Schwefelsäure zu einem Dihydrochino-
lin, das mit As_2O_5 zum Chinolin oxidiert wird. Im ersten Schritt bildet sich aus Glycerin Acrolein (säure-katalysierte Dehydratisierung),
das dann in einer Michael-Reaktion mit Anilin reagiert. Der Ringschluß folgt durch elektrophile Substitution am Aromaten mittels der
protonierten Aldehyd-Gruppe. Nach erfolgter Dehydratisierung wird
zum Chinolin oxidiert.

Anilin   Acrolein

1,2-Dihydrochinolin

Chinolin

Tabelle 23. Beispiele für Heteroaliphaten

Systemat. Name	andere Bezeichnung	Formel	Vorkommen, Verwendung
Oxiran	Ethylenoxid		techn. Zwischenprodukt
Thiiran	Ethylensulfid	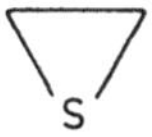	→ Arzneimittel, Biozide
Aziridin	Ethylenimin	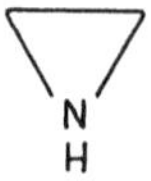	→ Arzneimittel
Oxolan	Tetrahydrofuran		Lösungsmittel
Thiolan	Tetrahydrothiophen		im Biotin; Odorierungsmittel für Erdgas
Azolidin	Pyrrolidin	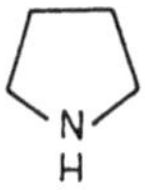	starke Base, $pK_b \approx 3$
Thiazolidin		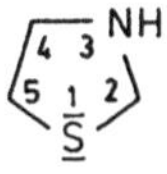	in Penicillinen
1,3-Diazolidin	Imidazolidin	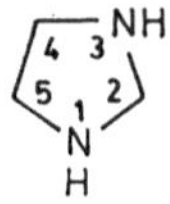	im Biotin
Hexahydropyridin	Piperidin	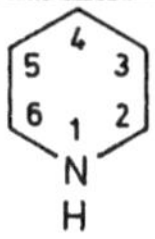	in Alkaloiden $K_b = 2 \cdot 10^{-3}$
1,4-Dioxan		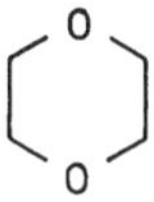	Lösungsmittel
Hexahydropyrazin	Piperazin		→ Arzneimittel
Tetrahydro-1,4-oxazin	Morpholin		Lösungsmittel; N-Formyl-morpholin als Extraktionsmittel

Tabelle 24. Beispiele für Heteroaromaten

Die Heterocyclen in Tabelle 25 werden aus didaktischen Gründen mit Valenzstrichformeln geschrieben. Tautomere Formen werden nicht berücksichtigt. Angegeben ist meist der Trivialname.

Name	Formel	Vorkommen, Derivate, Verwendung
Furfural	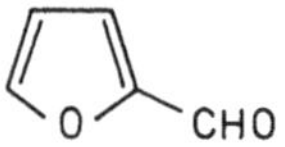	Lösungsmittel, → Farbstoffe, → Polymere
Pyrrol	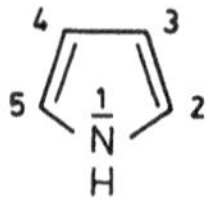	Porphin-Gerüst (Hämoglobin, Chlorophyll), Cytochrome, Bilirubinoide
Indol	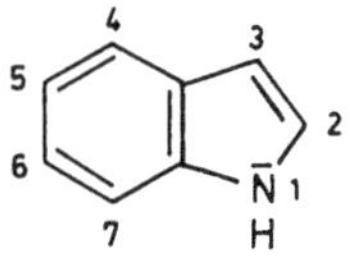	Indoxyl (3-Hydroxyindol) → Indigo, Tryptophan (Indolyl-Alanin), Serotonin, Skatol (3-Methylindol), in Alkaloiden
Pyrazol	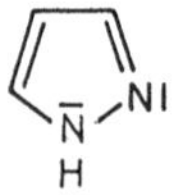	Arzneimittel
Imidazol	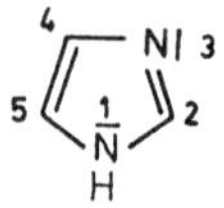	im Histidin (Imidazol-4-yl-alanin), als Dimethyl-benzimidazol im Vit. B_{12}, im Histamin
Thiazol	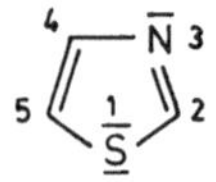	in Aneurin (Vit. B_1), eine Cocarboxylase
Nicotinsäure	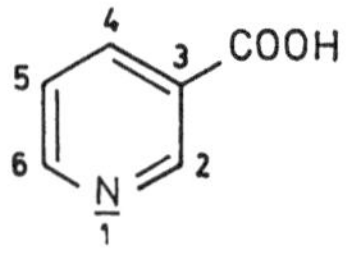	Vitamin-B-Gruppe, NAD, NADP, Pyridoxin (Vit. B_6), Nicotin
Chinolin	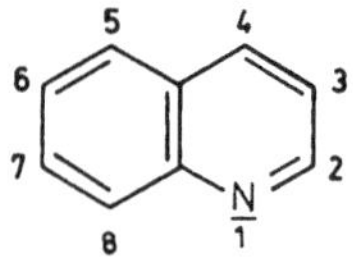	Alkaloide wie Chinin aus dem Chinabaum
Isochinolin	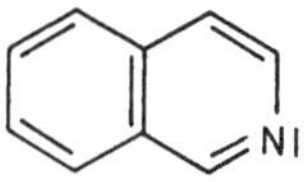	Opium-Alkaloide wie Morphin, Codein
4H-Chromen	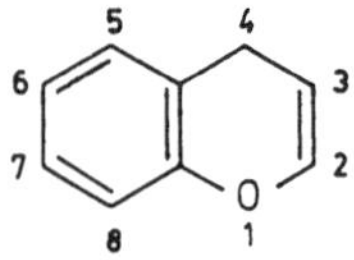	Stammverbindung der Anthocyane (4H bedeutet: C-4-Atom ist gesättigt)
Pyrimidin	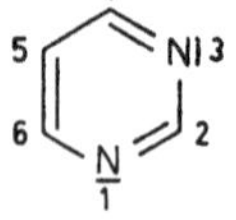	Aneurin (Vit. B_1), Barbitursäure, Uracil, Thymin, Cytosin (RNA bzw. DNA)

Tabelle 24 (Fortsetzung)

Name	Formel	Vorkommen, Derivate, Verwendung
Purin	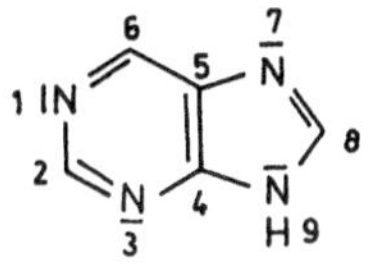	Harnsäure, Adenin, Guanin, Xanthin (2,6-Dihydroxy-purin), Coffein (1,3,7-Trimethyl-xanthin), Theobromin (3,7-Dimethyl-xanthin), Theophyllin (1,3-Dimethyl-xanthin)
Pteridin	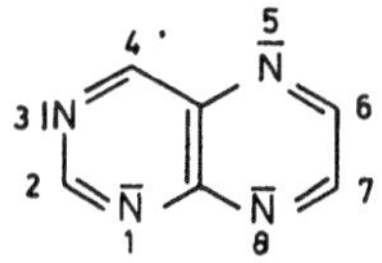	Flügelpigmente von Schmetterlingen, Folsäure (Vit.-B-Gruppe), Lactoflavin (Riboflavin, Vit. B_2)

Teil II
Chemie und Biochemie von Naturstoffen

27 Kohlenhydrate

Zu diesen Naturstoffen zählen Verbindungen, die oft der Summenformel $C_n(H_2O)_n$ entsprechen, z.B. *die Zucker, Stärke und Cellulose* und deshalb "Kohlenhydrate" genannt werden. Diese Verbindungen enthalten jedoch kein Wasser, sondern sind Polyalkohole und besitzen außer den Hydroxyl-Gruppen, die das lipophobe (hydrophile) Verhalten verursachen, meist weitere funktionelle Gruppe.

Man unterteilt die Kohlenhydrate in

Monosaccharide (einfache Zucker wie Glucose),

Oligosaccharide (2 - 6 Monosaccharide miteinander verknüpft, z.B. Rohrzucker) und

Polysaccharide (z.B. Cellulose).

Die (unverzweigten) Monosaccharide werden weiter eingeteilt nach der Anzahl der enthaltenen C-Atome in Triosen (3 C), Tetrosen (4 C), Pentosen (5 C), Hexosen (6 C) usw. Zucker, die eine Aldehyd-Gruppe im Molekül enthalten, nennt man *Aldosen*, diejenigen mit einer Ketogruppe *Ketosen*. Als Desoxyhexosen bzw. -pentosen werden Zucker bezeichnet, bei denen an einem oder mehreren C-Atomen die OH-Gruppe durch H-Atome ersetzt wurde.

27.1 Monosaccharide: Struktur und Stereochemie

Zur formelmäßigen Darstellung der Zucker wird oft die *Fischer-Projektion* verwendet. Die Asymmetrie-Zentren sind mit * markiert. Außer der D- bzw. L-Konfiguration (in der Formel durch Einrahmung gekennzeichnet) ist die Drehrichtung für polarisiertes Licht mit (+) bzw. (-) angegeben.

(–)-D-Xylulose ; **(+) L-Arabinose** ; **(+)-D-Xylose**

(+)-D-Glycerinaldehyd — Aldotriose

Di-hydroxyaceton — Ketotriose

(+)-L-Threose — Aldotetrose

(+)-D-Ribose — Aldopentose

(+)-L-Fructose — Ketohexose

(–)-D-2-Desoxyribose — Desoxyaldopentose

(–)-D-Erythrose

(+)-L-Erythrose

Enantiomerenpaar

(+)-D-Galactose

(–)-L-Mannose

D-Sedoheptulose (eine Heptose)

__Galactose__ ist ein wichtiger Bestandteil der Lactose.

Das für die Zuordnung zur D- oder L-Reihe maßgebende C-Atom ist bei den einfachen Zuckern das asymmetrische C-Atom mit der höchsten Nummer. Zeigt die OH-Gruppe nach rechts, gehört der Zucker zur D-Reihe, weist sie nach links, zur L-Reihe.

D- und L-Form desselben Zuckers verhalten sich an __allen__ Asymmetrie-Zentren wie Gegenstand und Spiegelbild.

In der oben gezeigten offenen Form liegen Zucker nur zu einem geringen Teil vor. Überwiegend existieren sie als gewellte <u>Fünf-</u> bzw. <u>Sechsringe</u> mit einem Sauerstoff-Atom als Ringglied (Tetrahydrofuran- bzw. Tetrahydropyran-Ring).

Der Ringschluß verläuft unter Ausbildung eines Halbacetals, hier auch <u>Laktol</u> genannt. Dabei addiert sich bei der Glucose die OH-Gruppe am C-Atom intramolekular an die Carbonyl-Gruppe am C-1-Atom. Bei der Cyclisierung erhalten wir am C-1-Atom ein <u>neues</u> Asymmetrie-Zentrum. Die beiden möglichen Diastereomeren werden als <u>α-</u> und <u>β-Form</u> unterschieden, die man an der Stellung der OH-Gruppe am C-1-Atom erkennt (Einrahmung) und oft als α- und β-Anomere bezeichnet.

<u>D-Reihe</u>: OH-Gruppe zeigt nach <u>rechts</u>: α,   (gilt für die Fischer-
      OH-Gruppe weist nach links: β.   Projektion)

<u>L-Reihe umgekehrt</u>.

Bei der gegenseitigen Umwandlung der α- in die β-Form in Lösung ändert sich der spezifische Drehwert spontan nach einiger Zeit (= <u>Mutarotation</u>), sofern man von einem optisch reinen Anomeren ausgegangen ist: Zwischen α- und β-Form stellt sich ein <u>Gleichgewicht</u> ein.

27.2 Spezielles Beispiel für Aldosen: Die Glucose

An der D-Glucose seien die Schreibweisen demonstriert:

① <u>Fischer-Projektion der D-Glucose</u>

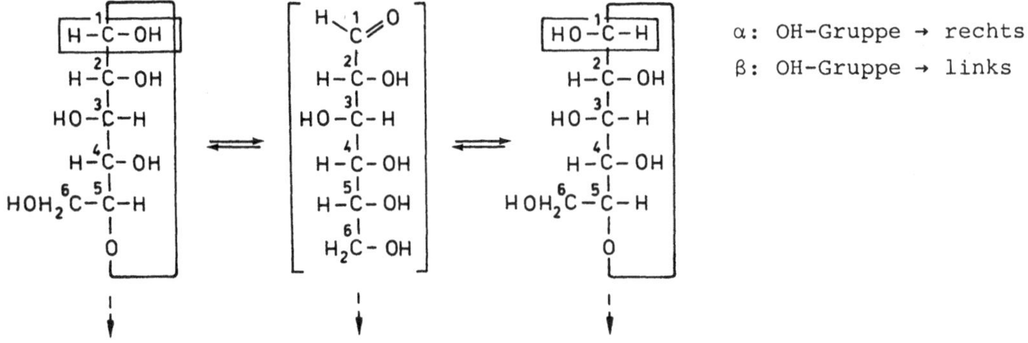

(2) <u>Haworth-Schreibweise, Ringformeln</u>

α: OH-Gruppe → unten
β: OH-Gruppe → oben

27.2.1 <u>Reaktionen und Eigenschaften</u>

Die Glucose ist ein <u>Monosaccharid</u> (d.h. sie ist nicht mit einem weiteren Zucker verknüpft). Glucose enthält sechs C-Atome (<u>Hexose</u>) und
eine Aldehyd-Gruppe, ist also eine <u>Aldose</u>. Die Aldo-hexose liegt in
wäßriger Lösung überwiegend als ein Sechsring vor, dessen Grundgerüst
dem Tetrahydro<u>pyran</u> entspricht, daher die Bezeichnung <u>Pyranose</u>. Wegen
der zahlreichen Hydroxyl-Gruppen ist sie wasserlöslich (hydrophil).

Sie reduziert wie alle α-Hydroxy-aldehyde und α-Hydroxy-ketone Fehlingsche Lösung. Durch andere Oxidations-Reaktionen kann sich aus Glukose
die <u>Gluconsäure</u> bilden.

Die *-onsäuren*, die bei milder Oxidation der Aldosen entstehen, können
unter Wasser-Abspaltung leicht in γ- oder δ-*Lactone* übergehen.

Durch Reduktion der Carbonyl-Gruppe entstehen *-it-Alkohole*, z.B. aus
Glucose D-Glucit (Sorbit).

Formel-Schemata:

D-Glucose   D-Gluconsäure

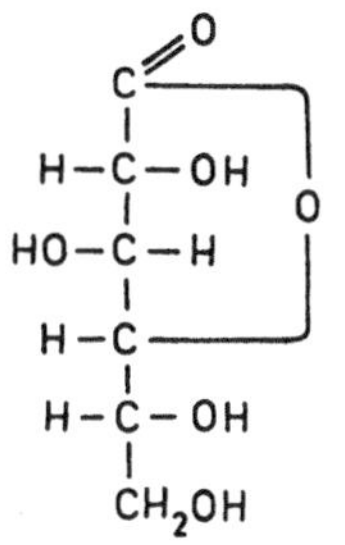

D-Gluconsäure-γ-Lacton 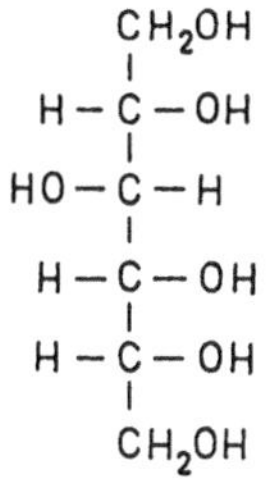   Sorbit (D-Glucit)

Bei stärkerer Oxidation wird auch die primäre Alkohol-Gruppe oxidiert.
Es entstehen Polyhydroxy-dicarbonsäuren, die *-arsäuren*, wie Glucar-
säure (Zuckersäure), Galactarsäure (Schleimsäure) u.a.

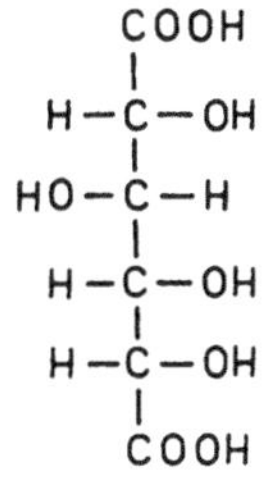

D-Glucarsäure 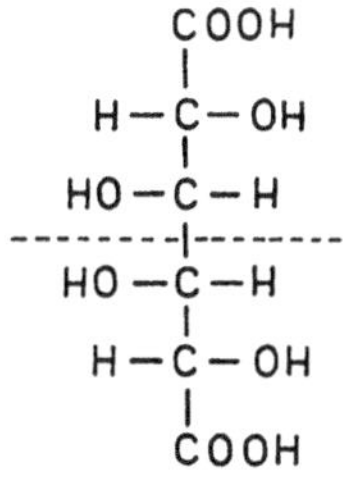   Galactarsäure   D-Glucuronsäure
                     (meso-Form)

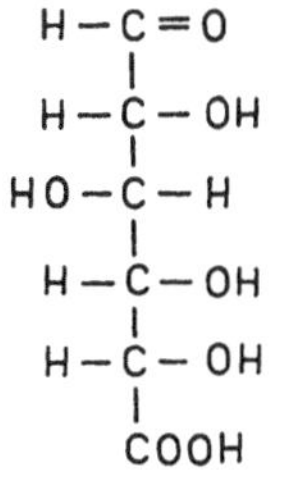

Im Gegensatz zu den -onsäuren und -arsäuren liegen die *-uronsäuren*
als cyclische Verbindungen vor. Bei ihnen ist die Aldehyd-Gruppe erhalten und stattdessen die primäre Alkohol-Gruppe oxidiert worden.
Uronsäuren sind physiologisch von Bedeutung: Zahlreiche giftige
Stoffe werden glykosidisch an die Glucuronsäure gebunden als Gluc-
uronide im Harn ausgeschieden.

27.3 Beispiel für Ketosen: Die Fructose

Die Fructose kann zusammen mit der Glucose durch Hydrolyse von Rohrzucker erhalten werden. Fructose ist eine Ketohexose und bildet einen
Fünfring (Furanose) oder Sechsring (Pyranose). *Beachte:* Bisher konnte
nur die β-D-Fructopyranose in Substanz isoliert werden. Die Fructo-
furanosen kommen nur als Bausteine in den Glykosiden (= Furanoside)
vor. Formelmäßige Darstellung der β-D-Fructose:

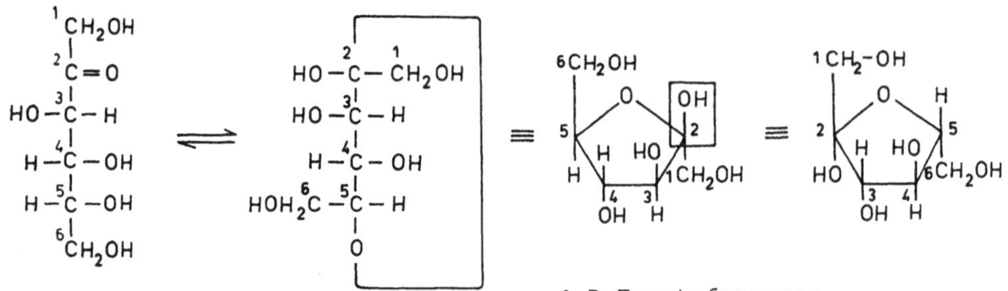

β-D-Fructofuranose

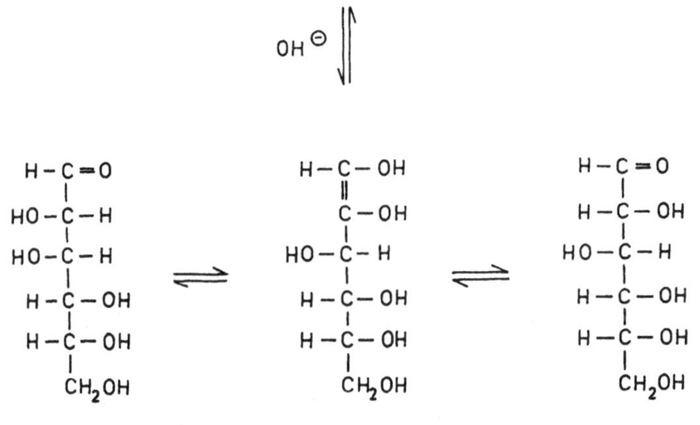

OH⁻

D-Mannose   Endiol-Form   D-Glucose

Die Reaktionsfolge zeigt, weshalb auch Fructose Fehlingsche Lösung
reduziert: Ketosen stehen nämlich in alkalischer Lösung über ein
Endiol mit den entsprechenden Aldosen im Gleichgewicht.

Ketosen lassen sich wie die Aldosen reduzieren. Aus D-Fructose entsteht ein *Diastereomerenpaar*, nämlich D-Sorbit und D-Mannit.

Bei Oxidationen werden zunächst die primären Alkohol-Gruppen oxidiert;
energische Oxidationen spalten die C-Kette.

28 Charakterisierung von Zuckern durch Derivate

Die oft schlecht kristallisierenden Zucker geben bei der Umsetzung
mit Phenylhydrazin *Osazone*. Osazone kristallisieren gut, dienen der
Identifizierung der Zucker und geben auch Hinweise auf ihre Konfiguration. Da bei der Reaktion das Asymmetrie-Zentrum am C-2-Atom verschwindet, geben die Diastereomere D-Glucose und D-Mannose das
gleiche Osazon. Sie werden deshalb auch als *Epimere* bezeichnet, weil
sie sich nur in der Konfiguration eines Asymmetrie-Zentrums (C-2)
unterscheiden. Der Mechanismus ist noch nicht genau bekannt.

Allgemeine Reaktionsgleichung:

$$
\begin{array}{l}
CHO \\
| \\
CHOH \\
| \\
R
\end{array}
\quad + \quad 3\,C_6H_5NHNH_2 \quad \longrightarrow \quad
\begin{array}{l}
CH\!=\!N\!-\!NH\!-\!C_6H_5 \\
| \\
C\!=\!N\!-\!NH\!-\!C_6H_5 \\
| \\
R
\end{array}
\quad + \quad C_6H_5NH_2 \; + \; NH_3 \; + \; 2\,H_2O
$$

Phenylhydrazin   Osazon

Eine andere Methode zur Derivatbildung von Zuckern ist die Acetylierung mit Acetylchlorid. Glucose bildet zwei Pentaacetate, nämlich
Penta-O-acetyl-β-D-glucopyranose und Penta-O-acetyl-α-D-glucopyranose.
Die Acetyl-Gruppen lassen sich durch Hydrolyse leicht wieder entfernen.

29 Reaktionen an Zuckern

<u>Aufbau von Monosacchariden</u>

Bei der *Kiliani-Fischer-Synthese* wird die Kette schrittweise um ein
C-Atom verlängert: Man addiert HCN an die CHO-Gruppe einer Aldose.
Das entstandene Cyanhydrin wird zum Lacton der entsprechenden Onsäure
hydrolysiert. Reduktion mit Na-Amalgam liefert ein Gemisch zweier
diastereomerer empimerer Aldosen, die sich z.B. durch fraktionierte
Kristallisation trennen lassen.

$$CHO \xrightarrow{+\,HCN} C\equiv N \xrightarrow{H_2O/\,H^{\oplus}} COOH \xrightarrow[\text{Lacton}]{\text{Reduktion als}} CHO$$

D-Arabinose   epimere   D-Gluconsäure +   D-Glucose +
    Cyanhydrine   D-Mannonsäure   D-Mannose

$$R = -CH-CH-CH-CH_2OH$$
$$\quad\quad\ \ |\ \ \ |\ \ \ |$$
$$\quad\quad\ \ OH\ \ \ OH$$
$$\quad\ |$$
$$\quad\ OH$$

30 Disaccharide

Allgemeines Schema für die Benennung der Disaccharide:

-osyl   -ose   -osyl   -osid
(-osido)   (-osido)

I: reduzierend, zeigt   II: nicht reduzierend
   Mutarotation

Bei reduzierenden Disacchariden wird im Namen angegeben, welche OH-
Gruppe im Ring I eine Bindung eingeht: 4-O- ist z.B. die OH-Gruppe
am C-Atom 4.

Einzelbeispiele:

① *Nicht-reduzierende Zucker*

Im Rohrzucker (Saccharose) ist die α-D-Glucose mit β-D-Fructose
α-β-glykosidisch verknüpft. Dieses Disaccharid ist ein Vollacetal
und daher als α-D-Glucopyranosyl-β-D-fructofuranosid zu bezeichnen.
Die Hydrolyse ergibt die beiden Hexosen.

② *Reduzierende Zucker*

Wird die glykosidische Bindung mit einer alkoholischen OH-Gruppe gebildet, steht die Halbacetal-Form des zweiten Zuckers mit der offenen
Form im Gleichgewicht, d.h. die Reduktion von Fehling-Lösung ist möglich (latente Carbonyl-Gruppe).

Tabelle 25. Beispiele für Monosaccharide und Disaccharide

Verbindung	Fp. (^{o}C)	Vorkommen
Pentosen		
L(+)-Arabinose	160	in Araban (Kirschgummi), Glykosiden u. Polysacchariden
D(-)-Xylose	145	in Xylan (Holzgummi), Kleie, Maiskolben, Stroh
D(-)-Ribose	95	als N-Glykosid in Nucleinsäuren u. Coenzymen
2-Desoxy-D-ribose	78	als N-Glykosid in Nucleinsäuren
Hexosen		
D(+)-Glucose	146 (α)	in Trauben u. a. süßen Früchten sowie im Honig
D(+)-Mannose	132	in Johannisbrot u. Polysacchariden
D(+)-Galactose	166	in Oligosacchariden, z.B. Milchzucker u. Galactanen
D(-)-Fructose	102 - 104	in süßen Früchten u. Honig
D(-)-Glucosamin	·HCl: 185	im Polysaccharid Chitin
D(-)-Galactosamin	·HCl: 187	als N-Acetyl-Verbindung in Mucopolysacchariden
Disaccharide		
Saccharose	185	in Zuckerrüben u. Rohrzucker
Lactose	202	in Milch d. Säugetiere
Maltose	103	Strukturelement u. Abbauprodukt d. Stärke, z.B. in keimenden Samen
Cellobiose	225	Strukturelement u. Abbauprodukt d. Cellulose

31 Aminosäuren

*Die Eiweiße oder Proteine (Polypeptide) sind hochmolekulare Natur-
stoffe* (Molekülmasse > 10 000) *aus einer größeren Anzahl verschiedener
Amino-carbonsäuren.* Die meisten natürlichen Aminosäuren haben L-Konfiguration und tragen die Amino-Gruppe in α-Stellung, d.h. an dem zur
Carboxyl-Gruppe benachbarten Kohlenstoff-Atom. Damit ergibt sich eine
allgemeine Strukturformel, die zum besseren Verständnis nachfolgend
zusammen mit dem Glycerinaldehyd wiedergegeben ist:

L-α-Aminosäure   (-)-L-Glycerinaldehyd

Die natürlich vorkommenden Aminosäuren werden eingeteilt in: <u>neutrale</u>
Aminosäuren (eine Amino- und eine Carboxyl-Gruppe), <u>saure</u> Aminosäuren
(eine Amino- und zwei Carboxyl-Gruppen) und <u>basische</u> Aminosäuren
(zwei Amino- und eine Carboxyl-Gruppe).

① *Neutrale Aminosäuren* (Abkürzungen in Klammern)

Glycin   β-Alanin   L-Alanin   L-Valin   L-Leucin   L-Isoleucin
(Gly; G)   (Ala; A)   (Val; V)   (Leu; L)   (Ile; I)

L-Glutamin
(Glu-NH$_2$;
Gln; Q)

L-Asparagin
(Asp-NH$_2$;
Asn; N)

L-Threonin
(Thr; T)

L-Methionin
(Met; M)

L-Prolin
(Pro; P)

Alanin-Derivate

L-Serin
(Ser; S)

L-Cystein
(Cys; C)

L-Cystin
(Cys-Cys)

L-Phenylalanin
(Phe; F)

L-Tyrosin
(Tyr; Y)

L-Tryptophan
(Trp; W)

② *Basische Aminosäuren*

$H_2N-CH_2-CH_2-CH_2-CH_2-CH-COOH$, mit NH_2

Lysin (Lys; K)

Histidin (Imidazolylalanin)
(His; H)

Arginin (Arg; R)

③ *Saure Aminosäuren*

$$HOOC-CH_2-CH_2-\underset{\underset{\displaystyle NH_2}{|}}{CH}-COOH \qquad \text{Glutaminsäure (Glu; E)}$$

$$HOOC-CH_2-\underset{\underset{\displaystyle NH_2}{|}}{CH}-COOH \qquad \text{Asparaginsäure (Asp; D)}$$

31.1 Aminosäuren als Ampholyte

Aufgrund ihrer Struktur besitzen Aminosäuren sowohl basische als auch saure Eigenschaften. Es ist daher eine intramolekulare Neutralisation möglich, die zu einem sog. *Zwitterion (Betain)* führt.

$$R-\underset{\underset{\displaystyle \overset{\oplus}{N}H_3}{|}}{CH}-COO^{\ominus} \qquad \text{Dipolare Struktur der freien Aminosäuren}$$

Aminosäuren liegen meist kristallin vor, ihre Schmelzpunkte sind sehr hoch und liegen über den Zersetzungspunkten (z.B. Alanin 295°C).

In wäßriger Lösung ist die $-NH_3^{\oplus}$-Gruppe die sauer wirkende Gruppe einer Aminosäure. Der pK_{s2}-Wert ist ein Maß für die Säurestärke dieser Gruppe. Der pK_{s1}-Wert einer Aminosäure bezieht sich auf die basische Wirkung der $-COO^{\ominus}$-Gruppe.

Für eine bestimmte Verbindung sind die Säure- und Basenstärken nicht genau gleich, da diese von der Struktur abhängen. Es gibt jedoch in Abhängigkeit vom pH-Wert einen Punkt, bei dem die intramolekulare Neutralisation vollständig ist. Dieser wird als *isoelektrischer Punkt (I.P.)* bezeichnet. Er ist dadurch gekennzeichnet, daß im elektrischen Feld keine Ionenwanderung mehr stattfindet und die Löslichkeit der Aminosäuren ein <u>Minimum</u> erreicht. Daher ist es wichtig, bei gegebenen pK_s-Werten den isoelektrischen Punkt berechnen zu können. Die Formel hierfür lautet:

$$I.P. = 1/2 \ (pK_{s1} + pK_{s2})$$

pK_{s1} = pK_s-Wert der Carboxyl-Gruppe, pK_{s2} = pK_s-Wert der Amino-Gruppe.

Beispiel: Glycin $H_3\overset{\oplus}{N}-CH_2-COO^{\ominus}$

$$K_{s1} = 4,5 \cdot 10^{-3} \text{ oder } pK_{s1} = 2,34$$

$$K_{s2} = 2,5 \cdot 10^{-10} \text{ oder } pK_{s2} = 9,6$$

Der I.P. berechnet sich daraus zu:

I.P. = 1/2 (2,34 + 9,6) = 6

Der I.P. ist also etwas zur sauren Seite hin verschoben. Die entsprechende Titrationskurve zeigt Abb. 27.

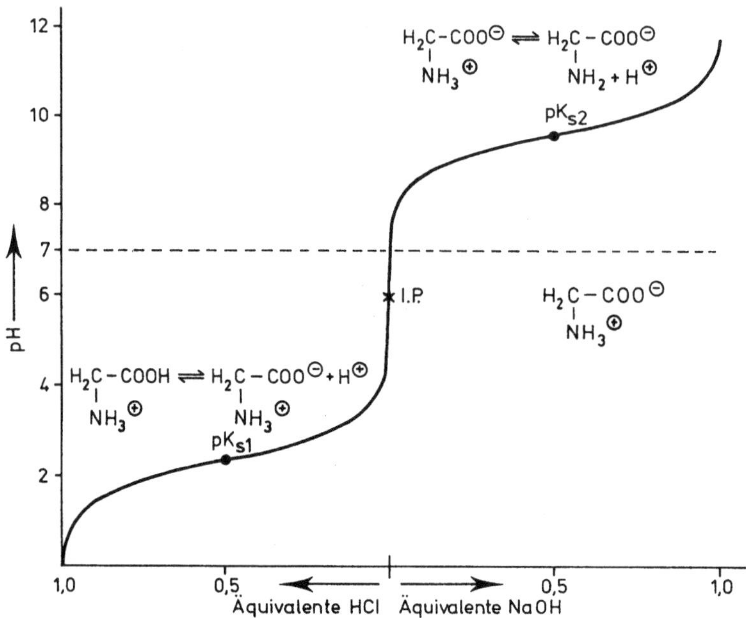

Abb. 27. Titrationskurve von Glycin

Verändert man den pH-Wert einer Lösung, so wandert die Aminosäure je nach Ladung an die Kathode oder Anode, wenn man eine Gleichspannung an zwei in ihre Lösung eintauchende Elektroden anlegt (Elektrophorese). Dies läßt sich an Hand folgender Gleichungen leicht einsehen:

$$H_2N-CH-COO^\ominus \quad \xleftarrow[- H_2O]{+ OH^\ominus} \quad H_3\overset{\oplus}{N}-CH-COO^\ominus \quad \xrightarrow{+ H^\oplus} \quad H_3\overset{\oplus}{N}-CH-COOH$$
$$R \qquad\qquad\qquad\qquad R \qquad\qquad\qquad\qquad R$$

(basisch)   I.P.   (sauer)

Anion (wandert   keine Wanderung   Kation (wandert
zur Anode)   zur Kathode)

Damit wird auch die jeweils vorliegende Struktur der Aminosäuren vom pH-Wert bestimmt.

Beispiel: Lysin hat einen I.P. von 9,74. Bei einem pH von 10 liegt Lysin als Anion vor, bei pH = 9,5 als Kation. Die jeweils vorliegende Struktur ergibt sich aus obigen Gleichungen.

Will man Lysin an einen Anionenaustauscher adsorbieren, muß man daher den pH-Wert der wäßrigen Lösung größer als den I.P. wählen (z.B. pH = 10). In einer derartigen Lösung wird Lysin bei Anlegen einer elektrischen Gleichspannung zur Anode wandern.

31.2 Chemische Reaktionen von Aminosäuren

Die Aminosäuren können entsprechend den vorhandenen funktionellen Gruppen wie Amine oder Carbonsäuren reagieren. So kann z.B. die Amino-Gruppe mit Acetanhydrid acetyliert werden und beide Gruppen können analog zu den Hydroxysäuren beim Erwärmen miteinander reagieren:

- Aus α-Aminosäuren entsteht ein cyclisches Diamid:

Diketopiperazin

- β-Aminosäuren führen zu α,β-ungesättigten Säuren ②, während aus γ- und δ-Aminosäuren cyclische Amide, die γ- und δ-*Lactame*, entstehen ③:

γ-Lactam

31.3 Synthesen von Aminosäuren

Zur Synthese von Aminosäuren sind viele Methoden entwickelt worden.
Bei der Synthese erhält man grundsätzlich racemische Gemische.

① Die gebräuchlichste Herstellungsmethode ist die *Aminierung von
α-Halogen-carbonsäuren*.

α-Brom-carbonsäuren, erhältlich durch Halogenierung nach Hell-Volhard-
Zelinsky, werden mit Ammoniak umgesetzt:

Beispiel:

$$CH_3CH_2COOH \xrightarrow{Br_2, P} CH_3\underset{Br}{CH}COOH \xrightarrow{NH_3 (\text{Überschuß})} CH_3\underset{\overset{+}{N}H_3}{CH}COO^{\ominus}$$

Propionsäure   α-Brom-propionsäure   Alanin

70 % Ausbeute

② Eine weitere wichtige Darstellungsmethode ist die *Strecker-Synthese*. Aldehyde reagieren mit Ammoniak in einer Additionsreaktion zu
einem Azomethin, das als "carbonyl-analoge" Verbindung HCN addiert.
Die Hydrolyse des gebildeten Aminonitrils ergibt die gewünschte Aminosäure.

$$R-CHO \xrightarrow{+NH_3} R-\underset{OH}{CH}-NH_2 \xrightarrow[-H_2O]{+H^{\oplus}} \left[R-\overset{\oplus}{CH}-NH_2 \longleftrightarrow R-CH=\overset{\oplus}{NH_2} \right]$$

Carbenium-Immonium-Ion

$$+CN^{\ominus}$$

$$R-\underset{\overset{\oplus}{N}H_3}{CH}-COO^{\ominus} \xleftarrow[-NH_3]{+2 H_2O} R-\underset{NH_2}{CH}-CN$$

α-Aminonitril

③ Die *Gabriel-Synthese* verwendet Kaliumphthalimid, das mit Brom-
malonester reagiert. Das entstandene Produkt wird alkyliert, hydrolysiert, und eine Carboxyl-Gruppe wird decarboxyliert:

$$\text{Phthalimid-}N^{\ominus}K^{\oplus} + Br-\underset{COOR}{CH}-COOR \xrightarrow{-KBr} \text{Phthalimid-}N-\underset{COOR}{CH}-COOR$$

$$\xrightarrow{+R'-Cl} \text{Phthalimid-}N-\underset{COOR}{\overset{R'}{\underset{|}{C}}}-COOR \xrightarrow[2)\ \triangle]{1)\ H_3O^{\oplus}} \underset{COOH}{\overset{COOH}{\bigcirc}} + H_3\overset{\oplus}{N}-\underset{R'}{CH}-COO^{\ominus}$$

$$+ CO_2 + 2 ROH$$

32 Biochemisch wichtige Ester

Die Ester langkettiger, meist unverzweigter Carbonsäuren wie <u>Fette</u>, <u>Wachse</u> u.a. werden unter dem Begriff <u>Lipide</u> zusammengefaßt. Manchmal rechnet man auch die Isoprenoide, wie Terpene und Steroide hinzu.

32.1 Fette

Fette sind Mischungen aus Glycerinestern ("Glyceride") verschiedener Carbonsäuren mit 12 bis 20 C-Atomen (Tabelle 26). Sie dienen im Organismus zur Energieerzeugung, als Depotsubstanzen, zur Wärmeisolation und zur Umhüllung von Organen.

Tabelle 26. Wichtige Fettsäuren

Zahl der C-Atome	Name	Formel
gesättigte Fettsäuren		
4	Buttersäure	$CH_3-(CH_2)_2-COOH$
12	Laurinsäure	$CH_3-(CH_2)_{10}-COOH$
14	Myristinsäure	$CH_3-(CH_2)_{12}-COOH$
16	Palmitinsäure	$CH_3-(CH_2)_{14}-COOH$
18	Stearinsäure	$CH_3-(CH_2)_{16}-COOH$
ungesättigte Fettsäuren (Doppelbindungen: cis-konfiguriert)		
16	Palmitoleinsäure	$CH_3-(CH_2)_5-CH=CH-(CH_2)_7-COOH$
18	Ölsäure	$CH_3-(CH_2)_7-CH=CH-(CH_2)_7-COOH$
18	Linolsäure	$CH_3-(CH_2)_3-(CH_2-CH=CH)_2-(CH_2)_7-COOH$
18	Linolensäure	$CH_3-(CH_2-CH=CH)_3-(CH_2)_7-COOH$
20	Arachidonsäure	$CH_3-(CH_2)_3-(CH_2-CH=CH)_4-(CH_2)_3-COOH$

Wie alle Ester können auch Fette mit nucleophilen Reagenzien, z.B.
einer NaOH-Lösung, umgesetzt werden. Diese Hydrolyse wird oft als
Verseifung bezeichnet. Dabei entstehen Glycerin und die Natriumsalze
der entsprechenden Säuren (Fettsäuren), die auch als *Seifen* bezeichnet werden. Sie werden auf diesem Wege großtechnisch hergestellt und
als Reinigungsmittel verwendet.

Beispiel:

$$
\begin{array}{l}
CH_2-O-\underset{\substack{\|\\O}}{C}-C_{17}H_{35} \\[2mm]
CH-O-\underset{\substack{\|\\O}}{C}-C_{15}H_{31} \\[2mm]
CH_2-O-\underset{\substack{\|\\O}}{C}-C_{17}H_{33}
\end{array}
\quad \xrightarrow{+\,3\,NaOH} \quad
\begin{array}{l}
CH_2OH \\[2mm]
CHOH \\[2mm]
CH_2OH
\end{array}
\quad + \quad
\begin{array}{l}
C_{17}H_{35}COO^{\ominus}Na^{\oplus} \quad Na-Stearat \\[2mm]
C_{15}H_{31}COO^{\ominus}Na^{\oplus} \quad Na-Palmitat \\[2mm]
C_{17}H_{33}COO^{\ominus}Na^{\oplus} \quad Na-Oleat
\end{array}
$$

ein Glycerinester   Glycerol
(Triglycerid,   (Glycerin)
 Triacylglycerol)

Die *saure* Verseifung höherer Carbonsäure-ester (Fette) ist wegen der
Nichtbenetzbarkeit von Fetten durch Wasser sehr erschwert, ein Zusatz
von Emulgatoren daher erforderlich.

Öle (= flüssige Fette) haben i.a. einen höheren Gehalt an ungesättigten Carbonsäuren als Fette und daher auch einen niedrigeren Schmelzpunkt. Bei der sog. *Fetthärtung* von Pflanzenölen werden einige Doppelbindungen katalytisch hydriert, wodurch der Schmelzpunkt steigt und
die Stoffe fest werden (Margarineherstellung). Wegen der C=C-Doppelbin-
dungen sind Öle oxidationsempfindlich (Autoxidation).

Beachte: Natürliche Fettsäuren haben infolge ihrer Biosynthese eine
gerade Anzahl von C-Atomen.

Der Begriff Öl wird oft als Sammelbezeichnung für flüssige organische
Verbindungen verwendet. Es sind daher zu unterscheiden: Fette Öle =
flüssige Fette = Glycerinester; Mineralöle = Kohlenwasserstoffe;
Ätherische Öle = Terpen-Derivate.

32.2 Phospholipide

Zu den Glyceriden zählen auch die Phosphatide oder Phospholipide.
In diesen Substanzen ist der Alkohol Glycerin mit zwei Molekülen
Fettsäure und mit Phosphorsäure verestert. Die Phosphorsäure ihrer-
seits ist ein zweites Mal mit einem anderen Alkohol verestert, z.B.
mit Colamin oder Cholin. Cholin ist die Vorstufe zu Acetylcholin,
dem im Körper eine wichtige Funktion zukommt:

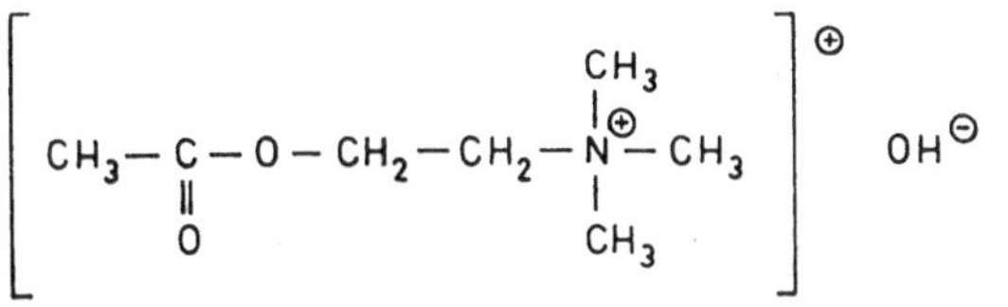

$$\left[CH_3-\underset{\underset{O}{\|}}{C}-O-CH_2-CH_2-\overset{\overset{CH_3}{|}}{\underset{\underset{CH_3}{|}}{N^{\oplus}}}-CH_3 \right]^{\oplus} \quad OH^{\ominus} \qquad \text{Acetylcholin}$$

Die wichtigsten Phosphatide sind Lecithin und Kephalin. Sie liegen
als Zwitterionen vor und sind am Aufbau von Zellmembranen, vor allem
der Nervenzellen, beteiligt.

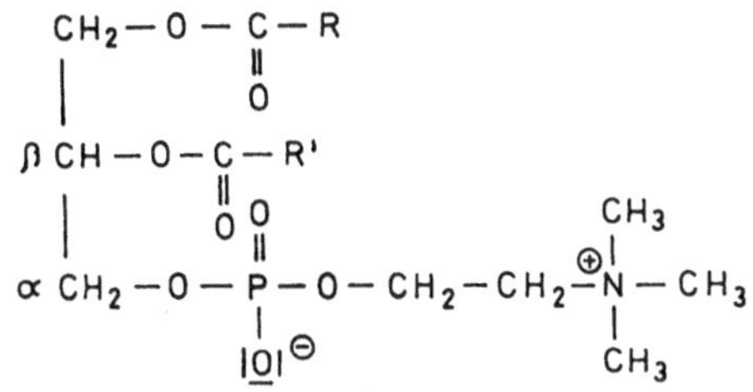

$$\begin{array}{l}
CH_2-O-\underset{\underset{O}{\|}}{C}-R \\[2mm]
\beta\ CH-O-\underset{\underset{O}{\|}}{C}-R' \\[2mm]
\alpha\ CH_2-O-\underset{\underset{\underline{|O|}^{\ominus}}{|}}{\overset{\overset{O}{\|}}{P}}-O-CH_2-CH_2-\overset{\overset{CH_3}{|}}{\underset{\underset{CH_3}{|}}{N^{\oplus}}}-CH_3
\end{array}$$

α – Lecithin

$$\begin{array}{l}
CH_2-O-\underset{\underset{O}{\|}}{C}-R \\[2mm]
\beta\ CH-O-\underset{\underset{\underline{|O|}^{\ominus}}{|}}{\overset{\overset{O}{\|}}{P}}-O-CH_2-CH_2-NH_3^{\oplus} \\[2mm]
\alpha\ CH_2-O-\underset{\underset{O}{\|}}{C}-R'
\end{array}$$

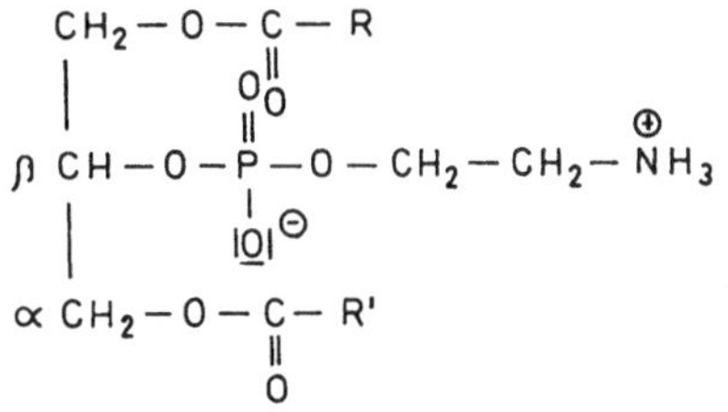

β – Kephalin

32.3 Wachse

Neben den Fetten und Phosphatiden gibt es eine dritte wichtige Art
von Naturstoff-Lipiden, die Wachse. Wir kennen tierische Wachse,
pflanzliche Wachse und eine große Anzahl synthetisch zugänglicher
Wachsprodukte für technische und medizinisch-pharmazeutische Zwecke.
Wachse sind Monoester langkettiger unverzweigter Carbonsäuren mit
langkettigen unverzweigten Alkoholen (C_{16} bis C_{36}). Der Unterschied
zu den Fetten besteht darin, daß an die Stelle der alkoholischen
Ester-Komponente Glycerin höhere primäre Alkohole treten wie Myricyl-
alkohol (Gemisch von $C_{30}H_{61}$—OH und $C_{32}H_{65}$—OH) im Bienenwachs, Cetyl-
alkohol ($C_{16}H_{33}$—OH) im Walrat und Cerylalkohol ($C_{26}H_{53}$—OH) im chine-
sischen Bienenwachs. Das Carnauba-Wachs besteht hauptsächlich aus
Myricylcerotinat $C_{25}H_{51}COOC_{30}H_{61}$.

33 Biopolymere

Biopolymere sind natürliche Makromoleküle, die ebenso wie synthetische Makromoleküle aus kleineren Bausteinen (Monomeren) aufgebaut sind. Die Polymeren unterscheiden sich u.a. in der Art des bzw. der Monomeren, aus denen sie aufgebaut sind, der Art der Bindung zwischen den Bausteinen und der Möglichkeit verschiedener Verzweigungsarten bei mehreren funktionellen Gruppen.

Eine Übersicht über hier besprochene Verbindungen gibt Tabelle 27.

Tabelle 27. Kunststoffe und Biopolymere

Art der Bindungen zwischen den Monomeren		Beispiele für	
		synthetische Polymere	natürliche Polymere
Kohlenstoff-Bindung	$-\overset{\mid}{\underset{\mid}{C}}-\overset{\mid}{\underset{\mid}{C}}-$	Polyethylen	Kautschuk
Ester-Bindung	$-\underset{\underset{O}{\parallel}}{C}-O-\overset{\mid}{\underset{\mid}{C}}-$	Polyester (Diolen)	Nucleinsäuren (DNA, RNA)
Amid-Bindung	$-\underset{\underset{H}{\mid}}{C}-\overset{\overset{O}{\parallel}}{N}-\overset{\mid}{\underset{\mid}{C}}-$	Polyamid (Nylon, Perlon)	Polypeptide (Eiweiß, Wolle, Seide)
Ether-Bindung bzw. Acetal-Bindung	$-\overset{\mid}{\underset{\mid}{C}}-O-\overset{\mid}{\underset{\mid}{C}}-$	Polyformaldehyd (Delrin)	Polysaccharide (Cellulose, Stärke, Glykogen)

33.1 Polysaccharide (Glykane)

Die Bedeutung der makromolekularen Struktur wird am Beispiel der Polysaccharide *Cellulose, Stärke und Glykogen* besonders deutlich. Alle drei sind aus dem gleichen Monomeren, der D-Glucose, aufgebaut, unterscheiden sich jedoch in ihrem verschieden verzweigten Aufbau

(Tabelle 28). Ein weiteres Polysaccharid, das *Dextran*, besteht ebenfalls aus D-Glucose und findet in der Gelchromatographie Verwendung. Wegen der gleichen Grundbausteine nennt man diese Polysaccharide auch Homoglykane.

Tabelle 28. Eigenschaften von Polysacchariden

	Cellulose	Stärke	Glykogen
Monomer	D-Glucose	D-Glucose	D-Glucose
glykosidische Verknüpfung	β(1,4)	α(1,4) u. α(1,6)	α(1,4) u. α(1,6)
Aufbau	linear	verzweigt, helical	stark verzweigt, helical
Gestalt	linear	längl. gestreckt	kugelig
Löslichkeit (in Wasser)	keine	nach Kochen	gut
Faserbildung	sehr gut	keine	keine
Kristallisation	gut	schwach	keine
biol. Bedeutg.	Gerüstsubstanz (pflanzl. Zellwand)	Depotsubstanz (Pflanzen)	Depotsubstanz (Vertebraten)

33.1.1 Cellulose

Cellulose besteht aus D-Glucose-Molekülen, die an den C-Atomen 1 und 4 β-glykosidisch verknüpft sind. Das Ergebnis ist ein gerader, einfacher Molekül-Faden ohne Verzweigungen (linear). Zwischen den Molekülsträngen sind H-Brückenbindungen wirksam, so daß man die Struktur einer Faser erhält. Diese eignet sich als Gerüstsubstanz, weil sie unter normalen Bedingungen unlöslich ist.

Die beiden anderen aus Glucose gebauten Polysaccharide Stärke und Glykogen haben einen anderen Bau. Ihre Verwendung als Reserve-Kohlenhydrate verlangt eine möglichst schnelle und direkte Verwertbarkeit im Organismus. Sie müssen daher wasserlöslich und stark verzweigt sein, um den Enzymen ungehinderten Zutritt zu den Verknüpfungspunkten zu ermöglichen.

33.1.2 Stärke

Stärke besteht zu 10 - 30 % aus Amylose und zu 70 - 90 % aus Amylopektin. Beide sind aus D-Glucose-Einheiten zusammengesetzt, die α-glykosidisch verknüpft sind.

In der Amylose sind sie $\alpha(1,4)$-verknüpft, wobei die Glucose-Ketten kaum verzweigt sind. Sie ist der Stärke-Bestandteil, der mit Iod die blaue Iod-Stärke-Einschlußverbindung gibt.

Der Hauptbestandteil der Stärke, das Amylopektin, ist im Gegensatz zur Amylose stark verzweigt; $\alpha(1,4)$-glykosidisch gebaute Amylose-Ketten sind $\alpha(1,6)$-glykosidisch miteinander verbunden.

33.1.3 Bekannte Polysaccharide mit anderen Zuckern

Inulin (in Dahlienknollen, Artischocken als Depotsubstanz), ist fast gänzlich aus $\beta(1,2)$-verbundenen D-Fructofuranose-Molekülen aufgebaut. Es dient in der Physiologie zur Bestimmung des extrazellulären Raumes, weil es leicht in die Interstitialflüssigkeit, nicht aber in die Zellen eintritt.

Die Pektine (vor allem in Früchten) bilden Gele und haben ein hohes Wasserbindungsvermögen. Sie enthalten D-Galacturonsäure ($\alpha(1,4)$-verknüpft), deren COOH-Gruppen z.T. als Methylester ($-COOCH_3$) vorliegen. Sie dienen zur Herstellung von Gelees, Marmeladen etc.

Tabelle 29. Polysaccharide, Struktur und Vorkommen

Polysaccharid	Monosaccharid-Bausteine	Verknüpfung	Vorkommen
Agar	D-Galactose, L-Galactose-6-sulfat	$\beta(1,3)$, $\beta(1,4)$	rote Meeres-algen
Alginsäure	D-Mannuronsäure	$\beta(1,4)$	Braunalgen
Amylopektin	D-Glucose	$\alpha(1,4)$, $\alpha(1,6)$	Pflanzen
Amylose	D-Glucose	$\alpha(1,4)$	Pflanzen
Cellulose	D-Glucose	$\beta(1,4)$	Pflanzen
Chitin	N-Acetyl-D-Glucosamin	$\beta(1,4)$	niedere Tiere, Pilze
Chondroitin-sulfat	D-Glucuronsäure, N-Acetyl-D-galactosamin-4- und -6-sulfat	$\beta(1,3)$, $\beta(1,4)$	tierisches Bindegewebe
Dextran	D-Glucose	$\alpha(1,4)$, $\alpha(1,6)$	Bakterien
Glykogen	D-Glucose	$\alpha(1,4)$, $\alpha(1,6)$	Säugetiere

Tabelle 29 (Fortsetzung)

Polysaccharid	Monosaccharid-Bausteine	Verknüp-fung	Vorkommen
Heparin	D-Glucuronsäure-2-sulfat, D-Galactosamin-N,C-6-disulfat	$\alpha(1,4)$	Säugetiere
Hyaluron-säure	D-Glucuronsäure, N-Acetyl-D-glucosamin	$\beta(1,3)$, $\beta(1,4)$	Bakterien, Tiere
Inulin	D-Fructose	$\beta(2,1)$	Compositae, Liliaceae
Mannan	D-Mannose	überw. $\beta(1,4)$	Pflanzen
Murein	N-Acetyl-D-glucosamin, N-Acetyl-D-muraminsäure	$\beta(1,4)$	Bakterien
Pektinsäure	D-Galacturonsäure	$\alpha(1,4)$	höhere Pflanzen
Xylan	D-Xylose	$\beta(1,4)$	Pflanzen

33.2 Peptide

Zwei, drei oder mehr <u>Aminosäuren</u> können, zumindest formal, unter Was-ser-Abspaltung zu einem größeren Molekül kondensieren. Die Verknüp-fung erfolgt jeweils über die Peptid-Bindung —CO—NH— (Säureamid-Bindung). *Je nach der <u>Anzahl</u> der Aminosäuren nennt man die entstandenen Verbindungen <u>Di-, Tri- oder Polypeptide</u>.*

Beispiel:

$$H_2N-CH_2-COOH \;+\; H_2N-\underset{\underset{CH_3}{|}}{CH}-COOH \;\longrightarrow\; H_2N-CH_2-\boxed{\underset{\underset{O}{\parallel}}{C}-NH}-\underset{\underset{CH_3}{|}}{CH}-COOH + H_2O$$

Glycin	Alanin	Dipeptid: Gly-Ala (Glycyl-Alanin)

Allgemeine Strukturformel: Mesomerie der Peptid-Bindung:

Kristallstrukturbestimmungen von einfachen Peptiden führen zu den folgenden Auffassungen über die räumliche Anordnung der Atome:

Da alle Proteine aus L-Aminosäuren gebaut sind, ist die sterische
Anordnung am α-C-Atom festgelegt. Die Röntgenstrukturanalyse ergibt
zusätzlich, daß die Amid-Gruppe eben angeordnet ist, d.h. *die Atome
der Peptid-Bindung liegen in einer Ebene*. Dadurch ist die gezeigte
Mesomerie der Peptid-Bindung möglich, die eine verringerte Basizität
am Amid-N-Atom zur Folge hat. Der partielle Doppelbindungscharakter
wird durch den gemessenen C-N-Abstand von 132 pm im Vergleich zu
einer normalen C-N-Bindung von 147 pm bestätigt. Die Atomfolge

$$-\overset{\alpha}{C}-N-\overset{\alpha}{C}-\overset{}{C}-$$

bezeichnet man auch als das *Rückgrat* der Peptid-Kette.

*Die Reihenfolge der Aminosäuren in einem Peptid wird als die Sequenz
(Primärstruktur) bezeichnet.*

33.2.1 Hydrolyse von Peptiden

Die Säureamid-Bindung der Peptide läßt sich durch Hydrolyse mit Säuren oder Basen spalten, und man erhält die einzelnen Aminosäuren zurück (R-CO-NHR' bedeutet im folgenden ein Peptid):

$$R-\underset{O}{\overset{\parallel}{C}}-NHR' \; + \; H_2O \; \underset{(H^{\oplus})}{\overset{(H^{\oplus},\,OH^{\ominus})}{\rightleftharpoons}} \; RCOOH \; + \; H_2NR'$$

Im Organismus wird der Eiweißabbau durch proteolytische Enzyme (Tryp-
sin, Chymotrypsin, Papain) eingeleitet, die eine gewisse Spezifität
zeigen und bei bestimmten pH-Werten ihr Wirkungsoptimum haben. Bei
der Hydrolyse im Labor wird zur Beschleunigung der Reaktion meist in
saurer Lösung gearbeitet, da der Einsatz von Basen zu einem racemi-
schen Gemisch der entstandenen Aminosäuren führt.

Die *saure Hydrolyse* verläuft wie folgt: Nach der Anlagerung eines
Protons folgt der nucleophile Angriff eines H_2O-Moleküls:

$$R-\underset{O}{\overset{\parallel}{C}}-NHR' \; \overset{+\,H^{\oplus}}{\rightleftharpoons} \; R-\underset{OH}{\overset{\oplus}{C}}-NHR' \; \overset{+\,H_2O}{\rightleftharpoons} \; R-\underset{OH}{\overset{}{C}}-NHR' \; \rightleftharpoons$$

$$R-\underset{\overset{|}{OH}}{\overset{\overset{HO\;\;H}{|\;\;\;|}}{C}}-\overset{\oplus}{N}HR' \; \overset{-H^{\oplus}}{\rightleftharpoons} \; RCOOH \; + \; H_2NR' \quad (\text{bzw} \; H_3\overset{\oplus}{N}R'X^{\ominus})$$

Im Gegensatz dazu ist die *alkalische* Hydrolyse bekanntlich irreversibel und beginnt mit dem nucleophilen Angriff des $OH^{\ominus}$-Ions:

$$R - \overset{\text{O}}{\underset{\|}{C}} - \bar{N}HR' + OH^{\ominus} \rightleftharpoons R - \overset{\text{OH}}{\underset{|\underset{\ominus}{\underline{O}}|}{C}} - \bar{N}HR' \rightleftharpoons R - COOH + \underline{I}\overset{\ominus}{N}HR' \longrightarrow RCOO^{\ominus} + H_2NR'$$

Beispiel:

$$CH_3 - \underset{H_2N}{\underset{|}{CH}} - \underset{O}{\underset{\|}{C}} - NH - CH_2 - \underset{O}{\underset{\|}{C}} - NH - \underset{CH_2 - C_6H_5}{\underset{|}{CH}} - COOH \xrightarrow{+\ 2H_2O} CH_3 - \underset{\overset{\oplus}{N}H_3}{\underset{|}{CH}} - COO^{\ominus} + H_3\overset{\oplus}{N} - CH_2 - COO^{\ominus}$$

Ala-Gly-Phe   Alanin   Glycin

$$+ \quad H_3\overset{\oplus}{N} - \underset{CH_2 - C_6H_5}{\underset{|}{CH}} - COO^{\ominus}$$

Phenylalanin

Mit Hilfe geeigneter Abbaureaktionen läßt sich die Sequenz der Peptid-Kette (Primärstruktur) ermitteln. Dies ist besonders wichtig für
die Analyse der natürlich vorkommenden Polypeptide.

33.2.2 Peptid-Synthesen

Die Synthese von Peptiden erfordert die Aktivierung der -COOH- oder
-NH$_2$-Gruppe. Häufig verwendet werden Säure-chloride, -azide, -an-
hydride oder spezielle Ester. Dabei muß die Amino-Gruppe der Aminosäure
blockiert werden, meist durch N-Acylierung mit Chlorameisensäure-
benzylester, $Cl-\overset{O}{\underset{\|}{C}}-O-CH_2-C_6H_5$ (Cbo), oder durch tert. Butoxycarbonyl-

azid, $N_3-\overset{O}{\underset{\|}{C}}-O-C(CH_3)_3$ (Boc).

Das so hergestellte, aktivierte und geschützte N-Acyl-aminosäure-Deri-
vat reagiert dann mit einer zweiten Aminosäure, deren -COOH-Gruppe
durch Veresterung geschützt ist, zu einem Dipeptid:

$$C_6H_5-CH_2-O-\underset{\underset{O}{\|}}{C}-NH-\underset{\underset{}{\overset{\overset{R}{|}}{CH}}}-C\overset{\nearrow O}{\underset{\searrow N_3}{}} \quad + \quad H_2N-\underset{\overset{R'}{|}}{CH}-\underset{\underset{O}{\|}}{C}-OEt \quad \xrightarrow{\;-NH_3\;}$$

Cbo

N-Acylaminosäureazid   Aminosäureester

$$Cbo-NH-\underset{\overset{R}{|}}{CH}-\underset{\underset{O}{\|}}{C}-NH-\underset{\overset{R'}{|}}{CH}-COOEt$$

Dipeptid

Die *Schutzgruppen* vermindern Nebenreaktionen, und es werden eindeu-
tige Verknüpfungen möglich. Im Dipeptid kann die Ester-Gruppe z.B.
wieder in ein Azid umgewandelt und erneut in einer Kondensationsreak-
tion eingesetzt werden. Die Cbo-Gruppe wird nach Bildung des gewünschten Peptids durch Hydrierung abgespalten und die endständige Ester-
Gruppe durch Hydrolyse entfernt.

Beispiele für Peptide:

Zahlreiche wichtige Hormone sind Oligo- oder Polypeptide. Dazu gehören Oxytocin (Oxytocin, 9 Aminosäuren) und Vasopressin (Adiuretin,
9 Aminosäuren), beide aus dem Hypophysenhinterlappen, Corticotropin
(39 Aminosäuren, Hypophysenvorderlappen) und Insulin (51 Aminosäuren,
Bauchspeicheldrüse).

33.3 Proteine

Proteine sind Verbindungen, die wesentlich am Zellaufbau beteiligt sind
und aus einer oder mehreren Polypeptid-Ketten bestehen können. Sie bestehen aus Aminosäuren und werden oft eingeteilt in Oligopeptide
(bis ~10 Aminosäuren), Polypeptide (bis ~100 Aminosäuren) und die noch
größeren Makropeptide.

33.3.1 Struktur der Proteine

Die sog. *Sekundärstruktur* beruht auf den Bindungskräften zwischen den
verschiedenen funktionellen Gruppen der Peptide. Am wichtigsten sind
die in folgendem Schema dargestellten intramolekularen Bindungen. Die
hydrophobe Wechselwirkung wird durch Abb. 28 verdeutlicht.

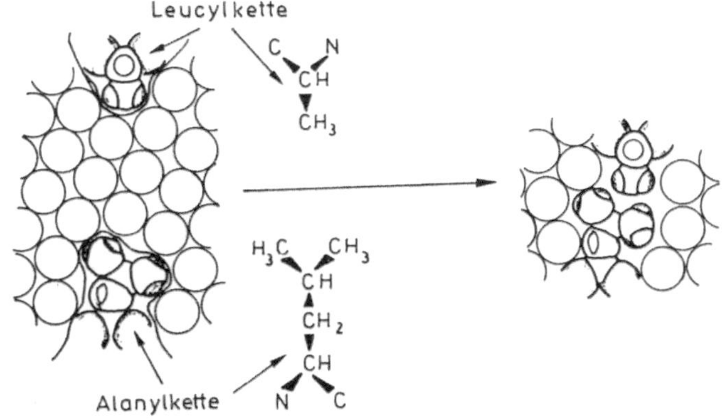

Abb. 28. Schema der Bildung einer hydrophoben Wechselwirkung zwischen einer Alanyl- und einer Leucyl-Seitenkette an einem Protein. Die Seitenketten nähern sich, bis sie einander berühren, wobei die Zahl der unmittelbar benachbarten Wasser-Moleküle (schematisch durch Kreise angedeutet) abnimmt. (Nach G. Némethy u. H.A. Scheraga: J. physic. Chem. *66*, 1773 (1962)

Die <u>Wasserstoff-Brückenbindungen</u> zwischen NH- und CO-Gruppen üben einen stabilisierenden Einfluß auf den Zusammenhalt der Sekundärstruktur aus und führen zur Ausbildung zweier verschiedener Polypeptid-Strukturen, der <u>α-Helix- und der Faltblatt-Struktur</u>.

In der *α-Helix* liegen hauptsächlich <u>*intra*</u>molekulare H-Brückenbindungen vor. Hierbei ist die Peptidkette spiralförmig in Form einer Wendeltreppe verdreht mit etwa 3,6 Aminosäuren pro Umgang. Es bilden sich H-Brückenbindungen zwischen aufeinanderfolgenden Windungen derselben Kette aus, und zwar zwischen den N—H-Protonen einer Peptid-Bindung und dem Carbonyl-Sauerstoff der dritten Aminosäure oberhalb dieser Bindung. Jede Peptid-Bindung nimmt an einer H-Brückenbindung teil. Alle Aminosäuren müssen dabei die gleiche Konfiguration besitzen, um in die Helix zu passen. Man kann dieses Modell als rechts-

oder linksgängige Schraube konstruieren (Abb. 31); beide sind zueinander diastereomer. Die rechtsgängige Helix ist energetisch stabiler.
Alle bisher untersuchten nativen Proteine sind rechtsgängig. Spiegel-
bildliche Helices erhält man dann, wenn man die eine Helix aus L-Aminosäuren und die andere aus den entsprechenden D-Aminosäuren aufbaut.
Die ebene Anordnung der Peptid-Bindung führt dazu, daß der Querschnitt
der Helix nicht rund ist. Die Seitenketten R der Aminosäuren stehen
von der Spirale nach außen weg. Abb. 29 gibt eine Aufsicht auf die α-
Helix wieder.

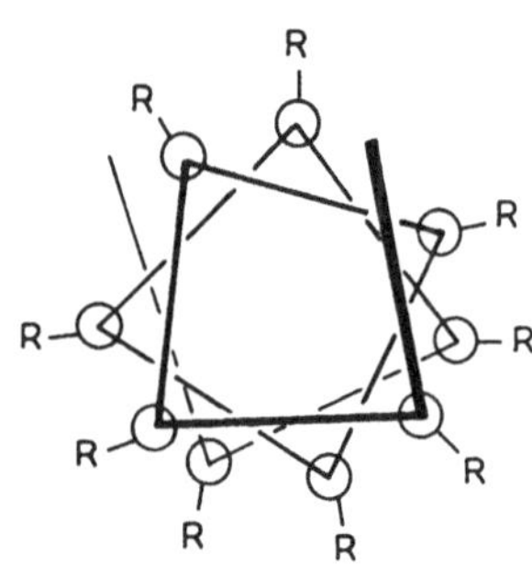

Abb. 29. Aufsicht auf die α-Helix

$R{-}\!\!\!\circlearrowleft\!\!\!{-}R$ bedeutet die Folge $^R_{}{>}CH{-}CO{-}NH{-}CH{<}^R$

Abb. 30. Kollagen-Superhelix

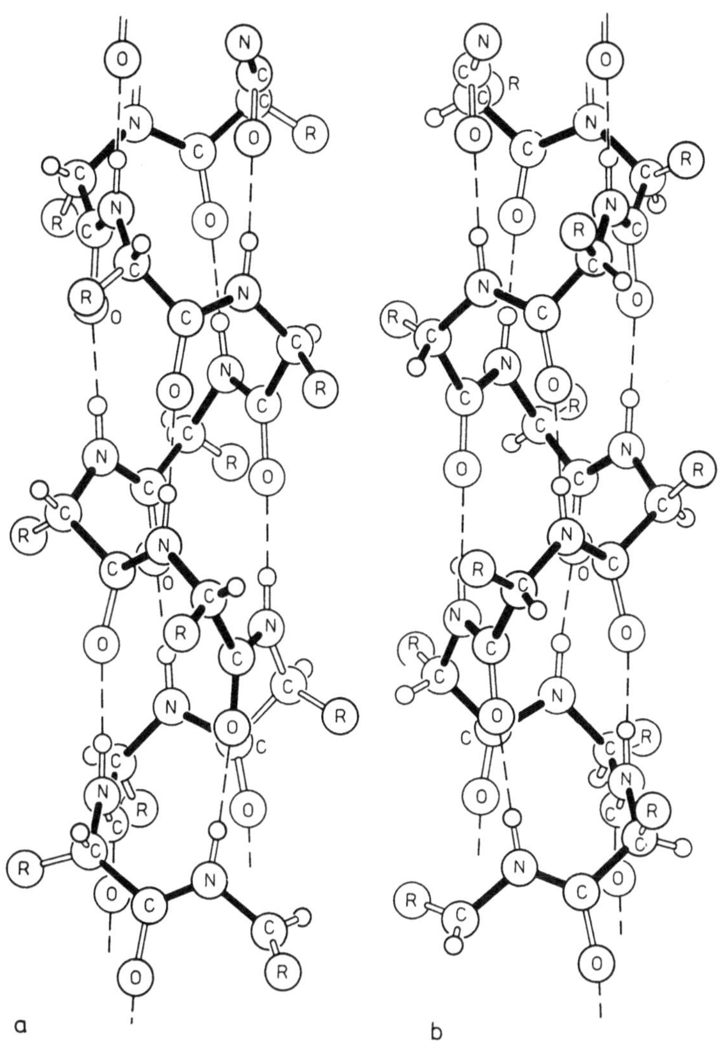

Abb. 31. Schematische Darstellung der beiden möglichen Formen der α-Helix: Linksgängige (a) und rechtsgängige (b) Schraube, dargestellt in beiden Fällen mit L-Aminosäure-Resten. Das Rückgrat der Polypeptid-Kette ist schwarz gezeichnet, die Wasserstoff-Atome sind durch die kleinen Kreise wiedergegeben. Die Wasserstoff-Brückenbindungen (intramolekular) sind durch gestrichelte Linien dargestellt

Eine besonders eindrucksvolle Struktur besitzen das <u>Kollagen</u> und das
<u>α-Keratin</u> der Haare. Abb. 30 zeigt die Kollagen-Superhelix. Drei
lange Polypeptid-Ketten aus linksgängigen Helices sind zu einer drei-
fachen, rechtsgängigen *Superhelix* verdrillt, wobei sich zwei helicale
Strukturen überlagert haben.

Beim Dehnen der Haare geht die <u>α-Keratin-Struktur in die β-Keratin-
Struktur</u> über. *Dabei handelt es sich um eine Faltblatt-Struktur,* bei
der zwei oder mehr Polypeptid-Ketten durch *inter*molekulare H-Brückenbindungen verbunden sind. Auf diese Weise entsteht ein "Peptid-Rost",
der leicht aufgefaltet ist, weil die Reste R als Seitenketten einen
gewissen Platzbedarf haben (Abb. 32).

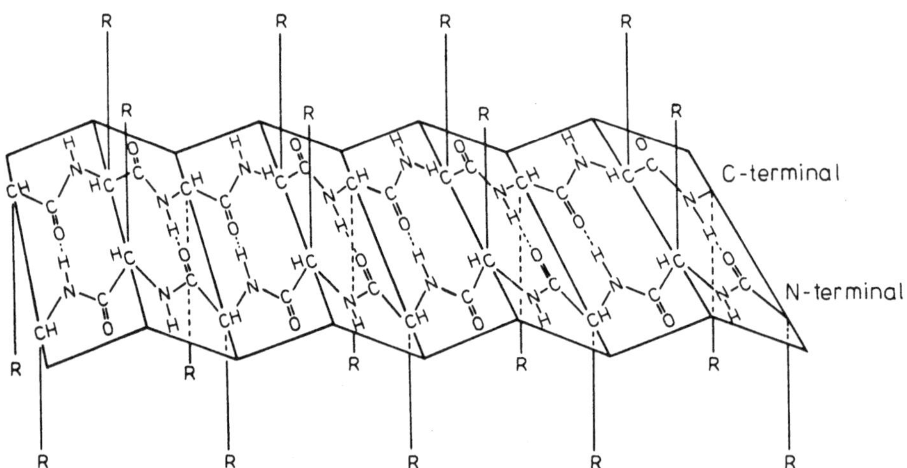

Abb. 32. Faltblattstruktur von β-Keratin mit antiparallelen Peptid-
Ketten ("Peptid-Rost")

Faltblatt-Strukturen können mit antiparalleler und paralleler Anor-
nung der Peptid-Kette vorliegen (Abb. 33).

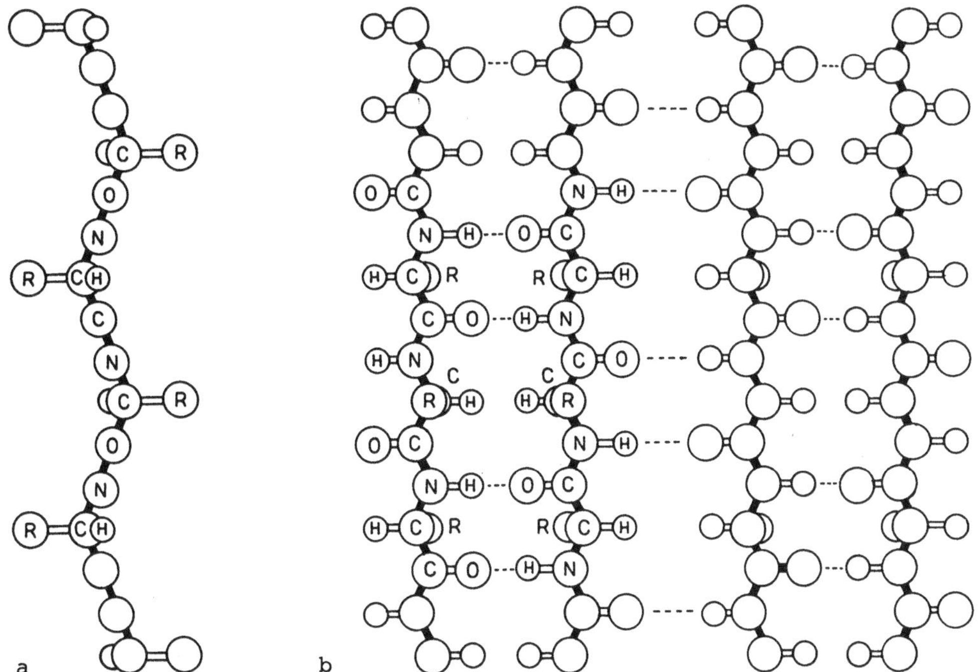

Abb. 33 a und b. Faltblattstruktur mit antiparallelen Peptid-Ketten, aufgebaut aus L-Aminosäuren. a) Seitenansicht; b) Aufsicht. Das Rückgrat der Polypeptid-Kette ist schwarz eingezeichnet. Die intermolekularen H-Brückenbindungen sind durch gestrichelte Linien dargestellt

Die vorstehend beschriebene Sekundärstruktur bestimmt auch teilweise die Ausbildung geordneter Bereiche innerhalb einer Kette, d.h. die helix-förmige (oder anders gestaltete) Peptid-Kette faltet sich noch einmal zusammen. Dies führt zu einer räumlichen Orientierung des Moleküls, die man als *Tertiärstruktur* bezeichnet.

Verschiedene Proteine können sich auch zu einer größeren Einheit zusammenlagern, deren Anordnung *Quartärstruktur* genannt wird. Bekanntes Beispiel: Hämoglobin (vier Peptid-Ketten).

33.3.2 Beispiele und Einteilung der Eiweißstoffe

Da nur in wenigen Fällen die genauen Strukturen bekannt sind, werden zur Unterscheidung Löslichkeit, Form und evtl. die chemische Zusammensetzung herangezogen.

Proteine werden i.a. unterteilt in:

① globuläre Proteine (Sphäroproteine) von kompakter Form, die im Organismus verschiedene Funktionen (z.B. Transport) ausüben, und

(2) faserförmig strukturierte <u>Skleroproteine (fibrilläre Proteine)</u>,
die vor allem Gerüst- und Stützfunktionen haben.

Tabelle 30. Proteine

Gruppe	Eigenschaften, Vorkommen und Bedeutung
Globuläre Proteine	kugelförmige oder ellipsoide Eiweißmoleküle mit wenig differenzierter Struktur
- Histone	stark basische an Nucleinsäuren gebundene Eiweißstoffe (Zellkern)
- Albumine	wasserlösliche Eiweißstoffe, die durch konz. Ammoniumsulfat-Lösung gefällt werden (Blut, Milch, Eiweiß)
- Globuline	in Wasser unlösliche, in verd. Neutralsalzlösungen lösliche Eiweißstoffe (Blut, Antikörper)
Fibrilläre Proteine	Eiweißstoffe mit faserartiger Struktur, wesentlich als Gerüstsubstanzen des tierischen Organismus
- α-Keratin-Typ	z.B. Proteine der Haare sowie Fibrin
- Kollagen-Typ	Hauptbestandteil der Stütz- und Bindegewebe von Sehnen, Bändern usw.
- β-Keratin-Typ	z.B. Seidenfibroin (Fasersubstanz der Seidenfäden) sowie Proteine der Horngewebe (Federn, Nägel, Hufe, Hörner)

34 Chemie und Biochemie

Unter den 100 wichtigsten chemisch-synthetischen Verfahren der organischen Chemie sind nur *6 mikrobielle Produktionsverfahren*, die zur
Herstellung von Ethanol, Essigsäure, Isopropanol, Aceton, Butanol
und Glycerin dienen. Bei Berücksichtigung der Produktionszahlen für
biotechnische Erzeugnisse wie Brot, Bier, Wein, Käse, Hefe, Antibiotica etc. findet man, daß diese Verfahren 20 - 30 % der Produktion in
der Bundesrepublik Deutschland ausmachen. Als Mikroorganismen dienen
u.a. Bakterien, Pilze und Mikroalgen. Die Verfahren sind umweltfreund-
lich und werden z.B. sogar zum Umweltschutz (z.B. bei der Abwasser-
reinigung benutzt. Biochemische Reaktionen laufen meist selektiv unter
milden Reaktionsbedingungen ab. Folgende Reaktionstypen haben größere
Bedeutung:

(1) *Hydrierungs- und Dehydrierungsreaktionen, Oxidationen*

$$-\overset{\|}{\underset{O}{C}}-CH_2-COOH + H_2 \rightleftharpoons -\overset{|}{\underset{OH}{CH}}-CH_2-COOH$$

Carbonyl-	$\rightleftharpoons$	Hydroxyl-Derivat
Ketosäure	$\rightleftharpoons$	Hydroxysäure
Chinon	$\rightleftharpoons$	Hydrochinon
auch: Aldehyd	$\rightleftharpoons$	Carbonsäure

$$-CH=CH-COOH + H_2 \rightleftharpoons -CH_2-CH_2-COOH$$

ungesättigte $\rightleftharpoons$ gesättigte Verbindung

$$-\overset{\|}{\underset{NH}{C}}-COOH + H_2 \rightleftharpoons -\overset{|}{\underset{NH_2}{CH}}-COOH$$

Imin	$\rightleftharpoons$	Amin
Iminosäure	$\rightleftharpoons$	Aminosäure

(2) *Kondensations- und Hydrolysereaktionen*

$$H_2O_3P-O-R + H_2O \rightleftharpoons H_3PO_4 + R-OH$$

Phosphorsäure-, Carbonsäure-ester-Hydrolyse

$$-\overset{|}{\underset{OR}{C}}-OR + H_2O \rightleftharpoons -\overset{|}{C}=O + 2\,ROH$$

Glycosid (Acetal) $\rightleftharpoons$ Carbonyl-verbindung

$$-\overset{\|}{\underset{NH}{C}}-COOH + H_2O \rightleftharpoons -\overset{\|}{\underset{O}{C}}-COOH + NH_3$$

Iminosäure $\rightleftharpoons$ Ketosäure

③ *Addition und β-Eliminierung von Wasser und Ammoniak*

$$-CH=CH-COOH + H-R \rightleftharpoons -\underset{\underset{R}{|}}{C}H-CH_2-COOH; \quad R = -OH, -NH_2$$

④ *Lösen und Knüpfen von C–C-Bindungen* $(-\underset{|}{C}H_2$ *symbolisiert das benötigte aktivierte C-Atom)*

$-\underset{|}{C}H_2 + CO_2 \rightleftharpoons -\underset{|}{C}H-COOH$ Carboxylierung (z.B. Acetyl-CoA

$\longrightarrow$ Malonyl-CoA)

Decarboxylierung (Ketosäuren)

$-\underset{|}{C}H_2 + -\underset{\|}{\underset{O}{C}}-H \rightleftharpoons -\underset{|}{C}H-\underset{\underset{OH}{|}}{C}H-$ Aldol-Reaktion, Retro-Aldol-Reaktion, Acyloin-Addition

$-\underset{|}{C}H_2 + -\underset{\|}{\underset{O}{C}}-OR \rightleftharpoons -\underset{|}{C}H-\underset{\|}{\underset{O}{C}}- + ROH$ Ester-Kondensation ($\longrightarrow$ β-Ketoester) und Umkehrung

34.1 Biokatalysatoren

Der Grund für den spezifischen Ablauf biochemischer Reaktionen trotz vorgegebener Bedingungen (Lösungsmittel: Wasser, pH $\approx$ 7, enger Temperaturbereich) ist der Einsatz wirksamer Biokatalysatoren, der Enzyme. *Enzyme sind meist Proteine, die neben dem Protein-Teil oft noch nicht-proteinartige Bestandteile, die sog. Coenzyme enthalten.*

34.2 Stoffwechselvorgänge

Unter Stoffwechsel versteht man den Auf-, Um- und Abbau der Nahrungsbestandteile zur Aufrechterhaltung der Funktionen eines lebenden Organismus. Die entsprechenden Stoffwechselvorgänge sind miteinander verbundene Fließgleichgewichte von meist einfachen, reversiblen Reaktionen, die durch Enzyme beeinflußt und z.B. von Hormonen gesteuert werden. Die freigesetzte Energie wird vom Organismus gespeichert, bei den Reaktionen verbraucht, als Wärme abgegeben oder für Muskelarbeit zur Verfügung gestellt.

Bei der biochemischen Grundsynthese, die nur in Pflanzen (und einigen Bakterien) stattfinden kann, werden alle Verbindungen aus anorganischen Stoffen wie CO_2, H_2O etc. aufgebaut. Sie beginnt mit der Photosynthese. Abb. 34 zeigt den Zusammenhang wichtiger Stoffgruppen mit dem Stoffwechsel.

Schlüsselsubstanzen sind: <u>Brenztraubensäure</u>, <u>Acetyl-Coenzym A</u> (Acetyl-CoA) und die <u>Ketosäuren</u> im Citrat-Cyclus. Von diesen Verbindungen ausgehend kann man die im Schema angegebenen Substanzklassen ableiten.

Zur Aufrechterhaltung des dynamischen Gleichgewichts im Organismus werden die einzelnen Substanzen nach Bedarf ineinander umgewandelt. Man hat daher den Auf-, Ab- oder Umbau der Verbindungen, die beim Stoffwechsel wichtig sind, in <u>Cyclen</u> zusammengefaßt, die in den Lehrbüchern der Biochemie ausführlich besprochen werden.

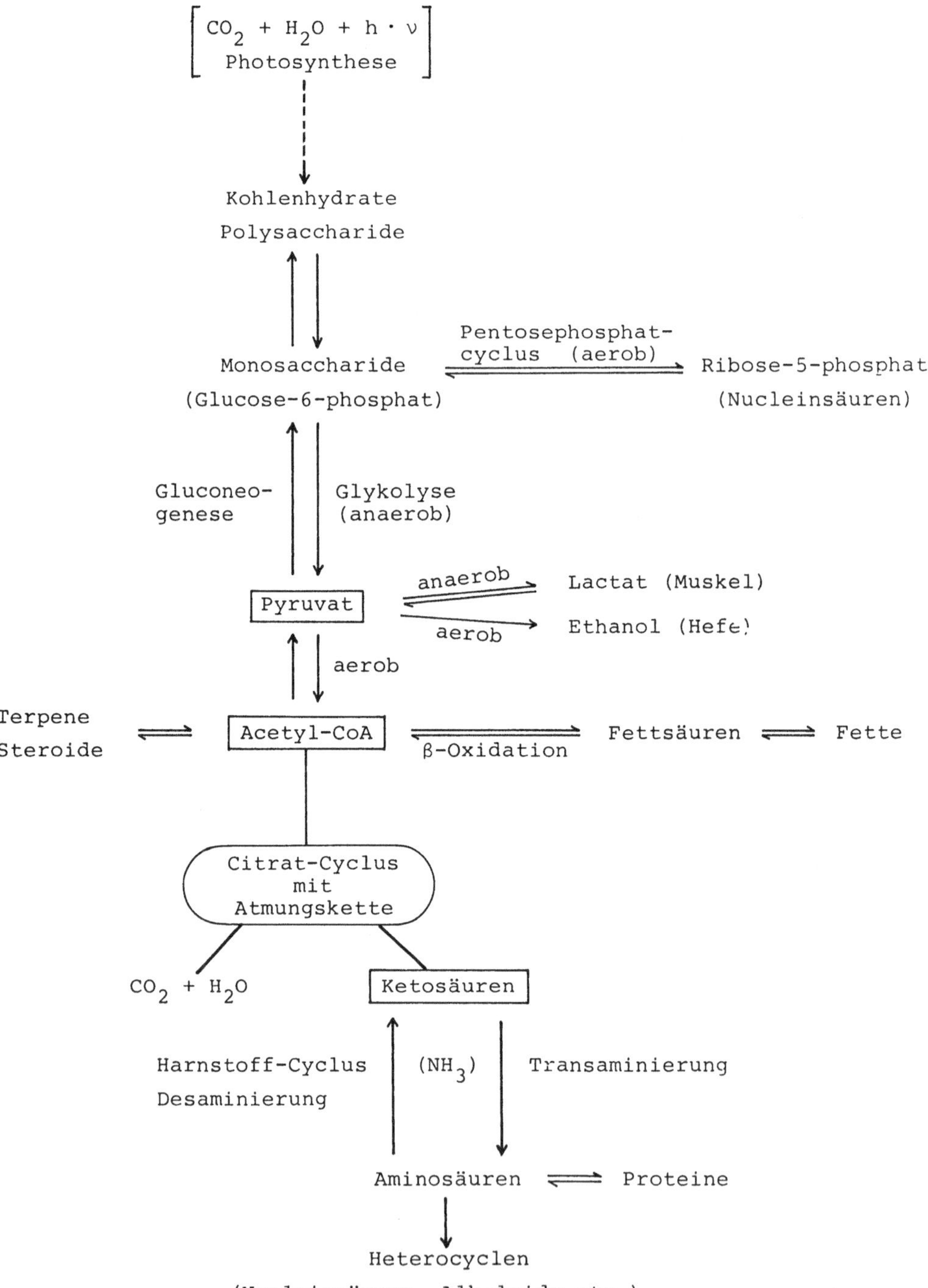

Abb. 34. Wichtige Stoffwechselvorgänge (schematisch)

35 Terpene

Terpene kommen vor allem in Harzen und ätherischen Ölen vor. Sie werden in der Riechstoffindustrie zur Herstellung von Parfümen und zur Parfümierung von Waschmitteln und Kosmetika verwendet.

Ätherische Öle sind wasserlösliche, ölige Produkte, die im Gegensatz zu den fetten Ölen (= flüssige Fette) ohne Fettfleck vollständig verdunsten. Ihre Gewinnung erfolgt durch Wasserdampfdestillation, Extraktion (mit Petrolether) oder Auspressen von Pflanzenteilen. Chemisch handelt es sich meist um Verbindungen, die aus Isopren-Einheiten aufgebaut sind.

<u>Allgemeine Summenformel:</u> $(C_5H_8)_n$.

<u>Aufbauprinzip</u> (Kopf-Schwanz-Verknüpfung):

Einteilung der Terpene: <u>Mono</u>terpene ($C_{10} \,\hat{=}\, 2 \times C_5$-Isopreneinheiten), <u>Sesqui</u>terpene (C_{15}), <u>Di</u>terpene (C_{20}), <u>Tri</u>terpene (C_{30}).

36 Alkaloide

Alkaloide sind eine Gruppe von N-haltigen organischen Verbindungen, die von der Biosynthese her als Produkte des Aminosäure-Stoffwechsels angesehen werden können. Bei der Extraktion aus pflanzlichem Material nutzt man die basischen Eigenschaften vieler Alkaloide zur Trennung aus. Alkaloide finden als Arzneimittel Verwendung; einige sind bekannte Rauschmittel und Halluzinogene. Nikotin und Anabasin aus Tabak werden als natürliche Insektizide verwendet. Tabelle 31 gibt einen Überblick.

Tabelle 31. Wichtige Alkaloide, nach dem Heterocyclen-Gerüst geordnet

Alkaloid-Gruppe	Hauptalkaloid		bedeutende Nebenalkaloide	Alkaloide ähnl. Bauart
	Name	Strukturformel		

1. Alkaloide, die einfachen Naturstoffen nahestehen

Alkaloid-Gruppe	Name	Strukturformel	bedeutende Nebenalkaloide	Alkaloide ähnl. Bauart
Phenylalanin- (Phenylethyl-amin-Gruppe)	Ephedrin	C_6H_5—CH—CH—CH_3 mit OH und NH—CH_3	Pseudo-ephedrin	Mescalin u.a.
Pyrrolidin-Alkaloide	Hygrin		Cuskhygrin	Stachydrin-Gruppe
Piperidin-Alkaloide	Coniin		Conhydrin	Pfefferalkaloide Piperin Granatapfelbaum-alkaloide Lobelia-Alkaloide Lobelin
Pyridin-Alkaloide	Nicotin		Nicotyrin Nicotein	Anabasin-Gruppe Betelnußalkaloide Ricinin

Tabelle 31 (Fortsetzung)

Alkaloid-Gruppe	Hauptalkaloid		bedeutende Nebenalkaloide	Alkaloide ähnl. Bauart
	Name	Strukturformel		

2. einfache bi- und polycyclische Alkaloide

Alkaloid-Gruppe	Name	Strukturformel	bedeutende Nebenalkaloide	Alkaloide ähnl. Bauart
Purin-Alkaloide	Coffein $R^1 = R^2 = R^3 = CH_3$		Theobromin $\quad R^1 = CH_3, \; R^2 = CH_3, \; R^3 = H$ Theophyllin $\quad R^1 = H, \quad R^2 = CH_3, \; R^3 = CH_3$	
Tropan-Alkaloide	Atropin		Hyoscyamin Convolamin Scopolamin	Coca-Alkaloide Cocain Pseudopelletierin
Chinolin-Alkaloide	Chinin		Cinchonin Chinidin Cinchonidin Cinchonamin u.a.	
Benzyl-isochinolin-Alkaloide	Papaverin		Laudanosin u.a.	Narcotin-Alkaloide Curare-Alkaloide Berberin

Tabelle 31 (Fortsetzung)

Alkaloid-Gruppe	Hauptalkaloid Name	Strukturformel	bedeutende Nebenalkaloide	Alkaloide ähnl. Bauart
3. polycyclische Alkaloide mit kompliziertem Molekülaufbau				
Morphin-Alkaloide Isochinolin/ Phenanthren-Typ	Morphin		Codein Thebain	
Mutterkorn-Alkaloide	Lysergsäure bzw. Isolysergsäure*		Ergobasin- Ergotamin- Ergotoxin- Gruppe	Tryptamin Psilocin Yohimbin Bufotenin Strychnin

*basische Grundverbindung

Teil III
Angewandte Chemie

37 Organische Grundstoffchemie

Der Rohstoffbedarf der industriellen organischen Chemie wird weitgehend durch Kohle, Erdgas und Erdöl gedeckt, wobei diese Stoffe auch gleichzeitig die wichtigsten Energieträger sind. Heute basieren etwa 95 % der petrochemischen Primärprodukte auf Erdöl/Erdgas und nur 5 % auf Kohle als Chemierohstoff (mit Ruß und Graphit 13 %).

37.1 Erdöl

37.1.1 Vorkommen und Gewinnung

Erdöl, entstanden durch Zersetzung organischer Stoffe maritimen Ursprungs, kommt in der Regel in sekundären Lagerstätten vor und ist dort von porösem Gestein aufgenommen worden. Die ölhaltige Schicht ist nach oben durch undurchlässige Gesteinsschichten und nach unten meist durch Salzwasser begrenzt, das mit dem Erdöl durch das Gestein gewandert ist. Über dem Erdöl befindet sich häufig noch eine Blase aus Erdgas.

Die Lagerstätte wird durch eine Bohrung erschlossen. Das Rohöl wird zutage gepumpt oder steigt selbständig nach oben. Die Ausbeutung der Ölfelder beträgt kaum mehr als 50 %. Das geförderte Öl wird entgast, von Salzwasser befreit und in der Raffinerie weiterverarbeitet. Die Aufarbeitung des Erdöls wird durch die unterschiedliche Zusammensetzung des Rohöls aus den einzelnen Lagerstätten bestimmt. Paraffinisches Rohöl enthält zu mehr als 50 % Alkane, naphthenisches Rohöl überwiegend Cycloaliphaten und Aromaten. Wichtigstes Trennverfahren ist die *Destillation*. Abb. 35 zeigt eine Fraktionierkolonne für die Erdöldestillation.

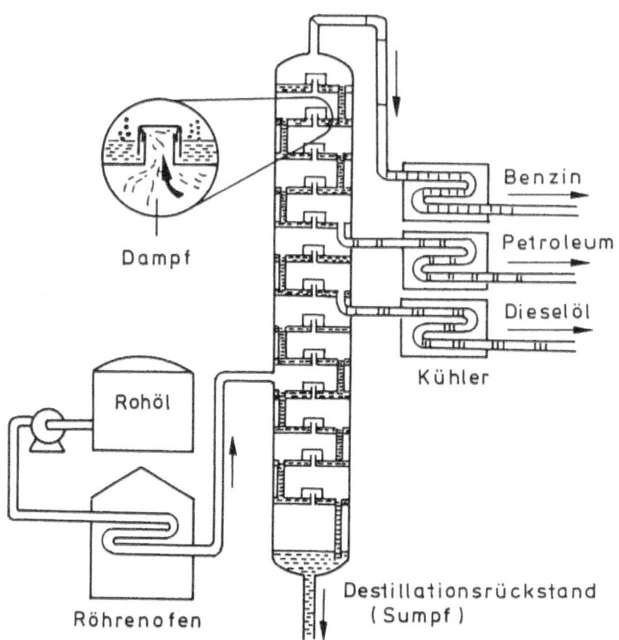

Abb. 35. Fraktionierkolonne für Erdöl (Glockenbodenkolonne).
(Nach Chemie-Kompendium, Kaiserlei Verlagsgesellschaft, Offenbach)

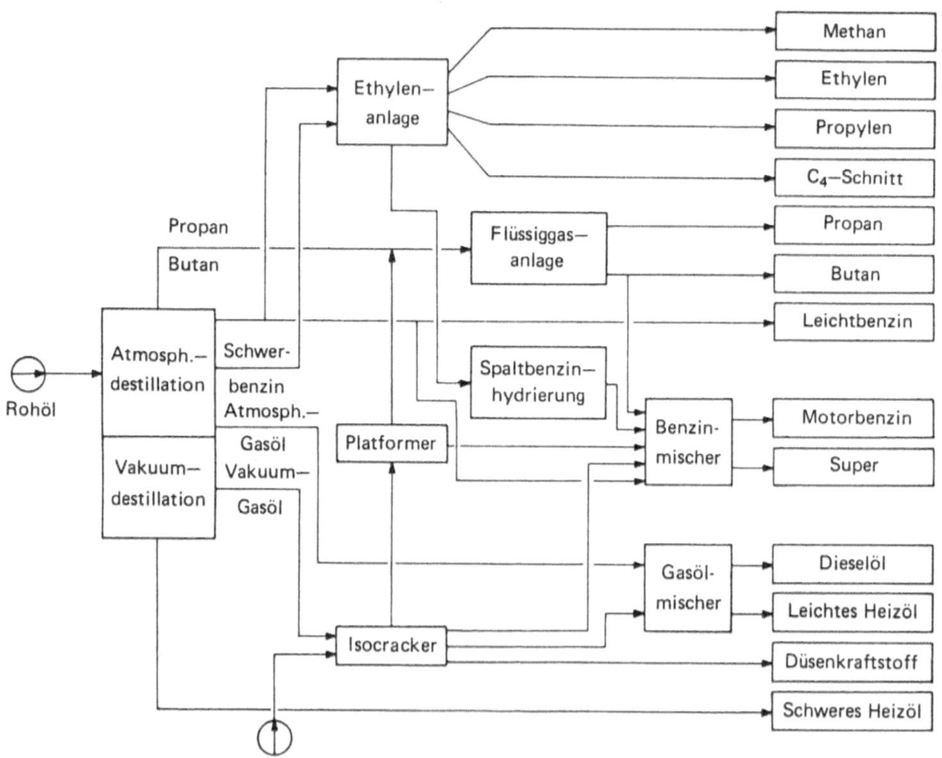

Abb. 36. Fließschema einer Raffinerie

37.1.2 Erdölprodukte

Abb. 36 zeigt den Stofffluß in einer modernen Raffinerie, die im
Verbund mit der chemischen Industrie arbeitet. Der größte Teil der
Raffinerieproduktion wird jedoch für Heizzwecke verwendet oder dient
als Treibstoff.

Wichtigstes Produkt für die chemische Industrie in Europa und zukünf-
tig auch in den USA ist Naphtha (Rohbenzin) als Ausgangsmaterial zur
Gewinnung von Olefinen und Aromaten. Danach folgen Heizöl und Gase
zur Herstellung der Synthesegase. In den USA lag das Schwergewicht
bislang bei den Flüssiggasen (C_2-C_4-Fraktionen).

Zwischen der natürlichen Zusammensetzung des Erdöls (z.B. Benzin 12 %)
und dem tatsächlichen Bedarf (z.B. Benzin 45 %) besteht eine Diskre-
panz, die durch direkte Destillation des Erdöls nicht ausgeglichen
werden kann. Man hat deshalb verschiedene Verfahren erarbeitet, mit
denen die hochsiedenden Erdölprodukte in die benötigten niedermolekularen Kohlenwasserstoffe umgewandelt werden können.

37.1.3 Verfahren der Erdöl-Veredelung

37.1.3.1 Cracken

Unter Cracken versteht man das Spalten von langkettigen Kohlenwasserstoffen (unter Trennung von C—C- und C—H-Bindungen) in kurzkettige
gesättigte und ungesättigte Bruchstücke. Je nach der gewünschten
Produktverteilung verwendet man verschiedene Verfahren.

Generell gilt: *Durch Energiezufuhr verändert sich die Lage der Stelle,
an der die C-Kette bricht.* Bei niederen Temperaturen (400 - 600°C)
erfolgt der Bruch in der Mitte, und die Moleküle gehen Folgereaktionen ein wie Isomerisierung, Ringschlüsse und Dehydrierungen. Mit steigender Temperatur wird das Molekül mehrfach gespalten, meist unsym-
metrisch, wobei das größere Bruchstück Doppelbindungen enthält. Bei
Temperaturen von 600 - 1000°C erhält man als Hauptprodukt Ethen, Propen
und Buten, oberhalb 1000°C Ethen und Ethin (Hochtemperaturpyrolyse).

Neben dem radikalisch ablaufenden thermischen Cracken (T = 550°C, p =
1 bis 85 bar) wird heute überwiegend das *katalytische Cracken* angewandt (T = 500°C, p = 2 bar, Katalysator Al_2O_3/SiO_2). Hierbei entstehen weniger gasförmige Produkte und mehr Aromaten, Olefine und
verzweigte Alkane. Wegen der Rußbildung, die die Katalysatoren in-
aktiviert, arbeitet man oft mit Fließbett- oder Wirbelschichtverfah-
ren.

Bei der Hydrocrackung wird Wasserstoff zugesetzt, um höhere Anteile
an Alkanen zu erhalten. Umgekehrt werden bei der Dehydrierung Olefine
und Wasserstoff gebildet.

Das Reforming-Verfahren ist eine spezielle Form des Crackens, bei der
die Wärmeeinwirkung nur sehr kurzzeitig ist (10 - 20 sec, $500^{\circ}C$, 15 - 70
bar, Kat. beim Platforming: Pt/Al_2O_3). Hauptreaktionen: Isomerisie-
rungen (n-Butan $\longrightarrow$ i-Butan), Aromatisierungen (Hexan $\longrightarrow$ Cyclohexan
$\longrightarrow$ Benzol), Cyclisierungen (n-Heptan $\longrightarrow$ Methylcyclohexan $\longrightarrow$
Toluol).

Aufbaureaktionen dienen dazu, niedermolekulare Bruchstücke umzuwan-
deln. Dazu gehören Polymerisationen: Propen $\longrightarrow$ Tetrapropen, und
Alkylierungen: Isobuten + Isobutan $\longrightarrow$ Isooctan.

37.1.3.2 Synthesegas-Erzeugung durch Erdölspaltung

Synthesegas (für die Methanol-Synthese, Oxo-Synthese u.a.) wird nach
zwei Verfahren gewonnen, die eine Kopplung der folgenden endothermen
bzw. exothermen Vergasungsreaktionen darstellen:

$$-CH_2- + \tfrac{1}{2}\,O_2 \longrightarrow CO + H_2 \qquad \Delta H = -92 \text{ kJ/mol}$$

$$-CH_2- + H_2O \longrightarrow CO + 2\,H_2 \qquad \Delta H = +151 \text{ kJ/mol}$$

(1) Dampfspaltung: In Gegenwart von Wasser erfolgt eine katalytische
Spaltung ohne Rußbildung, Katalysator: $Ni-K_2O/Al_2O_3$. Energiezufuhr
ist erforderlich.

(2) Beim autothermen Spaltprozeß ohne Katalysator wird Erdöl mit O_2
und H_2O im Reaktor umgesetzt. Die bei der partiellen Verbrennung des
Öls entstandene Wärme wird zur thermischen Spaltung verwendet.

37.1.3.3 Gewinnung von Aromaten

Die wichtigsten Produkte sind *Benzol, Toluol und die Xylole (BTX)*.
Erhalten werden sie (Tabelle 32) aus dem Pyrolysebenzin aus der Naptha-
Dampfspaltung, dem Reformatbenzin aus der Rohbenzin-Verarbeitung und der
Kokereigas der Steinkohle-Verkokung (steam-cracking Verfahren zur Ethen-
herstellung)

Anthracen und *Naphthalin* werden aus Steinkohlenteer, letzteres in
den USA auch aus Destillationsrückständen sowie Crack-Benzin isoliert.

Tabelle 32. Verfahren zur Aromaten-Gewinnung (Benzol, Toluol, Xylol)

Trennproblem	Verfahren	Durchführung	Hilfsstoffe
BTX-Abtrennung aus Pyrolysebenzin und Kokereigas	Azeotrop-Dest. (für Aromatengehalt > 90 %)	Nichtaromaten werden azeotrop abdestilliert; Aromaten bleiben im Sumpf.	Amine, Ketone, Alkohole, Wasser
BTX-Abtrennung aus Pyrolysebenzin	Extraktiv-Dest. (Aromatengehalt: 65 – 90 %)	Nichtaromaten werden abdestilliert; Sumpfprodukt (Aromaten + Lösungsmittel) wird destillativ getrennt.	Dimethyl-formamid, N-Methyl-pyrrolidon, N-Formyl-morpholin, Tetrahydro-thiophendioxid (Sulfolan)
BTX-Abtrennung aus Reformatbenzin	Flüssig-Flüssig-Extraktion (Aromatengehalt: 20 – 65 %)	Gegenstromextraktion mit zwei nicht mischbaren Phasen. Trennung v. Aromaten u. Selektiv-Lösungsmitteln durch Destillation	Sulfolan, Dimethylsulfoxid/H_2O, Ethylenglykol/H_2O, N-Methylpyrrolidon + Wasser
Isolierung von p-Xylol aus m,p-Gemischen Fp. p-Xylol: +13°C m-Xylol: -48°C	Kristallisation durch Ausfrieren	o-Xylol wird vorab abdestilliert. Das Gemisch wird getrocknet und mehrstufig kristallisiert.	
	Adsorption an Festkörper	p-Xylol wird in der Flüssigphase z.B. an Molekularsiebe adsorbiert und danach durch Lösungsmittel wieder desorbiert.	

37.2 Erdgas

Erdgas besteht überwiegend aus Methan. Es enthält außerdem Ethan, Propan und Butan (nasses Erdgas) sowie H_2, N_2, CO_2, H_2S und He. Erdgaslager werden durch Bohrung erschlossen. Das Rohgas wird durch Trocknung, Reinigung, Entfernung von H_2S etc. aufbereitet. Erdgas dient zur Energieerzeugung, zur Herstellung von Synthesegas ($CH_4 + \frac{1}{2} O_2 \longrightarrow CO + 2 H_2$) und als Ausgangsprodukt für C_2H_2, HCN und Ruß.

37.3 Kohle

37.3.1 Vorkommen und Gewinnung

Kohle ist überwiegend aus pflanzlichem Material entstanden. *Die beiden wichtigsten Arten sind Steinkohle und Braunkohle* mit einem Kohlenstoffgehalt von 80 - 96 % bzw. 55 - 75 % (Inkohlungsgrad). Das Rohprodukt wird zerkleinert und sortiert. Der größte Teil der Kohle wird verfeuert (zu Heizzwecken oder zur Stromerzeugung).

37.3.2 Kohleveredelung

Kohle kann als Rohstoffbasis zur Gewinnung von Benzol, Naphthalin, Anthracen, Acetylen und Kohlenmonoxid dienen. Von Bedeutung sind aber auch die technischen Kohlenstoffarten wie Ruß, Graphit sowie Koks. Koks dient u.a. als Reduktionsmittel zur Eisenerzeugung.

1. Umwandlung in Acetylen über Calciumcarbid

$$CaO + 3 C \xrightarrow{2300^\circ C} CaC_2 + CO; \quad CaC_2 + 2 H_2O \longrightarrow C_2H_2 + Ca(OH)_2$$

Calciumcarbid wird elektrochemisch hergestellt (für 1 kg C_2H_2 werden etwa 10 kWh benötigt).

2. Kohlehydrierung

Durch katalytische Hydrierung von Stein- und Braunkohle lassen sich fast alle Produkte erhalten, die heute auf der Basis Erdöl/Erdgas hergestellt werden.

3. Vergasen von Kohle

Bei der vollständigen Umwandlung der Kohle in gasförmige Verbindungen
handelt es sich um die Reduktion von H_2O mit C. Lediglich die mineralischen Bestandteile bleiben als Asche zurück. Im allgemeinen wird
Kohle vergast, indem abwechselnd Luft und Wasserdampf über den glühenden Koks geleitet werden. Man erhält Generatorgas (N_2 + CO) und
Wassergas (CO + H_2).

Verwendung der Synthesegase:

(1) Methanol-Synthese: $CO + 2\ H_2 \longrightarrow CH_3OH$.

(2) Oxo-Synthese (Hydroformylierung).

(3) Fischer-Tropsch-Synthese für Kohlenwasserstoffe:
$$n\ CO + (2n + 1)\ H_2 \longrightarrow C_nH_{2n+2} + n\ H_2O.$$

(4) Ammoniak-Synthese: $N_2 + 3\ H_2 \rightleftharpoons 2\ NH_3$.

4. Entgasen oder Verkoken der Kohle

Zur Koksgewinnung wird Kohle unter Luftabschluß erhitzt. Braunkohle
wird meist bei $500 - 600^{\circ}C$ verschwelt, Steinkohle bei $1000 - 1200^{\circ}C$
verkokt. Man erhält: Koks, Rohgas, Verkokungswasser und Teer.

Das Rohgas (54 % H_2, 27 % CH_4, CO, CO_2, N_2 u.a.) wurde früher gerei-
nigt als Stadtgas verwendet und dient heute meist zum Beheizen der
Koksöfen.

Das Kokereiwasser enthält Ammoniak und Phenole, die ausgewaschen und
weiterverarbeitet werden.

Der Steinkohlenteer ist ein Gemisch aus zahlreichen Kohlenwasserstoffen, wobei die Aromaten und Heteroaromaten überwiegen. Er wird wie
das Rohöl destillativ aufgetrennt.

37.4 Acetylen-Chemie

Acetylen (Ethin) war früher eine bedeutende Ausgangsverbindung. In
den letzten Jahren ist sie weitgehend durch Produkte auf der Basis
von Alkenen ersetzt worden. Sofern jedoch Steinkohle und Elektrizität
preiswert zur Verfügung stehen, dürfte Acetylen als petrochemischer
Grundstoff weiterhin interessant sein.

Die wichtigsten Herstellungsverfahren sind:

(1) thermische Spaltung von Kohlenwasserstoffen,

(2) aus Kohle und Kalk über Calciumcarbid.

Verwendung von Acetylen

Es sind nur Beispiele für heute noch durchgeführte Konkurrenzverfahren zu den Alkenen angegeben.

- Herstellung von 1,4-Butandiol, ein Zwischenprodukt z.B. für Tetrahydrofuran (durch Dehydratisierung) und γ-Butyrolacton.

$$C_2H_2 + 2\ HCHO \xrightarrow{Kat.} HOCH_2-C\equiv C-CH_2OH \xrightarrow{2\ H_2} HO-(CH_2)_4-OH\ \text{(Ethinylierung)}$$

$$\text{1,4-Dihydroxy-2-butin} \qquad \text{1,4-Butandiol}$$

- Acrylnitril: $HC\equiv CH + HCN \longrightarrow H_2C=CHCN$

- Acrylsäure: $HC\equiv CH + CO + H_2O \longrightarrow H_2C=CHCOOH$

- Acrylsäureester: $HC\equiv CH + CO + ROH \longrightarrow H_2C=CHCOOR$

- Vinylether: $HC\equiv CH + ROH \longrightarrow H_2C=CHOR$

37.5 Die Oxo-Synthese (Hydroformylierung)

Aliphatische Aldehyde werden großtechnisch durch katalytische Addition von H_2 und CO an Olefine hergestellt. Sie haben als Endprodukte keine Bedeutung, sind jedoch wichtige Zwischenprodukte (Abb. 37) für

① *sog. Oxo-Alkohole* (Reduktion mit H_2),

② *Carbonsäuren* (Oxidation mit Luft),

③ *Aldolisierungsprodukte* (mit basischen Katalysatoren),

④ *primäre Amine* (reduktive Aminierung mit H_2/NH_3).

Bedeutende Produkte sind n-Butanol und 2-Ethyl-cyclohexanol. Letzteres dient als Alkohol-Komponente für Phthalsäure-ester ("Dioctylphthalat", ein Weichmacher für Kunststoffe):

$$CH_3CH=CH_2 + CO + H_2 \xrightarrow[20\ \%]{Kat.} CH_3-\overset{\overset{\displaystyle CH_3}{|}}{C}H-CHO \xrightarrow{+\ H_2} (CH_3)_2-CH-CH_2OH$$

$$\text{Propen} \qquad\qquad \text{i-Butyraldehyd} \qquad \text{i-Butanol}$$

$$80\ \%$$

$$CH_3CH_2CH_2CHO \xrightarrow{+\ H_2} C_4H_9OH$$

$$\text{für} \qquad \text{n-Butyraldehyd} \qquad \text{n-Butanol}$$

Aldol-Reaktion

$$2\ C_3H_7CHO \xrightarrow[-H_2O]{(OH^{\ominus})} CH_3(CH_2)_2CH=\overset{\overset{\displaystyle}{|}}{C}-CHO \xrightarrow{+\ 2\ H_2} C_4H_9-\overset{\overset{\displaystyle}{|}}{C}H-CH_2OH$$
$$\qquad\qquad\qquad\qquad\quad C_2H_5 \qquad\qquad\qquad\qquad C_2H_5$$

$$\text{2-Ethyl-2-hexenal} \qquad\qquad \text{2-Ethyl-hexanol}$$

Katalysatoren

Technisch wichtige Katalysatoren sind <u>Cobalt</u> und vor allem <u>Rhodium</u>, die hier als aktive Carbonyl-Komplexe vorliegen, z.B.

$$2\ H{-}Co(CO)_4 \rightleftharpoons Co_2(CO)_8 + H_2; \quad H{-}Co(CO)_4 \rightleftharpoons H{-}Co(CO)_3 + CO$$

Der erste Schritt ist die Bildung eines π-Komplexes, der sich unter CO-Aufnahme zu einem Alkylcobalttetracarbonyl-σ-Komplex umlagert. Aus diesem entsteht ein Acyl-cobalttricarbonyl-Komplex, der hydrierend gespalten wird.

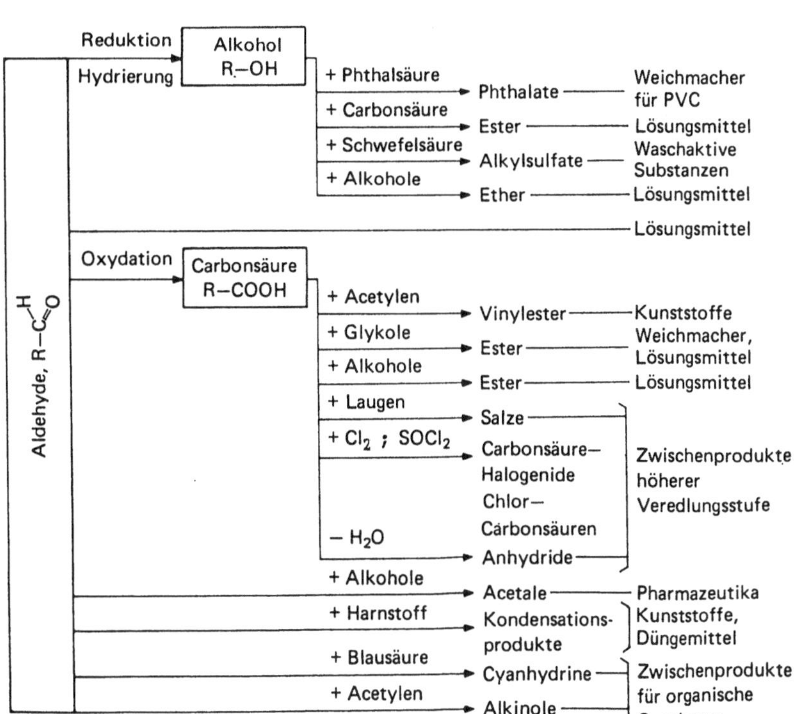

Abb. 37. Verwendung und Weiterverarbeitung von *Oxo-Produkten*

37.6 Wichtige organische Chemikalien

Die Zeitschrift "Chemical & Engineering News" publiziert jährlich
eine Liste der mengenmäßig 50 wichtigsten Chemikalien. Davon sind
etwa 25 % organische Produkte, die alphabetisch in Tabelle 33 zu-
sammengestellt sind. Die Tabelle enthält auch alle Schlüsselchemi-
kalien, die, in großen Mengen produziert, als Bausteine für die
meisten anderen Industrieprodukte dienen. Ihre Endprodukte sind pro-
zentmäßig angegeben.

Nicht enthalten sind die Schlüssel-Polymere. Diese sind bei den

- Fasern: Polyester, Nylon, Perlon, Polyacrylfaser;

- Elastomeren: Styrol-Butadien-Polymerisate, Polybutadien;

- Harzen: Phenol-Harz, Polyester-Harz, Harnstoff-Harz;

- Thermoplasten: Polyethylen, Polyvinylchlorid, Polystyrol, Polypropylen.

Inzwischen ist als weitere Verbindung in Tabelle 33 aufzunehmen:
MTBE, Methyl-tert.-butylether. Sie darf in den USA in bis zu 7 Vol%
dem Benzin zugemischt werden und kann neben Benzol weitgehend Blei-
tetraethyl als Antiklopfmittel im Benzin ersetzen. Herstellung:

$$CH_3OH \ + \ H_2C{=}C(CH_3)_2 \ \xrightarrow{\ (H^{\oplus})\ } \ H_3C{-}O{-}C(CH_3)_3$$

$$\text{Methanol} \qquad \text{Isobuten} \qquad\qquad\qquad \text{MTBE}$$

Eine Übersicht über die Verwendung der beiden wichtigen Vorprodukte
Ethen und Propen geben die Tabellen 34 und 35.

Tabelle 33. Wichtige organische Chemikalien (xx bedeutet jeweils das gewünschte Produkt)

Name/Formel	wichtige Derivate/Produkte	Herstellung/Gewinnung	Anwendung/Endprodukte
Acetanhydrid $H_3C-\underset{\underset{O}{\|\|}}{C}-O-\underset{\underset{O}{\|\|}}{C}-CH_3$	–	a) $CH_3COOH \xrightarrow[\Delta]{Kat.} CH_2{=}C{=}O + H_2O$ $\quad H_2C{=}C{=}O + CH_3COOH \longrightarrow xx$ b) $2\ CH_3CHO \xrightarrow[+\ O_2]{Kat.} xx + H_2O$ $\quad$ Kat.: Cu/Co-Acetat	Acetyl-cellulose Acetylierungsmittel
Aceton $CH_3-\underset{\underset{O}{\|\|}}{C}-CH_3$	Aldolisierung: MIBK Aceton-cyanhydrin (s. Tabelle 35)	a) Hock-Synthese (s. Phenol) b) $CH_3-CH{=}CH_2 + \frac{1}{2} O_2 \xrightarrow{Kat.} xx$ c) $(CH_3)_2CHOH \xrightarrow{Kat.} xx + H_2$	Lösungsmittel (auch MIBK = Methyl-isobutylketon) Plexiglas
Acrylnitril $CH_2{=}CH-CN$	Polyacrylnitril	$CH_3-CH{=}CH_2 + NH_3 + 1\frac{1}{2} O_2 \xrightarrow{Kat.} xx+3H_2O$	Acryl-Faser für Beklei-dung u. Heimtextilien
Adipinsäure $HOOC-(CH_2)_4-COOH$	–	Katalyt. Oxidation v. Cyclohexan über Cyclohexanol/Cyclohexanon	Nylon
Benzol C_6H_6	Ethylbenzol 50 % Cumol 15 % Cyclohexan 15 % Anilin 5 %	aus Kohlenteer, Reformatbenzin und Pyrolysebenzin	Polystyrol 25 % Styrol-Mischpolym. 10 % Nylon 20 % Styrol-Butadien-Gummi 5 %

Tabelle 33 (Fortsetzung)

Name/Formel	wichtige Derivate/Produkte	Herstellung/Gewinnung	Anwendung/Endprodukte
Butadien $CH_2=CH-CH=CH_2$	Styrol-Butadien-Gummi 50 % Polymere 20 % Elastomere 10 % Hexamethylendiamin 10 %	a) aus C_4-Crackfraktionen b) durch Dehydrierung v. Buten u. Butan	Reifen u.a. Elastomere 80 % Thermoplaste 10 %
Butanol C_4H_9OH	Ester	$CH_3CH=CH_2 + CO + H_2 \longrightarrow$ $CH_3CH_2CH_2CHO \xrightarrow{H_2} xx$	Lösungsmittel Weichmacher für PVC
Cumol $C_6H_5-CH(CH_3)_2$	Phenol Aceton	$C_6H_6 + CH_2=CH-CH_3 \xrightarrow{Kat.} xx$ Kat.: Lewis-Säuren	
Cyclohexan C_6H_{12}	Adipinsäure 65 % Caprolactam 30 %	a) Hydrierung v. Benzol b) Isomerisierg. v. Rohbenzin	Nylon-6,6 60 % Nylon-6,6 30 %
1,1-Dichlor-ethan (Ethylen-dichlorid) $Cl-CH_2-CH_2-Cl$	Vinylchlorid Vinylidenchlorid $(xx \xrightarrow{NaOH} CH_2=CCl_2)$	$CH_2=CH_2 \xrightarrow{Cl_2} xx$	PVC PVC-Copolymer mit Vinylidenchlorid 1,1,1-Trichlor-ethan durch Hydrochlorierung v. Vinyl- u. Vinyliden-chlorid

Tabelle 33 (Fortsetzung)

Name/Formel	wichtige Derivate/Produkte	Herstellung/Gewinnung	Anwendung/Endprodukte
Essigsäure CH_3-COOH	Acetanhydrid Ester	a) Oxidation von n-Butan b) $CH_3OH + CO \xrightarrow{Rh/I_2}$ xx c) $H_2C=CH_2 + \frac{1}{2} O_2 \xrightarrow{Pd/Cu} \boxed{CH_3CHO}$ $CH_3CHO + 1/2\ O_2 \xrightarrow{Kat.}$ xx	Vinylacetat Celluloseacetat Butylacetat
Ethanol CH_3CH_2OH	Acetaldehyd Ester Ethylchlorid	$H_2C=CH_2 + H_2O \xrightarrow{(H^{\oplus})}$ xx $(H^{\oplus})$: H_3PO_4/SiO_2 oder H_2SO_4	Lösungsmittel Ethylacetat
Ethen (Ethylen) $CH_2=CH_2$	Polyethen 45 % Oxiran Glykol Vinylchlorid 15 % Styrol 10 %	Crackverfahren	Plastikprodukte 65 % Gefrierschutzmittel 10 % Fasern 5 % Lösungsmittel 5 %
Ethylbenzol $C_6H_5-C_2H_5$	Styrol	$C_6H_6 + CH_2=CH_2 \xrightarrow{Kat.}$ xx Kat.: Lewis-Säuren	Polystyrol
Glykol $HOCH_2-CH_2OH$	Polyethylen-terephthalate 35 %	$H_2C\overset{}{\underset{O}{-}}CH_2 + H_2O \longrightarrow$ xx	Gefrierschutz 50 % Polyester 35 %

Tabelle 33 (Fortsetzung)

Name/Formel	wichtige Derivate/Produkte	Herstellung/Gewinnung	Anwendung/Endprodukte
Oxiran $H_2C{-}CH_2$ (O)	Glykol Polyethylen-glykol	$H_2C{=}CH_2 + \frac{1}{2} O_2 \xrightarrow{Ag} xx$	mit H_2O: Glykol mit ROH: Glykolether mit NH_3: Ethanolamin
Formaldehyd $H{-}C{-}H$ $\|$ O	Harnstoff-xx-Harze 25 % Phenol-xx-Harze 25 % Butandiol 5 % Acetal-Harze 5 %	a) $CH_3OH \xrightarrow{Ag,Cu} xx + H_2O$ b) $CH_3OH + 1/2\ O_2 \xrightarrow{Fe(MoO_4)} xx + H_2O$	Klebstoffe u. Bindemittel 60 % Kunststoffe 10 %
Harnstoff $H_2N{-}C{-}NH_2$ $\|$ O	xx-Formaldehyd-Harze 10 % Melamin-Harze 5 %	$CO_2 + 2\ NH_3 \xrightarrow{Druck} xx + H_2O$	Düngemittel 75 % Tiernahrung 10 % Bindemittel 10 %
Isopropanol $H_3C{-}CH{-}OH$ $\|$ CH_3	Aceton	$CH_3CH{=}CH_2 + H_2O \xrightarrow{(H^{\oplus})} xx$ $(H^{\oplus})$: H_2SO_4, H_3PO_4/SiO_2	Lösungsmittel Benzinadditiv
Methanol CH_3OH	Formaldehyd 45 %	$CO + H_2 \xrightarrow[p,T]{ZnO/Cr_2O_3} xx$	Lösungsmittel Polymere 60 % Benzinadditiv

Tabelle 33 (Fortsetzung)

Name/Formel	wichtige Derivate/Produkte	Herstellung/Gewinnung	Anwendung/Endprodukte
Phenol C_6H_5-OH	Phenolharze 45 % Bisphenol A 20 % Caprolactam 15 % Alkylphenole 5 %	$Cumol + O_2 \longrightarrow C_6H_5-\overset{\overset{\displaystyle CH_3}{\mid}}{\underset{\underset{\displaystyle CH_3}{\mid}}{C}}-OOH$ $\xrightarrow{H^{\oplus}}$ xx + Aceton	Bindemittel 50 % Fasern 20 % Kunststoffe 20 %
Propen (Propylen) $CH_2=CH-CH_3$	Polymere 35 % Acrylnitril 15 % Isopropanol 10 % Propylenoxid 10 % Acrylsäure	Crackverfahren	Plastikprodukte 50 % Fasern 15 % Lösungsmittel 10 %
Propylenoxid $H_2C-CH-CH_3$ (Epoxid, O)	Propylenglykol 20 % Polyether/Polyole für Polyurethane 60 %	a) $CH_2=CH-CH_3 \xrightarrow{HOCl} CH_3CH-CH_2Cl$ (OH) $+ CH_3CH-CH_2OH$ (Cl) } Gemisch $\xrightarrow{Ca(OH)_2}$ xx b) $CH_2=CH-CH_3 \xrightarrow[Peroxide]{[O_2]}$ xx	Polyurethan-Schäume 60 % ungesätt. Polyester, meist Glasfaser-verstärkt 20 %
Styrol $C_6H_5-CH=CH_2$	Homo- u. Copolymere 80 % xx-Butadien-Elastomere 10 %	a) $C_6H_5-CH_2CH_3 \longrightarrow$ xx + H_2 b) aus Raffinaten	fertige Kunststoffprodukte 90 % Reifen u.a. Elastomere 9 %

Tabelle 33 (Fortsetzung)

Name/Formel	wichtige Derivate/Produkte	Herstellung/Gewinnung	Anwendung/Endprodukte
Toluol $C_6H_5-CH_3$	Benzol: $xx + H_2 \longrightarrow$ $C_6H_6 + CH_4$ Hydrogenolyse (kat. Disproport.): $xx \longrightarrow$ Benzol + Xylole	Pyrolysebenzin Reformatbenzin	Lösungsmittel
Vinylacetat $CH_3-\overset{\parallel}{\underset{O}{C}}-O-CH=CH_2$	Polyvinylacetat u. Copolymere 60 % Polyvinylalkohol 20 % andere Polymere 15 %	$CH_2=CH_2+CH_3COOH+1/2\ O_2 \xrightarrow{PdCl_2} xx + H_2O$	Bindemittel 25 % Farbanstriche 15 % Papierveredlung 10 % Textilausrüstung 10 %
Vinylchlorid $CH_2=CHCl$	Homo- u. Copolymere ca. 100 %	$CH_2=CH_2 + Cl_2 \longrightarrow ClCH_2CH_2Cl$ $\xrightarrow{500^\circ C} xx + HCl$	Plastikprodukte 100 %
p-Xylol $C_6H_4(CH_3)_2$	DMT u. PTA 100 %	Pyrolysebenzin od. Erdöldest.	Polyester-Folien, -Fasern, etc. 100 %
Dimethylterephthalat (DMT) Terephthalsäure (PTA) $C_6H_4(COOR)_2$; R = CH_3,H	Polyethylenterephthalate 100 %	PTA: Oxidation v. p-Xylol, DMT: Oxidation v. p-Xylol, Veresterg. mit Methanol	Polyester-Fasern -Folien, Thermoplaste 100 %

Tabelle 34. Verwendung von Ethen, $CH_2=CH_2$

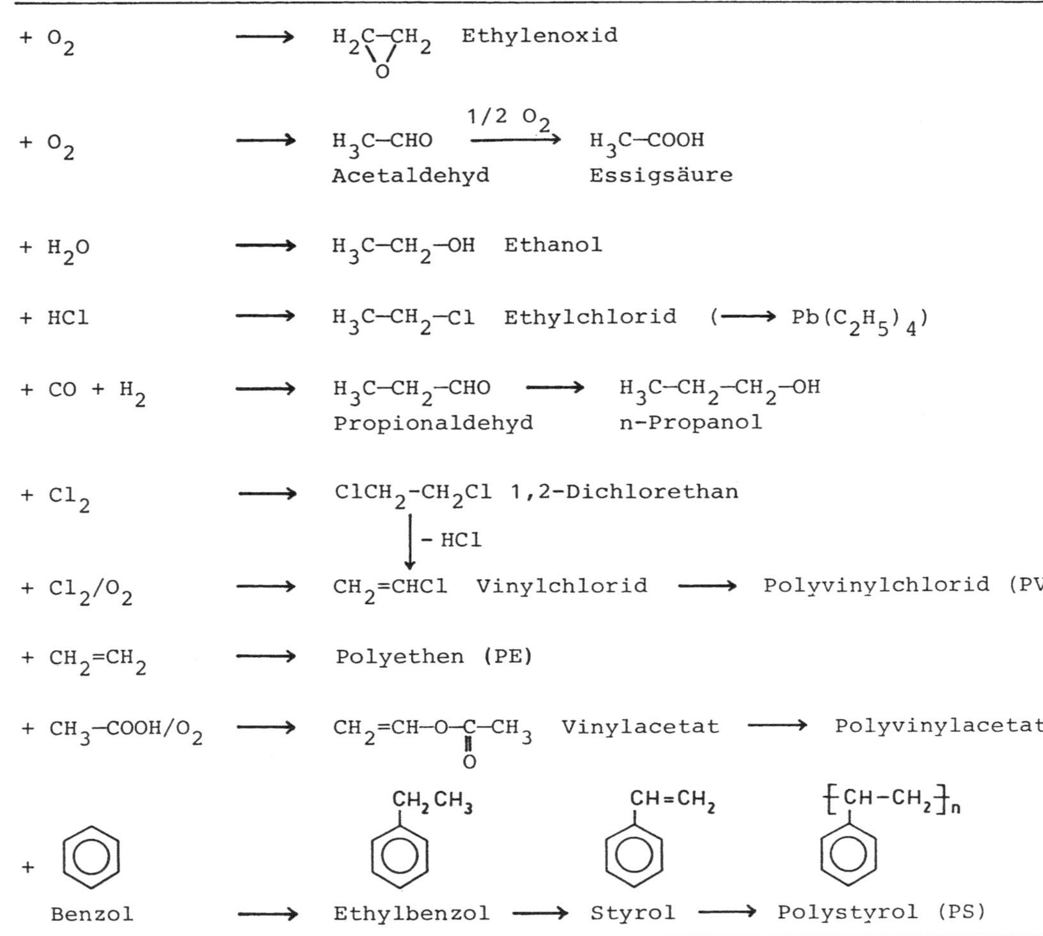

Tabelle 35. Verwendung von Propen, $CH_2=CH-CH_3$

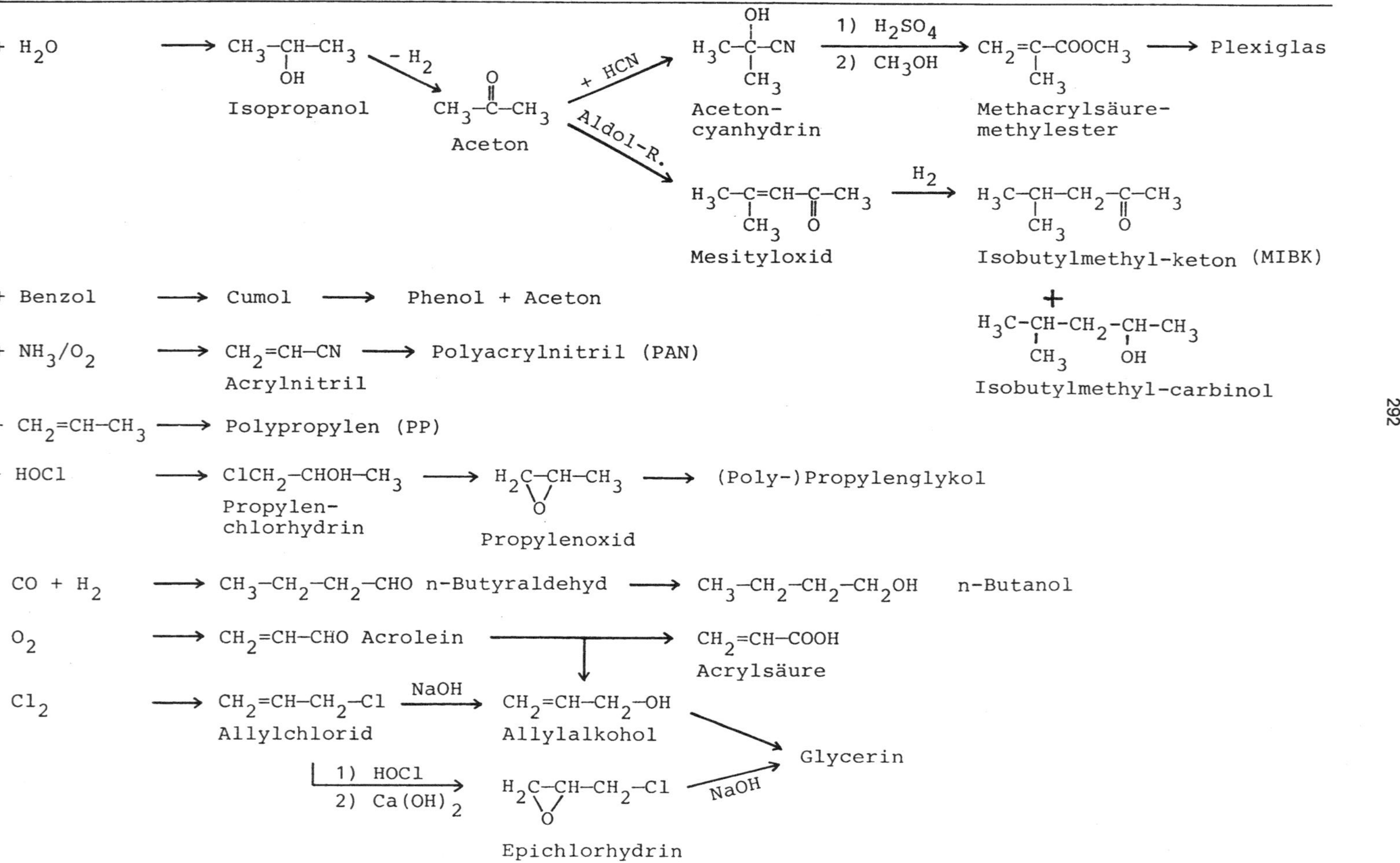

38 Kunststoffe

<u>Kunststoffe sind voll- oder halbsynthetisch hergestellte Makromoleküle</u>. In den organischen Kunststoffen sind die C-Atome untereinander und mit anderen Atomen wie H, O, N und Cl verknüpft. Besteht das Rückgrat der Kette aus gleichen Atomen, spricht man von einer <u>Isokette</u> (z.B. $-C-C-C-C-C-$), sind auch andere Atome vorhanden, von einer <u>Heterokette</u> (z. B. $-C-O-C-O-C-$).

38.1 Darstellung

Bei der Synthese der Makromoleküle geht man von niedermolekularen Verbindungen aus. *Die Monomeren werden in Polyreaktionen zu Makromolekülen, den Polymeren, verknüpft*. Diese sind somit aus vielen Grundbausteinen (Monomer-Einheiten) aufgebaut. Die kleinste sich ständig wiederholende Einheit nennt man <u>Strukturelement</u>. Makromoleküle aus dem gleichen Grundbaustein heißen <u>Homopolymere</u>, solche aus verschiedenen Arten von Grundbausteinen <u>Co</u>polymere.

Beispiel: Polyethen ist ein Homopolymer mit einer <u>Isokette</u>, <u>Monomer</u>: $CH_2=CH_2$, <u>Grundbaustein</u>: $-CH_2-CH_2-$, <u>Strukturelement</u>: $-CH_2-$, Polymer: $+CH_2+_n$.

38.1.1 Reaktionstypen

Polyreaktionen können bei Berücksichtigung der Kinetik in zwei Reaktionstypen eingeteilt werden: ① *Kettenreaktionen* und ② *schrittweise verlaufende Reaktionen*.

① <u>Bei Kettenreaktionen werden Monomere an eine wachsende, aktivierte Kette $M_n^{\ddagger}$ angelagert</u>:

$$M_n^{\ddagger} + M \longrightarrow M_{n+1}^{\ddagger}$$

Zu diesen Kettenwachstumsreaktionen gehören die *Polymerisationen*.

② Beim zweiten Reaktionstyp erfolgt der Aufbau des Polymeren stufenweise: Erst bildet sich ein Dimeres, dann ein Trimeres usw. Hier führt also jeder Schritt zu einem stabilen Produkt, was nicht ausschließt, daß gebildete kurzkettige Polymere ebenfalls schrittweise miteinander reagieren. Zu diesen Stufenwachstumsreaktionen gehören *Poly-additionen* und *-kondensationen*.

Bei den nachfolgend angegebenen Reaktionen beachte man, daß die meisten Polymere noch reaktive Endgruppen enthalten, die hier nicht angegeben sind. Die Produktformeln enthalten also nur die Strukturelemente.

38.1.2 *Polymerisation*

Durch Verknüpfen von gleich- oder verschiedenartigen ungesättigten oder cyclischen Monomeren entstehen polymere Verbindungen <u>ohne</u> Austritt irgendwelcher Moleküle.
<u>Die Auslösung von Polymerisationen kann radikalisch, elektrophil, nucleophil oder durch Polyinsertion erfolgen.</u>

Übersichtsschema:

a) <u>Radikalische Polymerisation</u>

b) <u>Kationische Polymerisation</u>

c) <u>Anionische Polymerisation</u>

d) Polymerisation mit Ziegler–Katalysator Ⓜ <u>(Polyinsertion)</u>

38.1.2.1 Radikalische Polymerisation

$$R'\cdot \;+\; CH_2{=}\underset{R}{CH} \;\longrightarrow\; R'{-}CH_2{-}\underset{R}{\overset{\cdot}{C}H} \qquad\qquad \text{Start}$$

$$R'{-}CH_2{-}\underset{R}{\overset{\cdot}{C}H} \;+\; n\,CH_2{=}\underset{R}{CH} \;\longrightarrow\; R'{-}CH_2{-}\underset{R}{CH}\!\left[CH_2{-}\underset{R}{CH}\right]_{n-1}\!CH_2{-}\underset{R}{\overset{\cdot}{C}H} \qquad \text{Ketten-wachstum}$$

Dieser Reaktionstyp ist der häufigste. Die Reaktion wird durch Initiatoren (h · ν, Wärme, Starter) eingeleitet.

Beispiele: halogenierte Vinyl-Verbindungen, Vinylester, Ethen, Acrylnitril, Styrol (techn.)

$$n \cdot CH_2{=}CH{-}Cl \;\longrightarrow\; {+}CH_2{-}\underset{Cl}{CH}{+}_n \qquad \text{Polyvinylchlorid (PVC)}$$

Vinylchlorid

38.1.2.2 Elektrophile (kationische) Polymerisation

$$H_2C{=}\underset{R'}{CH} \;\xrightarrow{\;+H^{\oplus}[BF_3OH]^{\ominus}\;}\; \left[H{-}CH_2{-}\underset{R'}{\overset{\oplus}{C}H}\right]\left[F_3BOH\right]^{\ominus} \qquad \text{Ionen-bildung}$$

$$H_3C{-}\underset{R'}{\overset{\oplus}{C}H} \;+\; n\,H_2C{=}\underset{R'}{CH} \;\longrightarrow\; H_3C{-}\underset{R'}{CH}\!\left[CH_2{-}\underset{R'}{CH}\right]_{n-1}\!CH_2{-}\underset{R'}{\overset{\oplus}{C}H} \qquad \text{Ketten-wachstum}$$

Als Initiatoren dienen Lewis-Säuren in Gegenwart von Wasser oder Alkoholen. Der Kettenabbruch kann durch Abspaltung von $H^{\oplus}$ oder Kombination mit einem Gegen-Ion erfolgen.

Beispiele: Isobuten, Alkyl-vinyl-ether.

38.1.2.3 Nucleophile (anionische) Polymerisation

$$H_2C{=}\underset{R'}{CH} \;\xrightarrow{\;+\,Na^{\oplus}NH_2^{\ominus}\;}\; \left[H_2N{-}CH_2{-}\underset{R'}{\overset{\ominus}{C}H}\right]Na^{\oplus} \qquad \text{Ionen-bildung}$$

$$H_2N{-}CH_2{-}\underset{R'}{\overset{\ominus}{C}H} \;+\; n\,H_2C{=}\underset{R'}{CH} \;\longrightarrow\; H_2N{-}CH_2{-}\underset{R'}{CH}\!\left[CH_2{-}\underset{R'}{CH}\right]_{n-1}\!CH_2{-}\underset{R'}{\overset{\ominus}{C}H} \qquad \text{Ketten-wachstum}$$

Als Initiator fungieren Alkoholate, Alkalimetalle, Grignard-Verbindungen usw. Metallische Starter können auch Radikal-Anionen bilden, z.B. aus Styrol $[C_6H_5-\dot{C}H-\overline{C}H_2^\ominus \longleftrightarrow C_6H_5-{}^\ominus\overline{C}H-\dot{C}H_2]$, die zu Di-Anionen wie $C_6H_5-\overline{C}H^\ominus-CH_2-CH_2-\overline{C}H^\ominus-C_6H_5$ dimerisieren können. Einige Anionen überdauern bei tiefer Temperatur längere Zeit ("lebende Polymere"). Ihre Verwendung erlaubt eine gute Steuerung der Molekülmassen-Verteilung. Der Kettenabbruch kann z.B. auch durch die Aufnahme von $H^\oplus$ erfolgen.

Beispiele: Butadien, Acrylnitril-Derivate.

38.1.2.4 Polyinsertion (Koordinative Polymerisation)

Die Bildung von Polymeren in einer stereospezifischen Reaktion wird durch die Verwendung sog. Koordinationskatalysatoren ermöglicht. Dabei handelt es sich um metallorganische Mischkatalysatoren (Ziegler-Natta-Katalysatoren). Sie bestehen aus einer Übergangsmetall-Verbindung der IV. bis VIII. Nebengruppe, kombiniert mit einem Metallalkyl der I. bis III. Hauptgruppe. Bekanntestes Beispiel ist $TiCl_4/Al(C_2H_5)_3$.

Beispiele: Polyethylen, Polypropylen, Polyisopren und Polybutadien.

Vermutlicher Mechanismus:

$$\begin{array}{c} R \\ | \diagup \\ Ti \\ \diagup | \end{array} \xrightarrow{+H_2C=CH_2} \begin{array}{c} R \\ | \diagup \\ Ti \leftarrow \| \\ \diagup | \end{array}\begin{array}{c} CH_2 \\ \\ CH_2 \end{array} \longrightarrow \left[\begin{array}{c} R\cdots CH_2 \\ \| \| \\ Ti\cdots CH_2 \\ \diagup | \end{array}\right] \longrightarrow -Ti\diagdown CH_2-CH_2-R \xrightarrow{+H_2C=CH_2} \textbf{usw.}$$

38.1.3 *Polykondensation*

Makromolekulare Verbindungen (Thermoplaste, Duroplaste) bilden sich auch durch Vereinigung von bi- oder höherfunktionellen Stoffen unter Austritt von Spaltstücken (oft Wasser).

Beispiel:

$$n\ H_2N-(CH_2)_6-NH_2 + n\ HOOC-(CH_2)_4-COOH \xrightarrow{-\ 2n\ H_2O}$$

$$\leftarrow CO-(CH_2)_4-CO-NH-(CH_2)_6-NH\rightarrow_n$$

Hexamethylen-diamin + Adipinsäure $\longrightarrow$ Polyamid-6,6[Nylon]

$$n\ H_3CO-\underset{O}{\overset{\|}{C}}-\langle\bigcirc\rangle-\underset{O}{\overset{\|}{C}}-OCH_3 + n\ HOCH_2CH_2OH \xrightarrow{-\ 2n\ CH_3OH} \left[\underset{O}{\overset{\|}{C}}-\langle\bigcirc\rangle-\underset{O}{\overset{\|}{C}}-OCH_2CH_2-O\right]_n$$

Terephthalsäure-dimethylester + Ethylenglykol $\longrightarrow$ Polyester

Einige Polykondensationen können reversibel sein, z.B. die Polyamid-
oder Polyester-Bildung, da Kondensationsprodukte (z.B. Wasser) die
gebildete Kette wieder abbauen können.

Eine <u>irreversible Polykondensation</u> ist z.B. die Herstellung von
<u>Phenol-Formaldehyd-Harzen.</u>

38.1.4 *Polyaddition*

Höhermolekulare Stoffe entstehen auch durch die Verknüpfung verschie-
denartiger niedermolekularer Stoffe durch <u>Additionsreaktionen.</u>

Beispiel:

$$n\ HO-R-OH + n\ O=C=N-R'-N=C=O \longrightarrow \leftarrow O-R-O-CO-NH-R'-NH-CO\rightarrow_n$$

Alkohol $\qquad$ Isocyanat $\qquad\qquad$ Polyurethan

Bei den Polyaddukten sind vor allem die reaktiven Endgruppen (z.B.
die Isocyanat-Gruppen) von Bedeutung, die Folgereaktionen zugänglich
sind.

38.2 Polymer-Technologie

38.2.1 Durchführung von Polymerisationen

Das größte Problem bei Polymerisationen ist die Abführung der auftretenden Polymerisationswärme (bis 120 kJ $\cdot$ mol^{-1}), um so unerwünschte Abbau- und Vernetzungsreaktionen zu verhindern.

Einige ausgewählte Verfahren:

Gasphasen-Polymerisation: Gasförmige Monomere wie Ethen und Propen werden unter Druck als Gase polymerisiert.

Emulsions-Polymerisation: Das wasserunlösliche Monomer (z.B. Styrol) wird mittels Emulgatoren in Wasser emulgiert und durch wasserlösliche Initiatoren polymerisiert. Das entstandene feste Polymerisat wird aus seiner wäßrigen Dispersion ("Latex") z.B. durch Ausfällen oder Trocknen gewonnen.

Fällungs-Polymerisation: Hierbei verwendet man Lösungsmittel, in denen das Monomere, nicht aber das Polymerisat löslich ist. Dieses fällt daher in fester Form aus.

Suspensions-Polymerisation: Monomer und Initiator sind beide wasserunlöslich und werden unter Zusatz von Suspensionsmitteln in Wasser suspendiert. Bei der Polymerisation werden Polymer-Perlen erhalten ($\emptyset$ 10^{-3} - 10 mm), die durch Filtrieren oder Zentrifugieren abgetrennt werden.

38.2.2 Verarbeitung von Kunststoffen

Es können die aus der Metallverarbeitung bekannten Verfahren verwendet werden. Für thermoplastische Polymere eignet sich auch die Verarbeitung durch Warmverformen wie:

Hohlkörperblasen: Das erhaltene Hohlprofil (z.B. ein dünnes Rohr) wird kontinuierlich aufgeblasen (z.B. zu Flaschen oder Kanistern).

Extrudieren: Das aufgeschmolzene Material wird kontinuierlich durch eine Düse gedrückt. Man erhält z.B. endlose Rohre oder Folienbahnen. Fasern werden z.T. in ähnlicher Weise hergestellt.

Spritzgießen: Das aufgeschmolzene Material wird durch eine Düse in die Spritzform gespritzt. Das geformte Stück wird nach dem Erstarren ausgestoßen; die Maschine arbeitet taktweise.

38.3 Strukturen von Makromolekülen

In der Polymerchemie werden die hochmolekularen Stoffe durch andere
Eigenschaften charakterisiert, als sie bei niedermolekularen Verbindungen üblich sind. Dazu gehören: Bestimmung der mittleren Molekülmasse, der Molekülmassen-Verteilung und des mittleren Polymerisations-
grades. Der Grund hierfür ist, daß man bei Polyreaktionen meist keine
molekular-einheitlichen Substanzen erhält, so daß nur statistische
Aussagen möglich sind. Die mechanischen Eigenschaften werden vor
allem durch den räumlichen Bau der Makromoleküle bestimmt.

38.3.1 Polymere aus gleichen Monomeren

(1) *Lineare Polymere:* kettenförmig verbundene Grundbausteine:

$$-CH_2-CH-CH_2-CH-CH_2-$$

(2) *Verzweigte Polymere:* Zwei oder mehrere Ketten sind unregelmäßig
vereinigt:

(3) *Vernetzte Polymere:* Verschiedene Ketten sind über mehrere Ver-
knüpfungsstellen miteinander verbunden:

$$R = \bigcirc$$

Neben der Verknüpfung spielt die Orientierung bei der Verbindungs-
bildung unsymmetrischer Moleküle eine wichtige Rolle.

Beispiel: Vinyl-Verbindungen

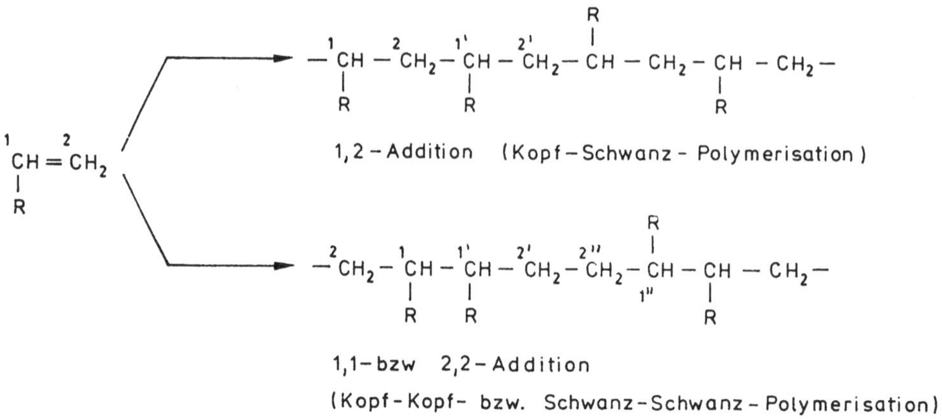

1,2 – Addition   (Kopf – Schwanz – Polymerisation)

1,1 – bzw   2,2 – Addition

(Kopf – Kopf – bzw. Schwanz – Schwanz – Polymerisation)

38.3.2 Polymere mit verschiedenen Monomeren

Auch bei *Copolymeren* mit mehreren Arten von Grundbausteinen sind verschiedene Molekülstrukturen möglich. A und B seien zwei Grundbausteine:

(1) (lineare) *Block-Copolymere*: A—A—A—B—B—B—A—A—A—B—B—B,
in alternierender Folge: A—B—A—B—A—B—A—B—A—B—A—B,
in unregelmäßiger, statistischer Folge: A—A—B—B—B—A—B—A—B—B—A—A—B.

(2) (verzweigte) *Pfropf-Copolymere*: Der Aufbau ist ebenfalls in verschiedenen Folgen möglich. Ein Beispiel:

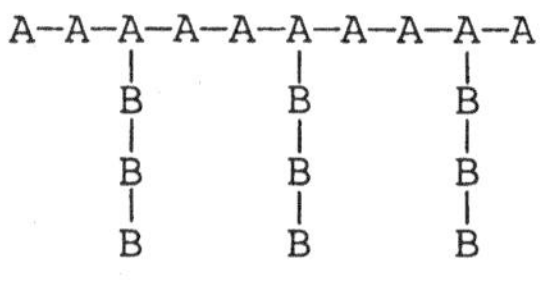

```
A—A—A—A—A—A—A—A—A—A
    |       |       |
    B       B       B
    |       |       |
    B       B       B
    |       |       |
    B       B       B
```


38.3.3 Polykondensate

38.3.3.1 Polyester

Polyester aus Terephthalsäure und Diolen wie Ethylenglykol und Butandiol-1,4 werden zu Kunstfasern verarbeitet (Trevira, Vestan, Diolen, Dacron; Formelschema Kap. 38.1.3).

Aus Dicarbonsäuren (Phthalsäure, Maleinsäure) und Dialkoholen entstehen Gießharze, die u.a. mit Glasfasern verstärkt werden können. Aus Bisphenolen und Phosgen werden *Polycarbonate* hergestellt ("Makrolon"):

$$\tfrac{1}{2}\ n\ HO-Ar-OH\ +\ n\ Cl-\overset{\underset{\|}{O}}{C}-Cl\ +\ \tfrac{1}{2}\ n\ \ HO-Ar-OH\ \xrightarrow[-2\ n\ HCl]{}\ HO\!\!\left[Ar-O-\overset{\underset{\|}{O}}{C}-O-Ar\right]_n\!\!OH$$

38.3.3.2 Polyamide

Aus 1,6-Diaminohexan und Adipinsäure entsteht *Nylon* (Polyamid 6,6; das Strukturelement enthält 2 · 6 C-Atome; Formelschema s. Kap. 38.1.3).

Aus ε-Caprolactam erhält man *Perlon* (Ringöffnungs-Polymerisation):

$$\text{ε-Caprolactam} \xrightarrow{+\ H_2O} H_2N-(CH_2)_5-COOH \xrightarrow{\text{ε-Caprolactam}} \cdots \longrightarrow H\left[NH-(CH_2)_5-\overset{\underset{\|}{O}}{C}\right]_n OH$$

ε-Capro-lactam	ε-Amino-capronsäure 6-Amino-hexansäure	Perlon Polyamid-6

38.3.3.3 Polysiloxane/Silicone

$$\left[\begin{array}{c} R \\ | \\ Si-O \\ | \\ R \end{array}\right]_n$$

Silicone werden durch Hydrolyse von Alkyl- oder Aryl-chlorsilanen und anschließende Kondensation der Silanole unter H_2O-Abspaltung hergestellt. Sie sind hydrophob und werden als Imprägniermittel, Schmiermittel oder Schaumdämpfer verwendet oder je nach Konsistenz (Siliconöl, -gummi, -harz) entsprechend ihren Eigenschaften eingesetzt. Sie zeigen hohe Temperaturbeständigkeit, temperaturkonstante Viskosität, sind wasserabweisend, klebstoffabweisend, farb- und geruchlos.

38.3.4 Bekannte Polyaddukte

Vor allem zwei Produktgruppen sind von Bedeutung: *Polyurethane* und *Epoxidharze*.

Polyurethane (PUR) entstehen aus Dilisocyanaten und mehrwertigen Alkoholen:

$$n \; HO-(CH_2)_4-OH \; + \; n \; O=C=N-(CH_2)_6-N=C=O$$

$$\longrightarrow \; HO-(CH_2)_4-O\!\!\left[\!C-NH-(CH_2)_6-NH-C-O-(CH_2)_4-O\right]_n\!\!-C-NH-(CH_2)_6-NCO$$

Polyurethan

Der Aufbau aus zwei Komponenten erlaubt vielfältige Abwandlungen und Einsatzgebiete. Die Produkte können wegen der noch vorhandenen funktionellen Gruppen zusätzlich weiter vernetzt werden.

Bei Anwesenheit von Wasser entstehen Polyurethan-Schaumstoffe ("Moltopren"), denn ein Teil der Isocyanat-Gruppen wird in die instabilen Carbaminsäuren überführt, die CO_2 abspalten. Das Schäumen wird zusätzlich durch Einblasen von Treibgasen unterstützt.

Epoxidharze entstehen aus Epichlorhydrin (2-Chlor-methyloxiran) und Bisphenolen (z.B. Bisphenol A):

Bis-2,2-(4-hydroxyphenyl)-propan   Epichlorhydrin
(Bisphenol A)

Zwischenprodukt (wird nicht isoliert)

Die Oxiran-Endgruppen können weiter zusätzlich vernetzt werden (Härtung). Epoxidharze dienen u.a. als Klebstoffe und Lackrohstoffe.

38.3.5 Halbsynthetische Kunststoffe

Diese werden aus natürlichen Polymeren als Rohstoff hergestellt. Von
großer Bedeutung ist die *Cellulose* für Textilien und Papier. Sie wird
größtenteils aus Holzzellstoff (aus Holz und Natronlauge) gewonnen.
Lediglich die Baumwollfaser, die aus nahezu reiner Cellulose besteht,
kann nach Vorreinigung direkt verarbeitet werden. *Anwendungsbeispiele:*
Cellophan, Zellwolle, Kupferkunstseide und Viskoseseide (Reyon),
Celluloseacetat (für Photofilme), Celluloseether (Tapetenkleister,
Verdickungsmittel).

Kautschuk wird durch Ausfällen mit Essig- oder Ameisensäure direkt
aus Latex (natürliche Kautschuk-Emulsion von *Hevea brasiliensis*)
erhalten. Danach wird mit Schwefel oder S_2Cl_2 vulkanisiert: Es bilden
sich Schwefelbrücken zwischen den Makromolekülen aus, und man erhält
Gummi. Zur Qualitätsverbesserung werden Füllstoffe wie Ruß, Silicate
und Kieselsäure zugesetzt, aber auch Antioxidantien, Verstärkerharze
usw.

38.4 Gebrauchseigenschaften von Polymeren

Im Gegensatz zu den niedermolekularen Verbindungen liegen nur wenige
Polymere als echte Kristalle vor. Auch bei tiefen Temperaturen lagern
sich die ungeordnet miteinander verschlungenen Makromoleküle nur in
begrenzten Bereichen wie in einem Kristall zusammen. Außerhalb dieser
kristallinen Bereiche (Kristallite, Micellen) sind die Molekülketten
glas-artig erstarrt (amorph). Die Eigenschaften der Kunststoffe in
Abhängigkeit von der Temperatur zeigt Abb. 38.

① *Thermoplaste* (z.B. Polyethylen, Polypropylen, PVC, Styrol-Poly-
merisate) sind oberhalb der Erweichungstemperatur verformbar und
behalten die neue Form auch nach dem Abkühlen bei. Die Eigenschaften
der Thermoplaste im Gebrauchsbereich zwischen Glastemperatur und
Erweichungsbereich hängen vom Kristallisationsgrad ab (Abb. 39).
Der Anteil an Kristalliten kann durch Zusatz von Weichmachern verändert werden: Schwerflüchtige Lösungsmittel wie Phthalsäureester set-
zen beim PVC die Glastemperatur von $+80^{\circ}C$ auf $-50^{\circ}C$ herab (Hart-PVC
⟶ Weich-PVC). Ähnlich wirkt eine mechanische oder thermische
Behandlung wie das Abschrecken der Schmelze oder das Strecken von
Fasern.

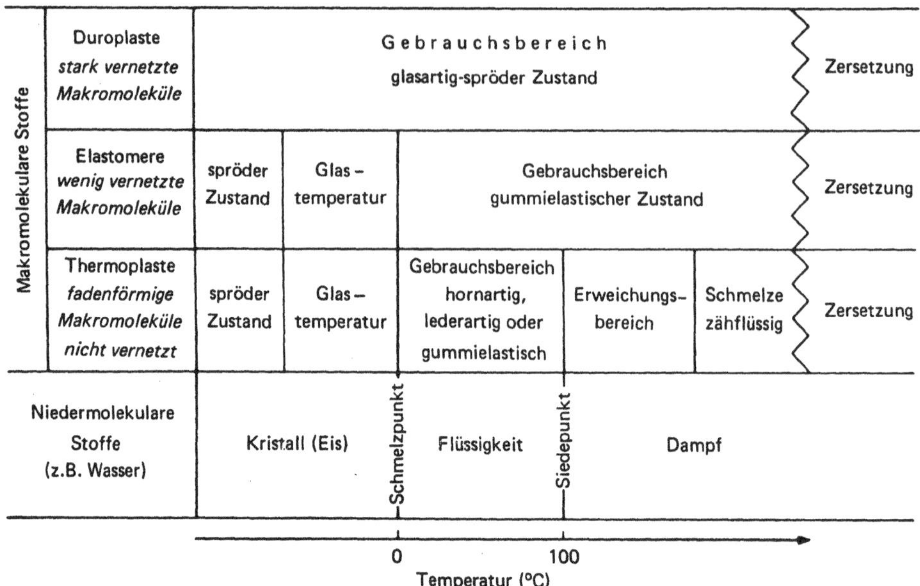

Abb. 38. Temperaturabhängigkeit der Eigenschaften nieder- und makromolekularer Stoffe. (Aus B. Schrader, 1979)

② *Elastomere* (z.B. Kautschuk, weichgemachte Kunststoffe) sind reversibel verformbar ("elastisch") mit Dehnbarkeiten von über 1000 %. Im Kautschuk, der durch Schwefel-Brücken vernetzt ist, liegt ein weitmaschiges Netz aus Molekülketten vor, das entsprechend der Maschenweite des Netzwerkes gedehnt werden kann (Abb. 41).

③ *Duroplaste* (z.B. Phenol-Formaldehyd-Harze) sind Stoffe mit engmaschig vernetzten Makromolekülen (Abb. 40). Die Formgebung muß vor der Vernetzung erfolgen, da die dreidimensional vernetzten Stoffe im Gebrauchsbereich starr bleiben. Die Sprödigkeit kann durch Zusatz von Füllstoffen (Holzmehl, Fasern) etwas vermindert werden (⟶ "Resopal", "Bakelit").

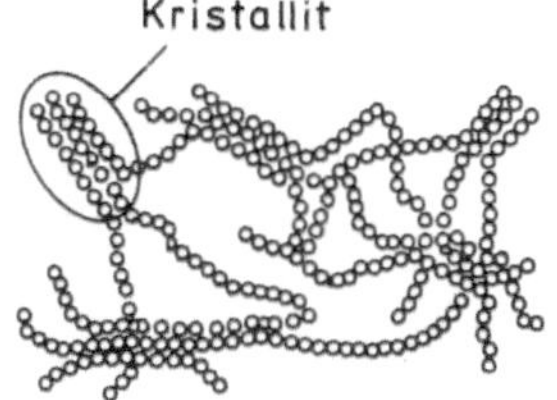

Abb. 39. Teilkristalliner Thermoplast aus einem dichten Molekülfilz verknäulter und parallel liegender Molekülketten

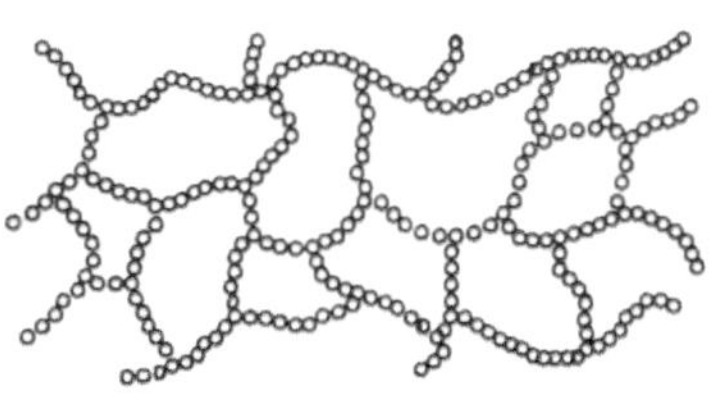

Abb. 40. Ausschnitt aus dem amorphen Raumnetz eines ausgehärteten Duroplasten. Es bildet sich eine riesige Anzahl enger, miteinander verbundener und verknäulter Netzmaschen

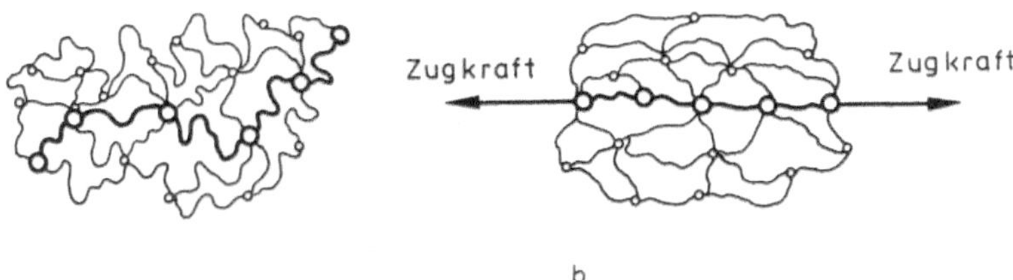

Abb. 41 a und b. Lage der Kautschuk-Moleküle in ungedehntem (a) und gedehntem Zustand (b) des Gummis

38.5 Beispiele zu den einzelnen Kunststoffarten

38.5.1 Bekannte Polymerisate

Tabelle 36

Polymer/Monomer	Handelsname (W.Z.)	Polymerisationsverfahren	Verwendung
Polyacrylnitril (PAN) $CH_2=CH-CN$	Orlon Dralon	radikalisch	Fasern
Polybutadien $CH_2=CH-CH=CH_2$	Buna S mit Styrol Buna N mit Acryl- nitril (Luran)	Ziegler-Natta-Katal. $\longrightarrow$ cis-1,4-verknüpft	Synthesekautschuk; Neopren ist Polychlor- butadien
Polyethylen (PE) $CH_2=CH_2$	Lupolen Hostalen	Hochdruck-PE: radikalisch Niederdruck-PE: Ziegler- Natta-Katalysatoren	Folien, Filme, Rohre, Geräte, Maschinenteile
Polymethyl-methacrylat (PMMA) $CH_2=C-CH_3$ $\quad\;\;\mid$ $\quad\;COOCH_3$	Plexiglas Lucit	radikalisch	organisches Glas
Polypropylen (PP) $CH_3-CH=CH_2$	Hostalen PP Luparen	Ziegler-Natta-Katal. $\longrightarrow$ isotaktisch	Fasern, Filme, Copolymerisat mit Ethen $\longrightarrow$ Elastomere
Polystyrol (PS) $C_6H_5-CH=CH_2$	Styropor Hostyren	meist radikalisch $\longrightarrow$ ataktisch	Isoliermaterial, Lacke, Gebrauchsartikel
Polytetrafluor- ethylen (PTFE) $CF_2=CF_2$	Teflon Hostaflon	radikalisch	chemisch sehr beständig, Rohre, Apparaturen, Lager, Beschichtungsmaterial

Tabelle 36 (Fortsetzung)

Polymer/Monomer	Handelsname (W.Z.)	Polymerisationsverfahren	Verwendung
Polyvinylacetat (PVAC) $CH_2{=}CH{-}O{-}\overset{\text{O}}{\underset{\|\|}{C}}{-}CH_3$	Mowicoll	radikalisch	wäßrige (!) Anstrich-dispersionen, Klebstoff ("Uhu")
Polyvinylchlorid (PVC) $CH_2{=}CH{-}Cl$	Hostalit Vinoflex Vestolit	radikalisch	Hart-PVC: Rohre, Platten Weich-PVC: Folien, Kunst-leder, Isoliermaterial

38.5.2 Bekannte Polykondensate

Phenol + Formaldehyd $C_6H_5{-}OH + HCHO$ statt Phenol auch Kresole od. Resorcin	Resinol Bakelit	in saurer Lösung: Novolacke in alkal. Lösung: Resole	Preßmassen für Elektro- und Möbelindustrie
Harnstoff + Formaldehyd $H_2N{-}\overset{\text{O}}{\underset{\|\|}{C}}{-}NH_2 + HCHO$ statt Harnstoff auch Melamin od. Anilin	Carbalit Kaurit Resopal		Preßmassen, naßfeste Papiere, Textilausrüstung (no-iron)
$HO{-}C_6H_4{-}NH_2 + HCHO$	Anionenaustauscher		
$HO{-}C_6H_4{-}SO_3H$ oder $HO{-}C_6H_4{-}COOH + HCHO$	Kationenaustauscher		

39 Farbstoffe

Farbgebende Stoffe natürlicher oder synthetischer Herkunft nennt man
Farbmittel. Die in Lösungs- oder Bindemitteln unlöslichen Farbmittel
heißen *Pigmente*. Lösliche organische Farbmittel bezeichnet man als
Farbstoffe.

39.1 Theorie der Farbe und Konstitution der Farbmittel

Die Farbwirkung der Farbstoffe kommt dadurch zustande, daß sie aus
dem weißen Licht (= Tageslicht) einen bestimmten Spektralbereich absorbieren. Die dann sichtbare Farbe ist die Komplementärfarbe. Der
Rest des Spektrums wird durchgelassen oder reflektiert.

Eine Substanz erscheint farblos, wenn das Licht vollständig durchgelassen wird, weiß, wenn alles reflektiert, und schwarz, wenn es
absorbiert wird.

Beispiel: Eine Verbindung, die weißes Licht absorbiert und nur den
Bereich 595 - 605 nm reflektiert, erscheint dem Auge orange. Eine
Verbindung, die den Bereich 595 - 605 nm aus dem Spektrum absorbiert,
erscheint dem Auge grünlich-blau (Komplementärfarbe).

Bei der Absorption von Licht durch Materie werden die elektronischen
Grundzustände von Molekülen angeregt. Dies führt zu einem Übergang
von Elektronen in energiereiche (antibindende) angeregte Zustände.
Die Energiedifferenz ΔE zwischen Grundzustand und den angeregten Zu-
ständen bestimmt die Lage der Absorptionsmaxima λ_{max}. Aus $\Delta E = h\,\nu$
können wir folgern: Je niedriger die Anregungsenergie E, desto lang-
welliger die Absorption. ΔE ist um so geringer, je ausgedehnter das
Mehrfachbindungssystem eines Moleküls ist (delokalisiertes π-Elek-
tronensystem). Die daraus resultierende Verschiebung der Absorptionsmaxima zu längeren Wellenlängen nennt man einen *bathochromen Effekt
oder Farbvertiefung*. Eine besonders starke Farbvertiefung zeigen lineare, konjugierte Doppelbindungen. So verhindert β-Carotin mit

λ_{max} = 494, 463, 364 und 278 nm, daß langwelliges UV-Licht die inneren Zellen der Tomaten erreicht und dort Schäden verursacht.

Tabelle 37. Farben des Sonnenlichtes und Komplementärfarben

Wellenlängenbereich (nm)	Absorbierte Spektralfarbe	Komplementärfarbe	
unterhalb 400	ultraviolett	(unsichtbar)	
400 - 435	violett	gelbgrün	
435 - 480	blau (indigo)	gelb	
480 - 490	blau oder türkis	orange	
490 - 500	blaugrün	rot	
500 - 560	grün	purpur	Farbvertiefung
560 - 580	gelbgrün	violett	
580 - 595	gelb	blau	
595 - 605	orange	blau oder türkis	
605 - 750	rot	blaugrün	
oberhalb 750	ultrarot	(unsichtbar)	

Gruppen wie $>\!C\!=\!C\!<$ (λ_{max} = 175 nm) und $>\!C\!=\!O$ (λ_{max} = 280, 190 nm) werden *Chromophore* genannt, weil ein konjugiertes System mit zwei oder mehr Chromophoren entscheidend für die Farbigkeit organischer Verbindungen ist. Chromophore sind dadurch ausgezeichnet, daß ihre Elektronen leicht zum Übergang in höhere Energieniveaus angeregt werden können. Dies sind meist π-Elektronen ($\pi\rightarrow\pi^*$-Übergang) oder freie Elektronenpaare ($n\rightarrow\sigma^*$- und $n\rightarrow\pi^*$-Übergänge). Bekannte Chromophore sind: $-N\!=\!N-$ (Azo), $-N\!=\!O$ (Nitroso), $-NO_2$ (Nitro), $>\!C\!=\!O$ (Carbonyl), $>\!C\!=\!NH$ (Carbimino) oder $>\!C\!=\!C\!<$-Gruppen. Führt man diese als Substituenten in ein aromatisches System ein, hat dies einen bathochromen Effekt zur Folge, da sich ein großes, delokalisiertes π-Elektronensystem bilden kann.

Auch Substituenten wie $-NH_2$, $-OH$, $-NR_2$, die selbst keine Chromophore sind, können eine <u>bathochrome</u> Verschiebung bewirken; man nennt sie oft <u>*Auxochrome*</u>. Durch Salzbildung einer NH_2-Gruppe ($-NH_2 \longrightarrow -NH_3^{\oplus}R^{\ominus}$) kann dieser Effekt aufgehoben werden und *ein farbaufhellender, hypsochromer Effekt* eintreten: λ_{max} wird jetzt zu kürzeren Wellenlängen verschoben. Praktische Anwendung findet dies bei vielen Indikatorfarbstoffen für Titrationen.

Die Weißtöner (optische Aufheller) in Waschmitteln sind keine Farbmittel, sondern UV-absorbierende Verbindungen, welche die aufgenommene Energie als blau-weiße Fluoreszenzstrahlung wieder abgeben.
Hierdurch entsteht der Eindruck von "weißer als weiß".

Tagesleuchtfarben dagegen sind Farbmittel, die zusätzliche Fluoreszenzstrahlung aussenden.

39.2 Einteilung der Farbstoffe nach dem Färbeverfahren

Farbstoffe werden eingeteilt nach dem Färbeverfahren oder den Chromophoren.

Färbeverfahren und Fasern

Nicht jede farbige Verbindung ist auch ein Farbstoff. Dieser muß nämlich waschecht, lichtecht, temperaturbeständig, schweißecht etc. sein.
Hauptproblem bei der Färberei ist neben der Auswahl und Herstellung
eines geeigneten Farbstoffes seine feste Verankerung auf der Faser
(tierische, pflanzliche oder Chemie-Faser). Man unterscheidet:

① *Direktfarbstoffe (substantive F.)*: Sie ziehen direkt auf pflanzliche Fasern ohne Vorbehandlung aus einer wäßrigen Lösung (= Flotte)
auf. Die Bindung im Inneren der Fasern erfolgt durch zwischenmoleku-
lare van der Waals-Kräfte und Wasserstoff-Brückenbindungen. Zu dieser
Gruppe gehören viele Azofarbstoffe. Sie werden in das Innere der Faser
als Farbstoffagglomerate eingelagert.

② *Dispersionsfarbstoffe*: Die meisten synthetischen Fasern lassen
sich nicht mit Direktfarbstoffen färben, da diese aufgrund des unpolaren Charakters der Fasern nicht adsorbiert werden können. Die unlöslichen Dispersionsfarbstoffe werden in Wasser fein verteilt. Bei
$120 - 130\,^{\circ}C$ oder bei Zugabe von Quellmitteln ("carrier") diffundieren
die Farbstoffmoleküle aus der Dispersion in die aufgequollene Faser.
Beim Thermosol-Verfahren wird in einer Heißluftkammer $(200\,^{\circ}C)$ die
Faser erweicht, damit der Farbstoff hineindiffundieren kann.

③ *Säurefarbstoffe*: Diese enthalten hydrophile Gruppen wie $-COOH$,
$-SO_3H$ und $-OH$, sind in Form ihrer Salze wasserlöslich und ziehen in
Anwesenheit von Säuren direkt auf die Faser auf. Die Farbstoffmole-

küle liegen in Lösung als Anionen vor und werden von dem kationischen Fasermolekül durch Ionenbindung festgehalten (Salzbildung). Es können daher alle Fasern mit Amino-Gruppen wie Wolle, Seide und Polyamide so gefärbt werden:

$$^{\ominus}OOC - \boxed{Wolle} - NH_3^{\oplus} + H-X \longrightarrow HOOC - \boxed{Wolle} - NH_3^{\oplus} + X^{\ominus}$$

$$HOOC - \boxed{Wolle} - NH_3^{\oplus} + \underset{F}{\bigcirc} - SO_3^{\ominus} \longrightarrow HOOC - \boxed{Wolle} - NH_3^{\oplus} \cdots {}^{\ominus}O_3S - \underset{F}{\bigcirc}$$

Die Farbstoff-Anionen $\bigcirc\!\!\!{}_F - SO_3^{\ominus}$ verdrängen die Säure-Anionen $X^{\ominus}$ aus der Faser, weil sie eine festere Bindung mit dem Woll-Kation HOOC-$\boxed{Wolle}$- -$NH_3^{\oplus}$ eingehen können.

④ *Basische Farbstoffe* können z.B. NH_2- oder NR_2-Gruppen enthalten und werden hauptsächlich für Polyacrylnitril-Fasern verwendet. Diese enthalten bei Polymerisation mit $K_2S_2O_8$ als Radikalstarter noch $-SO_3^{\ominus}$-Gruppen. Daher können analog wie bei der Säurefärberei Ionen-Bindungen gebildet werden.

⑤ *Entwicklungsfarbstoffe* werden auf der Baumwollfaser hergestellt. Diese wird mit der alkalischen Lösung einer Kupplungskomponente (meist Naphthole) getränkt und danach in die eiskalte Lösung eines Diazoniumsalzes gegeben ("Eisfarben"). Der Azofarbstoff wird durch Kupplungsreaktion auf der Faser erzeugt und haftet durch Adsorption. Da Säureamid-Bindungen teilweise hydrolysiert werden (alkalisch!), können Wolle und Seide auf diese Weise nicht gefärbt werden.

⑥ Auch bei den *Küpenfarbstoffen* wird der Farbstoff auf der Faser hergestellt. Küpenfarbstoffe sind in Wasser unlöslich. Sie werden z.B. mit $Na_2S_2O_4$ (Na-dithionit) zu der wasserlöslichen Leuko-Verbindung reduziert ("verküpt"). Die Fasern werden in die wäßrigen Lösungen der Salze ("Küpe") eingetaucht, wobei die Leuko-Verbindung auf die Faser aufzieht. Bei der nachfolgenden Oxidation (z.B. mit Luft) bildet sich der unlösliche Farbstoff zurück, der jetzt sehr fest auf der Faser haftet ("Indanthren-Farbstoffe", inzwischen allgemeine Bezeichnung für besonders licht- und waschechte Farbstoffe).

⑦ *Reaktivfarbstoffe* bilden eine kovalente Bindung mit reaktionsfähigen Gruppen der Fasern aus, z.B. mit den OH-Gruppen der Cellulose. Die Farbstoffe enthalten eine reaktive Gruppe, etwa einen Monochlortriazin-Ring oder eine Vinylsulfonsäure-Gruppe. Die Reaktionen finden in alkalischer Lösung statt, und zwar (a) als Additions-Eliminierungs-Reaktion oder (b) β-Eliminierung mit anschließender Michael-Addition.

Bemerkenswert ist, daß die reaktive Gruppe selektiv (70 - 80 %) mit dem Cellulose-Anion (Cell-O$^\ominus$) und nur in geringem Maße mit den im Überschuß vorhandenen OH$^\ominus$-Ionen reagiert.

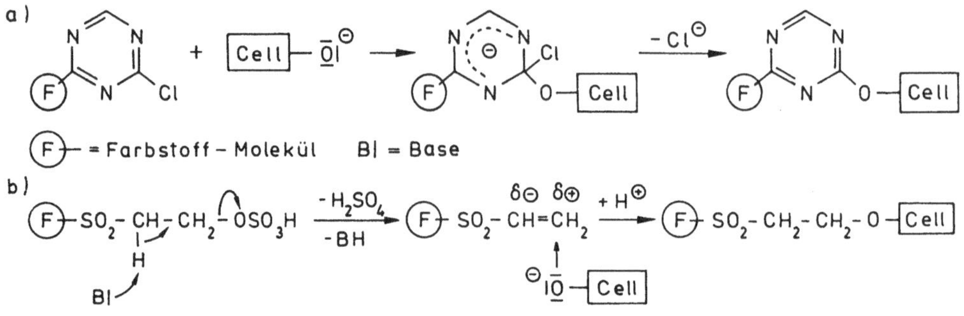

a)

$\textcircled{F}$— = Farbstoff – Molekül   B| = Base

b)

⑧ *Beizenfarbstoffe* werden verwendet, wenn die Affinität zwischen Faser und Farbstoff zu gering ist, um ausreichende Echtheitseigenschaften zu erreichen (z.B. bei Baumwolle). Als Mittlersubstanz dienen sog. Beizen, meist Metallsalze, die auf der Faser mit dem Farbstoff zusammen fest haftende Farblacke (Komplexverbindungen) bilden. Farbstoffmoleküle und OH- bzw. NH$_2$-Gruppen der Faseroberfläche sind die Liganden. Man kann z.B. die Faser mit einer Cr(III)-Salzlösung tränken und daraus mit Wasserdampf die Metalloxidhydrate herstellen, die sich somit in und auf der Faser fein verteilt befinden. Bei Zugabe der Farbstofflösungen bilden sich dann die farbigen, unlöslichen Metallkomplexe. Ebenso ist es auch möglich, mit fertigen Metall-Farbstoff-Komplexen zu färben (Metallkomplexfarbstoffe).

39.3 Einteilung der Farbstoffe nach den Chromophoren

① Etwa die Hälfte der verwendeten Farbstoffe sind *Azo-Farbstoffe*, die durch Azo-Kupplung hergestellt werden. Die Kupplungskomponenten, meist Phenole und Amine, kuppeln i.a. in p-Stellung zur OH- bzw. NH$_2$-Gruppe (oder falls diese besetzt ist, in o-Stellung).

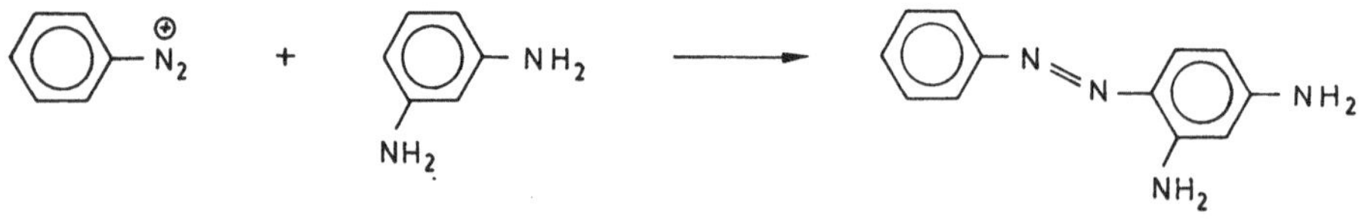

diazotiertes
Anilin   m-Phenylendiamin   Chrysoidin (orange)
                                                        2,4-Diaminoazobenzol

② Von Bedeutung hinsichtlich des Produktionsumfangs sind außerdem die *Anthrachinon-Farbstoffe* für höchste Echtheitsansprüche sowie die relativ preiswerten *Schwefel-Farbstoffe*. Ein Beispiel von historischer Bedeutung ist Alizarin (1,2-Dihydroxy-anthrachinon) mit einem chinoiden Chromophor. Hier handelt es sich um einen Beizenfarbstoff.

Anthrachinon   Anthrachinon2-sulfonsäuren   Alizarin (rot)

Die besten Anthrachinon-Farbstoffe sind Küpenfarbstoffe wie *Indanthren* (Indanthrenblau), hergestellt durch Alkalischmelze von 2-Amino-anthrachinon.

Indanthren (blau)

Ein billiger Küpenfarbstoff für Baumwolle ist *Schwefelschwarz*:

2,4 - Dinitrophenol

③ *Indigo*, der wohl bekannteste blaue Farbstoff, ist ebenfalls ein Küpenfarbstoff: Indigoide Farbmittel dienen zum Färben von Cellulose-Fasern und als Pigmente für Industrielacke.

Großtechnische Herstellung von Indigo (2. Heumannsche Synthese der BASF):

Anthranilsäure — Phenylglycin-o-carbonsäure — Indoxyl-2-carbonsäure

$+ClCH_2COOH$ / $-HCl$

$\Delta,(NaOH)$ / $-H_2O$

$-CO_2$ / $\Delta,$

$+Indoxyl, +O_2$ / $-2H_2O$

Indigoweiß
lösl. Leukoform der Küpe

Indigo (Indigotin)
unlöslich, E-Konfig.

Chromophor

Indoxyl

(4) *Triarylmethan-Farbstoffe* sind wegen geringer Licht- und Waschecht-
heit nur noch als Farbstoffe für Papier interessant. Dazu gehören u.a.
Fluorescein (aus Resorcin und Phthalsäure-anhydrid), Eosin (Tetrabrom-
fluorescein) und *Phenolphthalein* (aus Phenol und Phthalsäureanhydrid)
mit einem chinoiden Chromophor.

$-H_2O$; $-H_2O$

$+2\,NaOH$ / $-2\,H_2O$; $2\,Na^{\oplus}$

Fluorescein (R=H, rot) $\longrightarrow$ gelbgrüne Fluoreszenz in verd. Lösung

Eosin (R=Br, rot) $\xrightarrow{NaOH}$ gut wasserlöslich, rote Lösung

Phenolphthalein dient als Indikator: In saurer oder neutraler Lösung ist es farblos, in verdünnten Laugen rot. In konzentrierten Laugen liegt es als farbloses Tri-Anion vor, das kein chinoides Ringsystem mehr enthält.

rote, chinoide Form

(5) Zu den Farbstoffen mit einem chinoiden Chromophor gehören auch die *Phenoxazin-*, *Phenothiazin-* und *Phenazin-Farbstoffe*. Ein bekanntes Beispiel ist Methylenblau, ein Phenothiazin-Farbstoff, der in der Biochemie häufig als Redox-Indikator und Wasserstoff-Acceptor verwendet wird.

farblose Leukoverbindung

Methylenblau
(mesomere Grenzformel)

Tabelle 38. Natürliche Farbstoffe

Name	Herkunft	Farbe	Hauptfarbstoff
Safran	Echter Safran *(Crocus sativus)*	gelb	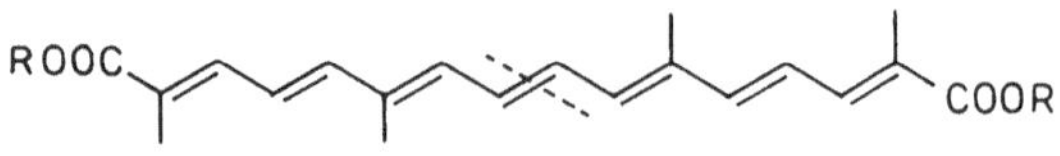 Crocin: R = Gentobiose
Krapp	Krappwurzel *(Rubia tinctorum)*	rot	Alizarin (als Glykosid)
Kermes	Schildläuse der Kermeseiche *(Quercus coccifera)*	rot	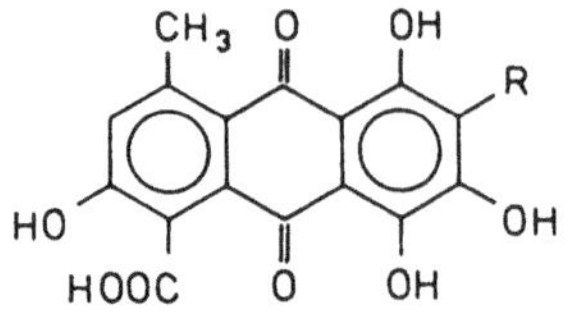 Kermessäure: $R = -\overset{\displaystyle O}{\underset{\displaystyle \parallel}{C}}-CH_3$
Karmin	Cochenille-Läuse *(Coccus cacti)*	rot	Carminsäure: R = D-Glucopyranose
Indigo	Indigopflanze *(Indigofera tinctoria)*	blau	Indigo (aus Indican, dem β-Glucosid des Indoxyls)
Färber-waid	Waidpflanze *(Isatis tinctoria)*	blau	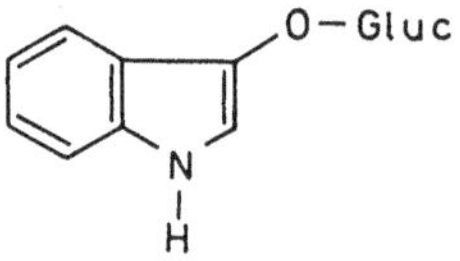
Purpur	Purpurschnecke *(Murex brandaris)*	violett	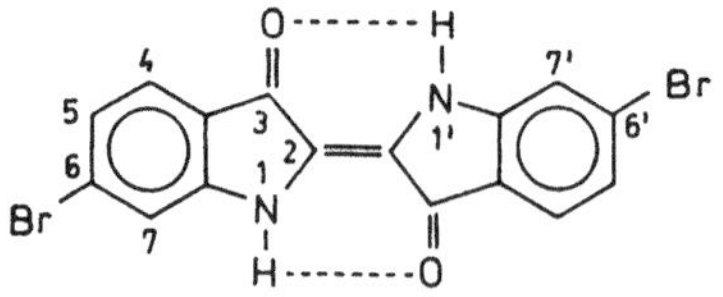 6,6'-Dibrom-indigo

40 Tenside

<u>Tenside sind grenzflächenaktive Stoffe</u>, die aus einem hydrophoben
organischen Rest (meist mit Alkyl- oder Aryl-Gruppen) und einer hydrophilen (lipophoben) Gruppe bestehen (Tabelle 39). Sie sind Bestandteil von Waschmitteln und dienen als Emulgatoren (z.B. in kosmeti-
schen Cremes oder Nahrungsmitteln), Netzmittel, Dispergiermittel,
Solubilisatoren, Flotationsmittel u.a.

Die Wirkungsweise der Detergentien beruht auf ihrem polaren Bau. Die
hydrophilen Gruppen ($-COO^{\ominus}$, $-SO_3^{\ominus}$) werden hydratisiert und in das Wasser hineingezogen, während die hydrophoben und lipophilen Alkyl-Reste
herausgedrängt werden. Durch die regelmäßige Anordnung der Moleküle
in der Phasengrenzfläche wird die Oberflächenspannung des Wassers
herabgesetzt, d.h. die Flüssigkeit wird beweglicher und benetzt die
Schmutzteilchen. Durch reines Wasser nichtbenetzbare Stoffe wie Öle

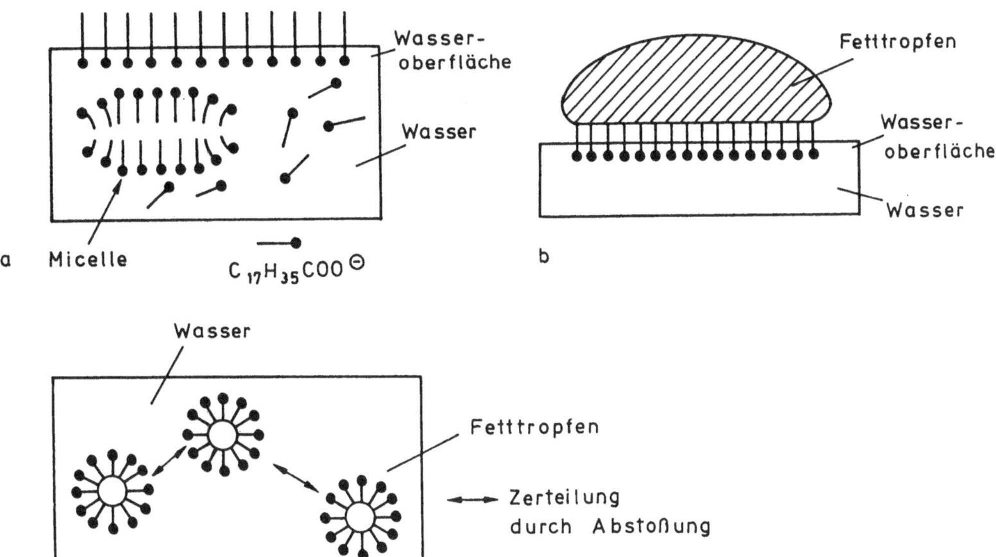

Abb. 42a-c. Wirkungen der Waschmittel. a) Oberflächenaktivität:
Anreicherung der polar gebauten Ionen in der Wasseroberfläche, Micel-
lenbildung im Innern; b) Wirkung als Netzmittel; c) emulgierende
Wirkung

Tabelle 39. Einteilung von Tensiden ($n = 10 - 20$, $m = 8 - 16$, $e = 5 - 20$)

Typ	hydrophile Gruppe	Beispiel	Bezeichnung
anionisch	$-COO^{\ominus}$	$CH_3-(CH_2)_n-COO^{\ominus}$ mit $Na^{\oplus}$: Kernseife mit $K^{\oplus}$: Schmierseife	Seifen
	$-O-SO_2-O^{\ominus}$	$CH_3-(CH_2)_n-O-SO_2-O^{\ominus}$	Fettalkoholsulfate
	$-SO_2-O^{\ominus}$	$CH_3-(CH_2)_n-SO_2-O^{\ominus}$	Alkylsulfonate
		$CH_3-(CH_2)_m-\langle\text{Phenyl}\rangle-SO_2-O^{\ominus}$	Alkylarylsulfonate
kationisch	$-\overset{\overset{\textstyle CH_3}{\vert}}{\underset{\underset{\textstyle CH_3}{\vert}}{N^{\oplus}}}-CH_3$	$CH_3-(CH_2)_n-\overset{\overset{\textstyle CH_3}{\vert}}{\underset{\underset{\textstyle CH_3}{\vert}}{N^{\oplus}}}-CH_3 \quad Cl^{\ominus}$	Alkyltrimethyl-ammoniumchlorid
amphotensid zwitter-ionisch	$-\overset{\overset{\textstyle CH_3}{\vert}}{\underset{\underset{\textstyle CH_3}{\vert}}{N^{\oplus}}}-CH_2-CO-O^{\ominus}$	$CH_3-(CH_2)_n-\overset{\overset{\textstyle CH_3}{\vert}}{\underset{\underset{\textstyle CH_3}{\vert}}{N^{\oplus}}}-CH_2-CO-O^{\ominus}$	N-Alkylbetain
nicht ionogen	$-O-(CH_2-CH_2-O-)_l-H$	a) $CH_3-(CH_2)_m-O-(CH_2-CH_2-O-)_l-H$ b) $CH_3-(CH_2)_m-\langle\text{Phenyl}\rangle-O-(CH_2-CH_2-O-)_e-H$ c) $CH_3-(CH_2)_n-\overset{}{\underset{\underset{\textstyle O}{\Vert}}{C}}-O-(CH_2-CH_2-O-)_l-H$	Polyethylenglykol-Addukte von $n \cdot \triangle\!\!O$ mit a) Alkyl-alkoholen b) Alkyl-phenolen c) Fettsäuren

werden durch die Detergentien umhüllt, dadurch emulgiert und können
dann weggespült werden (Abb. 42). Durch <u>Micellen-Bildung</u> bei höherer
Tensid-Konzentration werden auch Kohlenwasserstoffe durch Einschluß
in Micellen im Wasser emulgierbar. Unter Micellen versteht man kol-
loid-artige, geordnete Zusammenballungen von Molekülen grenzflächen-
aktiver Stoffe. Sie können aus 20 bis 30 000 Einzelmolekülen bestehen.
Die <u>biologisch abbaubaren Detergentien</u> mit linearen Alkyl-Resten werden durch Friedel-Crafts-Alkylierung von Benzol mit 1-Alkenen oder
Chloralkenen hergestellt. Katalysator ist HF oder $AlCl_3$. Anschlies-
send wird mit H_2SO_4 sulfoniert und mit NaOH neutralisiert:

$$C_{12}H_{26} \quad \xrightarrow[-HCl]{+Cl_2} \quad C_{12}H_{25}Cl \quad \xrightarrow{-HCl} \quad C_{10}H_{21}-CH=CH_2 \quad \xrightarrow[(HF)]{+C_6H_6}$$

Dodecan   1-Dodecen

Alkylbenzol-sulfonat

Teil IV
Trennmethoden und Spektroskopie

Der Inhalt dieses
Abschnitts wird ausführlich
im Band Analytische Methoden
dargestellt.

41 Trennverfahren zur Isolierung und Reinigung von Verbindungen

Bei der Zerlegung homogener Stoffgemische in die Bestandteile kann
man die Unterschiede in den physikalischen Eigenschaften der Reinsub-
stanzen ausnützen, oder man kann durch chemische Umwandlungen die
Eigenschaften der Komponenten in geeigneter Weise verändern und sie
dadurch trennen.

① *Die Kristallisation* aus (heiß) gesättigter Lösung dient zur Reinigung fester Substanzen oder zur Stofftrennung. Aus einem gelösten
Gemisch scheidet sich die weniger lösliche Substanz zuerst aus und
kann von der Lösung, dem Filtrat, abgetrennt werden. Dieses enthält
z.B. die Verunreinigungen oder weitere Substanzen. Manchmal gelingt
es auch, die zu reinigende Substanz dadurch aus ihrer Lösung auszu-
fällen, daß man ein Lösungsmittel zugibt, in dem sie schwerer löslich
ist.

② *Sublimation:* Bei der Sublimation verflüchtigt sich ein fester
Stoff. Er geht dabei vom festen Zustand in den gasförmigen über, ohne
zu schmelzen. Anwendung findet dieses Verfahren z.B. bei der *Gefrier-*
trocknung. Hierbei wird eine Lösung in einem vakuumdichten Gefäß so
weit abgekühlt, bis sie gefroren ist. Im Vakuum saugt man die Verbindung mit dem höchsten Dampfdruck - meist das Lösungsmittel - ab. Die
getrocknete Substanz bleibt zurück.

③ *Extraktion* heißt eine Trennmethode, bei der man sich die unterschiedlichen *Verteilungskoeffizienten* von Substanzen in verschiedenen
Lösungsmitteln zur Substanztrennung zunutze macht. Die unterschiedliche Löslichkeit in verschiedenen Phasen kann z.B. durch Verändern
des pH-Wertes stark beeinflußt werden. *Beispiel:* Das Triethylammonium-
Salz der Essigsäure ist bei pH 7 in Wasser gut löslich, jedoch unlöslich in Ether. Zur Gewinnung der Säure bringt man die Lösung auf pH 1
und kann dann die wenig dissoziierte Essigsäure mit Ether extrahieren.
Anschließend wird die wäßrige Lösung auf pH 10 eingestellt, wodurch
das Ammonium-Kation in das freie Amin überführt wird. Dieses ist in
Ether besser löslich als in Wasser. Die Reihenfolge der pH-Wert-Ände-
rung kann auch umgekehrt werden.

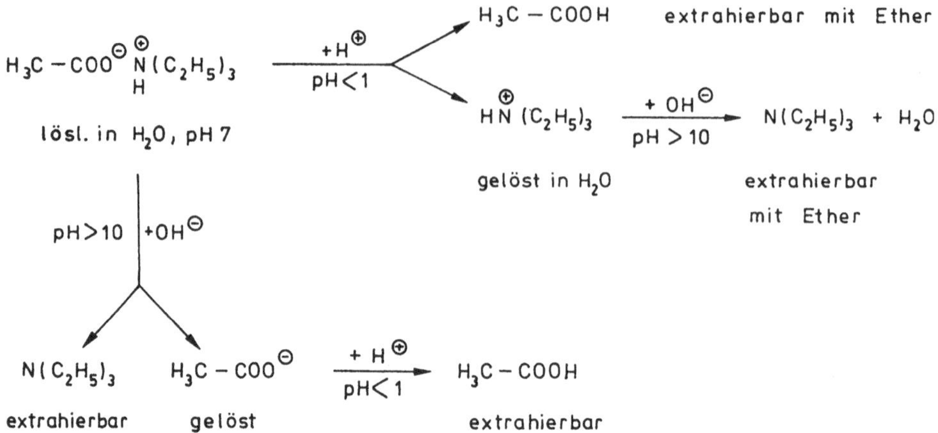

④ *Destillation:* Bei der Destillation werden flüssige Stoffgemische erhitzt. Die Komponenten verflüchtigen sich in der Reihenfolge ihrer Siedepunkte und werden anschließend wieder kondensiert.

Besteht das Gemisch z.B. aus zwei Komponenten, ist im Dampf diejenige mit dem höheren Dampfdruck (niedrigeren Siedepunkt) angereichert. Unterbricht man die Destillation und destilliert das Kondensat erneut, wird man i.a. eine bessere Auftrennung des Substanzgemisches erreichen. Mehrmaliges Wiederholen des Vorgangs und Verwendung von Fraktionierkolonnen führt dazu, daß man sog. Fraktionen erhält, die aus den reinen Komponenten bestehen ("fraktionierte Destillation").

Beachte: Azeotrope Gemische wie eine 95%ige wäßrige Lösung von Ethanol lassen sich durch Destillation nicht in ihre Komponenten trennen.

Chromatographische Methoden

Homogene Substanzgemische können oft schnell und sauber mit chromatographischen Methoden getrennt werden. Allen Arten der Chromatographie ist gemeinsam, daß das Substanzgemisch zwischen zwei Phasen verteilt wird, von denen eine ruht (stationäre Phase) und die andere das Substanzgemisch gelöst enthält und die stationäre Phase durchdringt (mobile Phase). Voraussetzung für die Anwendbarkeit chromatographischer Methoden ist die Möglichkeit, den Trennerfolg sichtbar zu machen. In der Gaschromatographie zieht man zur Identifizierung der getrennten Komponenten ihre charakteristischen physikalischen Eigenschaften heran, z.B. Ionisierbarkeit und Wärmeleitfähigkeit. Besonders günstig ist es für die Anwendung der Säulen-, Dünnschicht- und Papierchromatographie, wenn die zu trennenden Substanzen unterschiedlich farbig sind. Andernfalls müssen sie sich anfärben lassen.

⑤ *Bei der Gaschromatographie* ist die mobile Phase gasförmig und die stationäre Phase fest. Sie ist eine sehr präzise Trennmethode, die in der Forschung und bei Routinearbeiten für qualitative und quantitative Trennprobleme Anwendung findet. Nachteilig ist der erhebliche apparative Aufwand.

⑥ Bei anderen Trennverfahren ist die mobile Phase flüssig und die stationäre Phase fest. Die Trennwirkung beruht hauptsächlich auf unterschiedlichen Adsorptionskräften zwischen der festen Phase und den Komponenten eines zu trennenden Substanzgemisches. Man spricht in diesem Falle von Adsorptionschromatographie. Die feste stationäre Phase kann als Pulver, etwa Aluminiumoxid, γ-Al_2O_3, oder Kieselgel $(SiO_2)_\infty$, in ein Rohr (= Säule) gefüllt werden: *Säulenchromatographie*. Abb. 43 zeigt, wie die Komponenten des Substanzgemisches unterschiedlich schnell durch die Säule wandern. Sie können durch Wechseln der Vorlage getrennt aufgefangen werden. Die Säulenchromatographie eignet sich für ähnliche Trennprobleme wie die Dünnschichtchromatographie, nur können bei Verwendung der Säule wesentlich größere Substanzmengen eingesetzt werden.

⑦ *Bei der Dünnschichtchromatographie* (DC) wird ein gelöstes Substanzgemisch auf dünnen Sorptionsmittelschichten (auf Glasplatten oder Folien) aufgetragen. Die Platten stellt man in eine Trennkammer, welche ein Laufmittel (Elutionsmittel) enthält (Abb. 44). Dieses wandert aufgrund der Kapillarkräfte des Sorptionsmittels als Lösungsmittelfront über die Platte nach oben. Infolge unterschiedlicher Adsorbierbarkeit werden die Komponenten eines Substanzgemisches unterschiedlich weit und schnell mitgeführt. Die eluierende Wirkung steigt mit der Polarität des Lösungsmittels. Jede Substanz hat einen charakteristischen R_f-Wert. Die DC eignet sich zur schnellen und einfachen Trennung kleinster Mengen. Die untere Erfassungsgrenze der Substanzen liegt etwa eine Zehnerpotenz unter der der Papierchromatographie. Ihr Vorteil gegenüber letzterer ist, daß man außer Cellulose auch anorganische Sorbentien wie Kieselgel und Aluminiumoxid verwenden kann. *Beispiele:* qualitativer Nachweis fettlöslicher Vitamine; Trennung von Lipiden im Serum; Nachweis von Aminosäuren im Harn.

⑧ *Die papierchromatographische Trennung* beruht auf Wechselwirkungen zwischen Papier (meist reine Cellulose), Laufmittel und gelöster Substanzmischung. Die Cellulose-Faser ist entweder schon mit Wasser benetzt oder man läßt das wasserhaltige, organische Laufmittel durch-

sickern, so daß ein Teil des Wassers vom Papier adsorbiert werden
kann und mit ihm zusammen die stationäre Phase bildet. Als mobile
Phase verwendet man z.B. wasserhaltiges n-Butanol oder Phenol. Die
Komponenten des Gemischs wandern unterschiedlich schnell und unterschiedlich weit auf dem Papier. Für jede Substanz charakteristisch
ist – unter konstanten äußeren Bedingungen – der R_f-Wert:

$$R_f\text{-Wert} = \frac{\text{Laufstrecke der Substanz}}{\text{Laufstrecke des Laufmittels}}$$

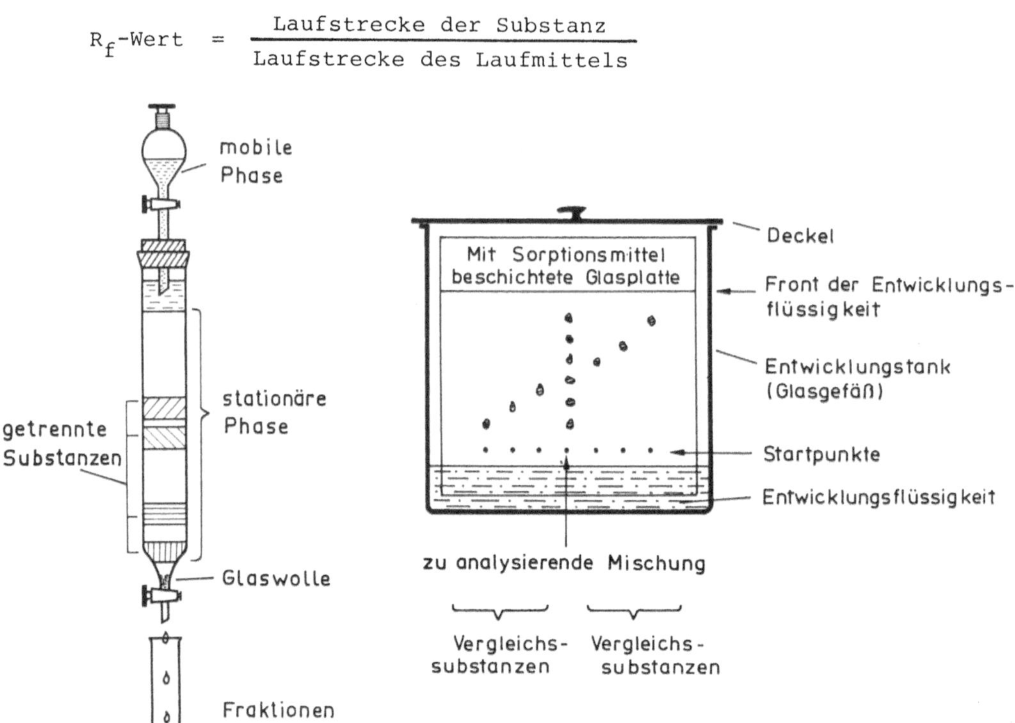

Abb. 43. Säulenchromato-
graphie

Abb. 44. Trennung durch Dünnschichtchromatographie

⑨ *Die Gelfiltration* ist ebenfalls eine chromatographische Trennmethode. Sie erlaubt die schonende Trennung von Substanzgemischen
nach Molekülgröße sowohl qualitativ als auch im präparativen Maßstab. Besonders bewährt hat sich die Gelfiltration bei der Trennung
von Proteinen, Enzymen und Hormonen. Als Gel füllt man z.B. ein quer-
vernetztes Dextran in eine Chromatographiesäule (stationäre Phase).
Durch Quellen mit einem Lösungsmittel bildet sich in der Säule ein
dreidimensionales Netzwerk aus. Läßt man nun ein gelöstes Substanzgemisch unterschiedlicher Molekülgröße als mobile Phase durch die
Säule fließen, wirkt das gequollene Gel als Molekularsieb. Die Moleküle dringen je nach Größe mehr oder weniger stark in die Poren des

Gels ein und werden je nach Größe unterschiedlich stark zurückgehalten. Das größte Molekül kommt am Säulenende zuerst an.

(10) *Die Affinitätschromatographie* (biospezifische Adsorption) ist eine Reinigungsmethode speziell für biologische Substanzen. Sie nutzt spezifische Wechselwirkungen zwischen affinen Reaktionspartnern, welche miteinander Komplexe bilden können. Ein Beispiel ist die Komplexbildung zwischen einem Enzym und seinem Inhibitor. Bindet man einen Reaktionspartner, den sog. Effector, an einen wasserunlöslichen Träger, erhält man ein "Affinitätsharz". Füllt man dieses in eine Chromatographiesäule und läßt die Lösung eines Substanzgemisches, das den zum Effector affinen Reaktionspartner enthält, durch die Säule fließen, so wird der Reaktionspartner festgehalten, und die Begleitsubstanzen laufen ungehindert durch. Durch Zerstörung des Komplexes (z.B. durch Änderung des pH-Wertes) läßt sich der affine Reaktionspartner anschließend eluieren und so rein isolieren. Betrachten wir als Beispiel die Enzymreinigung, so können als Effectoren verwendet werden: Coenzyme, reversible Inhibitoren, gruppenspezifische Reagenzien u.a. Effectoren in der Immunologie sind Haptene, Antigene, Antikörper. Bei den Trägern handelt es sich u.a. um die Cellulose-Derivate Aminohexyl-Cellulose (AHC) und succinylierte Aminohexyl-Cellulose (SAHC):

Die hochporösen Träger enthalten an ihren relativ langen Seitenketten funktionelle Gruppen wie $-NH_2$ und $-COOH$. Diese reagieren mit den Effectoren und bilden das Affinitätsharz. Die Seitenketten halten den Effector vom Grundgerüst des Trägers entfernt, damit er sterisch ungehindert mit seinem affinen Reaktionspartner in Wechselwirkung treten kann.

41.1 Charakterisierung von Verbindungen

Reine Stoffe werden meist durch die Angabe folgender physikalischer Meßwerte charakterisiert:

- *Schmelzpunkt* (Schmp., Fp.). Reine Stoffe haben i.a. einen scharfen Schmelzpunkt. Verunreinigungen können ihn beträchtlich erniedrigen. Zers. bedeutet Zersetzung.

- *Siedepunkt* (Sdp., Kp.). Dieser ist druckabhängig und wird meist bei der Destillation mitbestimmt.

- *Brechungszahl* (n_D) , Brechzahl

- *Spezifische Drehung* ($[\alpha]_D$)

- *Spektren* (IR, UV, NMR, MS)

Darüber hinaus werden in Einzelfällen weitere Daten angegeben, z.B. der R_f-Wert.

Zur eindeutigen Charakterisierung einer Verbindung gehört auch die *Elementaranalyse*. Dabei wird festgestellt, aus welchen Elementen die betreffende Verbindung besteht und in welchem Verhältnis diese vorliegen. Bei neueren Verfahren wird die Substanz zur C,H,N,O-Analyse im O_2-Strom verbrannt. Die Produkte CO_2, H_2O und N_2 werden im Gaschromatographen quantitativ bestimmt. Der Sauerstoff-Gehalt wird in der Regel nicht experimentell bestimmt, sondern rechnerisch aus der Differenz zu 100 % ermittelt. Für die anderen Elemente werden spezielle Bestimmungsmethoden benutzt. Da die Elementaranalyse nur eine allgemeine Summenformel liefert, muß die Molmasse separat bestimmt werden. Für kleinere Substanzmengen verwendet man die Massenspektrometrie. Aus der damit erhaltenen genauen Molmasse läßt sich auch die elementare Zusammensetzung ermitteln.

42 Optische und spektroskopische Analysenverfahren

Bei den chemischen Analysenmethoden wird die zu untersuchende Substanz chemischen Reaktionen unterworfen und damit in ihrer Zusammensetzung oder Struktur verändert. Im Gegensatz dazu erlauben es viele physikalische Analysenmethoden, eine Substanz unverändert, d.h. zerstörungsfrei, zu analysieren. Benutzt werden diese Verfahren sowohl zur <u>Identifizierung</u> als auch zur <u>Strukturaufklärung</u>. Sie eignen sich auch für <u>Reinheitsprüfungen</u>, falls sie auf Verunreinigungen einer Probe empfindlich genug reagieren. In der Regel wird ein Stoff als "rein" bezeichnet, wenn sich seine physikalischen Eigenschaften nach wiederholten Reinigungsprozessen wie Destillieren, Chromatographieren etc. nicht geändert haben. Die noch zulässigen Grenzwerte an Verunreinigungen werden dem Verwendungszweck der Substanz entsprechend gewählt.

42.1 Grundlagen der Refraktometrie

42.1.1 Beschreibung des Verfahrens

<u>Refraktometrie heißt die Messung der Brechungsindizes</u> (Brechungszahlen, Brechungswerte) zur Bestimmung der Art und Menge von Probenbestandteilen. Grundlage der Meßmethode ist das Snellius'sche Brechungsgesetz. Es gibt an, wie einfallendes Licht an der Grenzfläche zweier Medien gebrochen wird. Diese Brechung n (Richtungsänderung) des Lichts ist stark temperaturabhängig und nur für eine bestimmte Farbe (Wellenlänge λ) eine Materialkonstante:

$$n_\lambda^T = \frac{c_1}{c_2} = \frac{\sin \alpha}{\sin \beta},$$

c_1 = Lichtgeschwindigkeit im Medium 1 (z.B. Luft),
c_2 = Lichtgeschwindigkeit im Medium 2 (z.B. Flüssigkeit),
α = Einfallswinkel gegen Einfallslot,   T = Temperatur,
β = Austrittswinkel gegen Einfallslot, λ = Meß-Wellenlänge.

Voraussetzung für eine Meßgenauigkeit von $\pm\, 10^{-4}$ ist die Temperierung des Refraktometers auf $\pm\, 0,2^{\circ}$C. Temperatur T (meist 20°C oder 25°C) und Wellenlänge λ werden als Indizes am Brechungsindex n vermerkt, z.B. n_D^{20} für die Natrium-Linie. Bei dem meist verwendeten Abbe-Refraktometer wird durch ein Kompensationssystem auch bei Verwendung von Tages- oder Kunstlicht der Brechungsindex bei der D-Linie des Natriumlichts (λ_D = 589 nm) erhalten.

Bei flüssigen Proben erfolgt die Bestimmung der Brechungszahl durch Bestimmung des Grenzwinkels der Totalreflexion. Die abgelenkten Lichtstrahlen werden im Okular des Refraktometers vereinigt und als Hell-Dunkel-Grenze sichtbar. Zusätzlich wird meist eine geeichte Skala eingespiegelt, auf welcher der gesuchte Brechungszahl direkt abgelesen werden kann. Die Eichung kann überprüft werden, z.B. mit dest. Wasser (n_D^{20} = 1,333) oder anderen reinen Flüssigkeiten mit bekannter Brechungszahl.

42.1.2 Anwendungsbereich

Anwendung findet die *Refraktometrie zur Identifizierung und Reinheitsprüfung* von Stoffen, daneben auch zur Konzentrationsbestimmung von Stoffgemischen. Der Brechungsindex binärer Mischungen zeigt nämlich eine lineare Abhängigkeit von der Konzentration (Vol-%) der Komponenten (gilt nur bei vernachlässigbarer Volumenänderung!). Meist wird man jedoch Eichkurven aufstellen, die teilweise auch in den Handbüchern tabelliert sind (z.B. für wäßrige Zuckerlösungen).

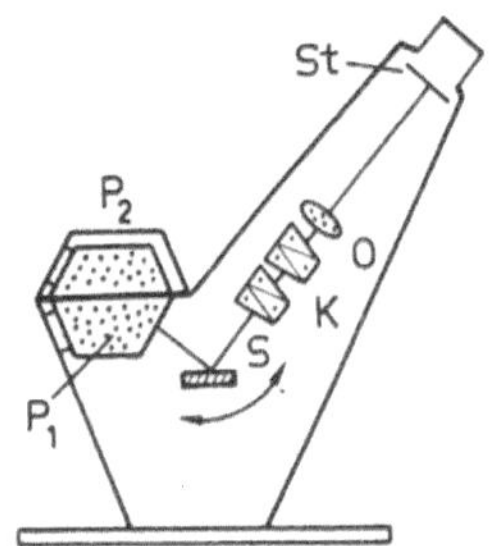

Abb. 45. Abbe-Refraktometer, Bauart Carl Zeiss. P₁ Meßprisma; P₂ Beleuchtungsprisma; S beweglicher Spiegel; K Dispersionskompensator; O Objektiv; St Strichkreuz

42.2 Grundlagen der Polarimetrie

Polarimetrie nennt man die Messung der Drehung der Polarisationsebene des Lichts zur Konzentrationsbestimmung optisch aktiver Substanzen.

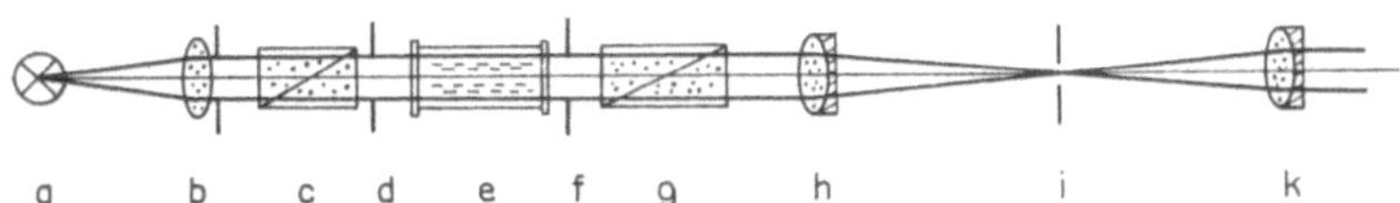

Abb. 46. Strahlengang (Schema) eines einfachen Polarimeters.
a Lichtquelle; b Kondensor; c Polarisator; d, f, i Blenden; e Flüssig-
keitsküvette; g Analysator; h Fernrohrobjektiv; k Fernrohrokular

In einem <u>Polarimeter</u> (Abb. 46) wird durch einen Polarisator linear-
polarisiertes Licht aus monochromatischem Licht erzeugt. Dieses tritt
durch das sog. Probenrohr, eine mit der Meßlösung gefüllte Küvette,
und gelangt durch den drehbaren Analysator in das Meßokular. Enthält
die Lösung eine optisch aktive Verbindung, z.B. D(+)-Glucose, dann
wird die Schwingungsebene des polarisierten Lichts im Probenrohr um
den Winkel α gedreht (Abb. 47).

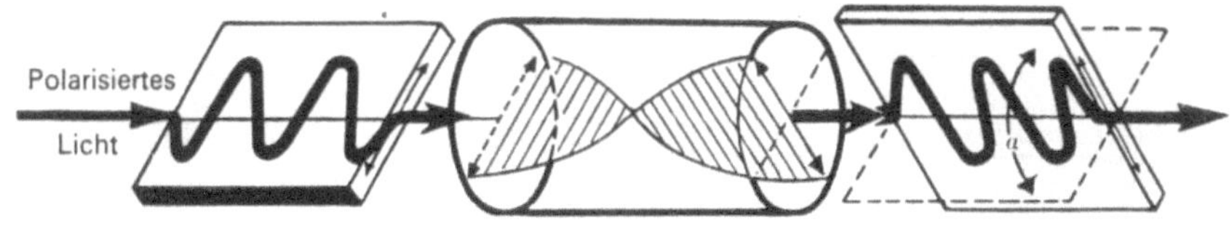

Polarisationsebene   Probe in Lösung   Polarisationsebene
des eingestrahlten   (chirales Medium)   nach dem Durchgang
Lichts

Abb. 47

Der Drehwinkel α ist abhängig vom Lösungsmittel, der Konzentration c,
der Schichtdicke l (meist Küvettenlänge) der durchstrahlten Substanz,
der Temperatur T und der Wellenlänge λ. Die letzteren werden als
Indizes am Drehwert angegeben. Für die spezifische Drehung einer
optisch aktiven Substanz gilt:

$$[\alpha]_\lambda^T = \frac{[\alpha]_\lambda^T \text{ (gemessen)}}{l[dm] \cdot c[g/ml]} = \frac{[\alpha]_\lambda^T \text{ (gemessen)} \cdot 1000}{l[cm] \cdot c[g/100\ ml]}$$

Man beachte, daß sich der Drehsinn in verschiedenen Lösungsmitteln
umkehren kann (Solvatationseffekte).

Als Standardwellenlänge verwendet man meist die Natrium-D-Linie und
als Meßtemperaturen 20°C bzw. 25°C, so daß die Angabe des Drehwinkels
dann lautet: $[\alpha]_D^{20}$.

Da eine Drehung im Uhrzeigersinn um α sowohl einer Rechtsdrehung um α (bzw. $180^{\circ} + \alpha$) als auch einer Linksdrehung um $180^{\circ} - \alpha$ entsprechen kann, muß durch eine zweite Messung, z.B. mit halbierter Küvetten-länge oder Konzentration, der Drehsinn gesondert herausgefunden werden. In diesen Fällen erhält man bei Rechtsdrehung (+) entsprechend $\frac{\alpha}{2}$ (bzw. $\frac{\alpha}{2} + 90^{\circ}$) und bei Linksdrehung (-) analog $90^{\circ} - \frac{\alpha}{2}$ (bzw. $180^{\circ} - \frac{\alpha}{2}$).

Bei einem Enantiomeren-Gemisch gibt man seine *optische Reinheit* p an:

$$p = \frac{[\alpha]}{[A]}$$

mit $[\alpha]$ = spez. Drehwert des Gemisches, $[A]$ = spez. Drehwert des reinen Enantiomeren.

42.3 Gemeinsame Grundlagen der Photometrie und Spektroskopie

42.3.1 Das elektromagnetische Spekrum

Die spektroskopischen Methoden haben sich als sehr hilfreich erwiesen für die Identifizierung, Reinheitsprüfung und Strukturaufklärung unbekannter Verbindungen. Sie beruhen in der Regel alle auf dem gleichen Prinzip: Aus dem Gebiet des elektromagnetischen Spektrums werden die für die Erzeugung angeregter Zustände benötigten Frequenzen ausgewählt und die zu untersuchenden Verbindungen damit bestrahlt. Das Ergebnis wird als Emissions-, Absorptions- und Beugungsdiagramm registriert und ausgewertet.

Aus Abb. 48 geht hervor, daß sichtbares Licht aus elektromagnetischen Wellen der Länge 400 - 800 nm besteht. Weißes Licht enthält alle Wellenlängen des sichtbaren Bereichs, monochromatisches (monofrequentes) Licht enthält dagegen nur eine einzige, bestimmte Wellenlänge. Diese entspricht einer bestimmten Farbe, wie z.B. das gelbe Licht der Natriumdampflampe. An das für das menschliche Auge sichtbare Licht schließt sich von etwa 800 - 100 000 nm der infrarote Bereich an, den wir als Wärmestrahlung in gewissem Umfang noch registrieren können. Der Bereich von etwa 400 - 10 nm wird als Ultraviolett-Strahlung bezeichnet; er ist für einige Tiere wie z.B. Bienen teilweise sichtbar.

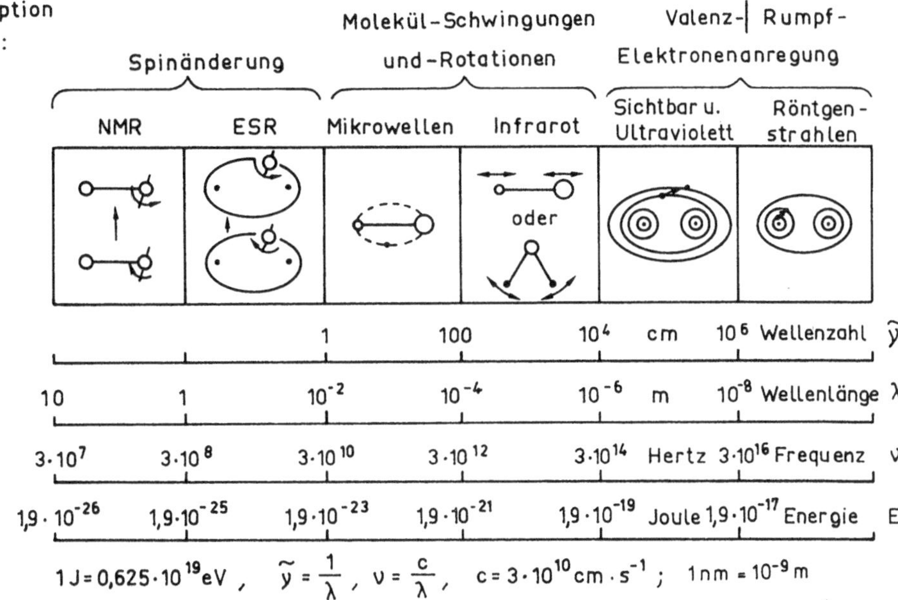

Abb. 48. Gebiete des elektromagnetischen Spektrums

42.3.2 Lichtemission

Atome und Moleküle liegen normalerweise im Grundzustand vor, d.i. der Zustand kleinster potentieller Energie. Durch elektromagnetische Energiezufuhr können sie angeregt und damit in einen Zustand höherer Energie gebracht werden. Die dabei aufgenommene Energie wird i.a. nach einer gewissen Zeit (etwa 10^{-8} sec) wieder abgegeben, wobei der Grundzustand wieder erreicht wird. Geschieht dies durch Emission von Strahlung, so nennt man das *Fluoreszenz*. Meist wird nicht nur eine einzige Wellenlänge, sondern ein ganzes *Fluoreszenzspektrum abgestrahlt*, aus dem man Rückschlüsse auf die Schwingungszustände der Elektronen im Grundzustand ziehen kann. Bei einer längeren Lebensdauer der angeregten Zustände (i.a. bis zu mehreren Sekunden) spricht man von *Phosphoreszenz*. Der übergeordnete Begriff ist die *Lumineszenz*.

Von Atomen erhält man i.a. ein Linienspektrum mit auseinanderliegenden Linien monochromatischen Lichts. Moleküle liefern ein Bandenspektrum mit eng benachbarten Emissionslinien, die von den Meßgeräten nicht mehr einzeln aufgelöst, sondern nur noch als Banden registriert werden.

42.3.3 Absorption

Bei der Aufnahme (Absorption) von Energie (z.B. Licht) können nicht
nur die Elektronen angeregt werden, sondern auch *Molekülschwingungen
und/oder Molekülrotationen*. Auch deren Energien sind gequantelt und
tragen zur Gesamtenergie des Moleküls bei. Aus Abb. 48 ist zu erse-
hen, daß eine Änderung der Elektronenenergie mehr Energie erfordert
als eine Änderung der Schwingungsenergie und diese wiederum mehr als
eine Änderung der Rotationsenergie.

Bei Raumtemperatur befinden sich die Moleküle deshalb normalerweise
im Elektronengrundzustand. Einstrahlung von Energie führt zu einer
entsprechenden Absorption. Dabei werden durch die Einstrahlung von
Energie im Bereich der Radiowellen Spinänderungen von *Elektronen* und
Nukleonen verursacht *(ESR = Elektronenspinresonanz-Spektroskopie,
NMR = Kernresonanzspektroskopie)*. Verwendet man Mikrowellen, so
reicht ihre Energie aus, um Moleküle zu *Rotationen* um ihren Schwer-
punkt anzuregen. Infrarotes Licht (IR) regt zusätzlich *Molekülschwingungen* an und liefert wertvolle Informationen über die Molekülstruktur. Die energiereichere Strahlung im sichtbaren (VIS-) und vor allem
im UV-Bereich führt darüber hinaus zur Anregung der *äußeren Elektronen* (Bindungselektronen, freie Elektronenpaare) von Atomen und Molekülen (Elektronenübergänge). Die *inneren Elektronen* werden in erster
Linie durch sehr energiereiche Strahlung (Röntgen-, Gamma-Strahlung)
angeregt. Es können auch Bindungen gespalten und Atome bzw. Moleküle
ionisiert werden.

Elektronenübergänge in Molekülen sind nur in den optischen Spektren
(wie VIS, UV) sichtbar.

Man beachte, daß die Lage der Energieniveaus statistisch schwankt und
deshalb auch die Spektrallinien nicht unendlich scharf sind. Besonders stark macht sich das bei Festkörpern wie glühenden Metallen (z.B.
kontinuierliches Spektrum eines schwarzen Strahlers), aber auch schon
bei größeren Molekülen bemerkbar. Bei letzteren findet man häufig nur
noch Absorptionsbanden, die z.T. auf Schwingungen von Molekülteilen
zurückzuführen sind. Schwingungen und Rotationen werden meist schon
zusammen mit den höherenergetischen Elektronenniveaus angeregt. Andererseits ist es möglich, zunächst durch Energieabsorption im langwelligen Spektralbereich nur die Molekülrotationen anzuregen (z.B.
mit Mikrowellen) und dann, mit abnehmender Wellenlänge und zunehmender Quantenenergie, die anderen Energiezustände.

Die aufzubringenden Energien können berechnet werden nach $E = h \cdot \nu$
mit $\nu = c/\lambda$ (h = Plancksches Wirkungsquantum, ν = Frequenz, λ = Wellenlänge, c = Lichtgeschwindigkeit).

Je kleiner die Wellenlänge einer Strahlung ist, desto größer ist ihre Frequenz und Energie.

Treten Moleküle in der beschriebenen Weise mit Licht in Wechselwirkung, dann wird die Intensität der elektromagnetischen Welle, die die Energieerhöhung bewirkt hat, geschwächt: Die betreffende Welle wird absorbiert.

42.3.4 Gesetz der Lichtabsorption

Für die Intensität einer Absorption in den bekannten Spektralbereichen gilt das *Lambert-Beersche Gesetz*:

$$E = \lg \frac{I_0}{I} = \varepsilon \cdot c \cdot d$$

$E = \lg \dfrac{I_0}{I}$ heißt Extinktion (optische Dichte) der Probenlösung.

Eine andere Größe ist die Transmission (Durchlässigkeit) D in %:

$$D = \frac{I}{I_0} \cdot 100. \quad E \text{ ergibt sich daraus zu } E = \lg \frac{100}{D}.$$

I_0 und I sind die Intensitäten eines (monochromatischen) Lichtstrahls vor und hinter der absorbierenden Probenlösung. c ist die Konzentration der absorbierenden Substanz in $mol \cdot l^{-1}$, d.h. die Anzahl der absorbierenden Teilchen. d ist die Weglänge des Lichtstrahls in der Lösung, d.h. der Durchmesser des Gefäßes (Küvette), das die Probenlösung enthält. d wird in cm gemessen. ε ist der molare Extinktionskoeffizient und damit eine bei der Wellenlänge λ charakteristische Stoffkonstante. Für eine Substanz ist $\varepsilon = 1 \; mol^{-1} \cdot cm^{-1} \cdot l$, wenn sie in der Konzentration $1 \; mol \cdot l^{-1}$ und der Schichtdicke 1 cm die Intensität von Licht der Wellenlänge λ auf 1/10 schwächt.

Man beachte, daß das genannte Gesetz ($E \sim c$) nur für verdünnte Lösungen ($c < 10^{-2} \; mol \cdot l^{-1}$) streng gilt.

Bei Aufnahme einer Extinktionskurve mißt man die Durchlässigkeit bei möglichst vielen Wellenlängen (c, d, sind konstant) und trägt ε bzw. $\lg \varepsilon$ als Ordinate auf. Als Abszisse gibt man λ oder ν oder auch häufig die Wellenzahl $\tilde{\nu} = \dfrac{1}{\lambda} = \dfrac{\nu}{c}$ an.

42.4 Grundlagen der Absorptionsspektroskopie im ultravioletten und sichtbaren Bereich

42.4.1 Molekülanregung

Die Absorptions-Spektroskopie im ultravioletten (UV)- und sichtbaren
(Vis)-Bereich wird oft auch als *Elektronenspektroskopie* bezeichnet,
da die Energieaufnahme zur Anregung von Elektronen führt. Diese werden von ihrem Grundzustand in höhere Niveaus (angeregter Zustand)
angehoben. Infolge statistischer Verteilung und bedingt durch die
zusätzliche Anregung von Molekülschwingungen und -rotationen findet
man diskrete Absorptionsbanden anstelle von Linien (Bandenspektren).
Allerdings führt nicht jeder energetisch mögliche Elektronenübergang
zu einer Absorption. Es gelten auch hier die aus der Quantenmechanik
bekannten Auswahlregeln. Somit erfolgen nur solche Übergänge, für
die gilt: $\Delta L = \pm 1$ (L = Quantenzahl des Bahndrehimpulses). Wichtig
ist nun, daß man auch energetisch verbotene Übergänge beobachten
kann. Der Grund hierfür ist die Änderung der Symmetrie der Zustände
durch Molekülschwingungen oder, z.B. bei aromatischen Verbindungen,
durch Substitution.

42.4.2 Molekülstruktur und absorbiertes Licht

Im allgemeinen wird man erwarten, daß die Art bzw. Polarisierbarkeit
der Elektronensysteme einen wichtigen Einfluß auf ihre Anregbarkeit
haben. So absorbieren die σ-Elektronen in C—C- und C—H-Bindungen etwa
bei 125 bis 140 nm. Alkane z.B. erscheinen daher für unser Auge farblos. Moleküle mit π-Systemen besitzen leichter anregbare π-Elektronen,
und man beobachtet eine Verschiebung der Absorptionsbanden zum sichtbaren Teil des Spektrums. Dadurch erscheinen uns die Substanzen farbig. Derartige ungesättigte Gruppen, die die selektive Absorption
beeinflussen, nennt man *Chromophore*. Die Anhäufung von chromophoren
Gruppen führt zu einer *Farbvertiefung (Bathochromie)*, d.h. einer Verschiebung der Absorptionsmaxima zu längeren Wellenlängen. Umgekehrt
bezeichnet man die Verschiebung nach kürzeren Wellenlängen als
hypsochromen Effekt. Bestimmte gesättigte Gruppen wie $-NH_2$, $-OH$, $-NHR$,
$-OCH_3$, die meist an einen Chromophor gebunden sind, werden auch *Auxochrome* genannt. Sie enthalten freie Elektronenpaare (Symbol: n).

Auxochrome Gruppen verstärken die Absorption und weisen einen bathochromen Effekt auf, d.h. sie verändern die Wellenlänge und die Intensität des Absorptionsmaximums.

Tabelle 40. Absorption chromophorer Gruppen

Art	Elektronen-übergang (Symbol)	λ_{max} [nm]
σ-Elektronen		
C—C, C—H	$\sigma \rightarrow \sigma^*$	~ 150
Freie Elektronen-paare		
$-\overline{\text{O}}-$		~ 185
$-\overline{\text{S}}-$	$n \rightarrow \sigma^*$	~ 195
$-\overline{\text{Br}}|$		~ 195
$-\overline{\text{N}}=$		
$\text{>C}=\overline{\underline{\text{O}}}$	$n \rightarrow \sigma^*$	~ 190
	$n \rightarrow \pi^*$	~ 300
π-Elektronen (isoliert)		
$\text{>C}=\text{C<}$	$\pi \rightarrow \pi^*$	~ 190

Lage der elektronischen Energieniveaus (schematisch)

Tabelle 40 enthält wichtige chromophore Gruppen und die Lage ihrer
Absorptionsmaxima. n bedeutet nichtbindende Elektronen, π, σ bindende
Elektronen, π*, σ* antibindende Elektronen entsprechend der bekannten
Bezeichnungsweise der MO-Theorie. Elektronenübergänge finden statt
aus besetzten (bindenden oder nichtbindenden) σ-, π- oder n-Orbitalen
in nichtbesetzte π*- bzw. σ*-Orbitale. Die erforderliche Wellenlänge
ist nach $E = h \cdot \frac{c}{\lambda}$ ein Maß für den Abstand der Energieniveaus. Je kurz-
welliger (= energiereicher) die Strahlung ist, desto weiter liegen
die Orbitale energetisch auseinander.

Tabelle 41 bringt die Extinktionskoeffizienten ($E = \varepsilon \cdot c \cdot d$) für ausgewählte Verbindungen mit Angabe der Elektronenübergänge und z.T. des
langwelligen Maximums.

Bei Carbonyl-Gruppen, z.B. in Aldehyden und Ketonen, können die Über-
gänge $n \rightarrow \pi^*$ und $\pi \rightarrow \pi^*$ angeregt werden. Die Absorptionsbande ist bei
α,β-ungesättigten Carbonyl-Verbindungen infolge Konjugation in den
langwelligen Bereich verschoben. Die Absorption konjugierter Doppelbindungen ist im Vergleich zur Absorption isolierter Doppelbindungen
ebenfalls nach größerer Wellenlänge verschoben. Bekannte natürliche
Polyene sind z.B. Retinol, Carotine, Xantophylle etc. Abb. 50 zeigt
zum Vergleich einige gemessene UV-Spektren.

Tabelle 41. Beispiele für die UV-Spektroskopie

Beispiel		ϵ	λ bzw. λ_{max} [nm]
$>C=O$			
$(\pi \rightarrow \pi^*)$	$H_3C-C-CH_3$ (mit $\|$ O)	1 000	187
$>C=C<$	$H_2C=CH_2$	16	275
$(\pi \rightarrow \pi^*)$		8 000	185
	$CH_2=CH-CH=CH_2$	21 000	217
	$CH_2=CH-CH=CH-CH=CH_2$	35 000	258
	$CH_3-(CH=CH)_4-CH_3$	76 000	310
	$CH_3-(CH=CH)_5-CH_3$	122 000	342
	$CH_3-(CH=CH)_6-CH_3$	146 000	380
Aromaten	Benzol	60 000	184
$(\pi \rightarrow \pi^*)$		7 400	203,5
		204	254
	Phenol	6 200	210,5
		1 450	270
	Benzoesäure	11 600	230
		970	273
	Anilin	8 600	230
		1 430	280
	Nitrobenzol	7 800	268,5

Die Absorption von Aromaten kann durch ihr Substitutionsmuster stark
beeinflußt werden. So bewirken z.B. die freien Elektronenpaare im
Phenol und Anilin im Vergleich zum Benzol eine Verschiebung in den
langwelligen Bereich ("Rotverschiebung"). Ähnliches gilt für anellierte Ringe, wie Abb. 51 zeigt.

42.4.3 Meßmethodik

In Abb. 49 ist der prinzipielle Aufbau eines Spektralphotometers
wiedergegeben. Das benötigte monochromatische Licht wird durch Zerlegung von polychromatischem Licht an Prismen oder Gittern erhalten,
und die verschiedenen Wellenlängen werden durch Drehung des Disper-
sionssystems am Austrittsspalt vorbeigeführt. Als Lichtquelle dient
für den UV-Bereich meist eine Wasserstoff- (evtl. Deuterium-)-Lampe,
für den Vis-Bereich eine Glühlampe.

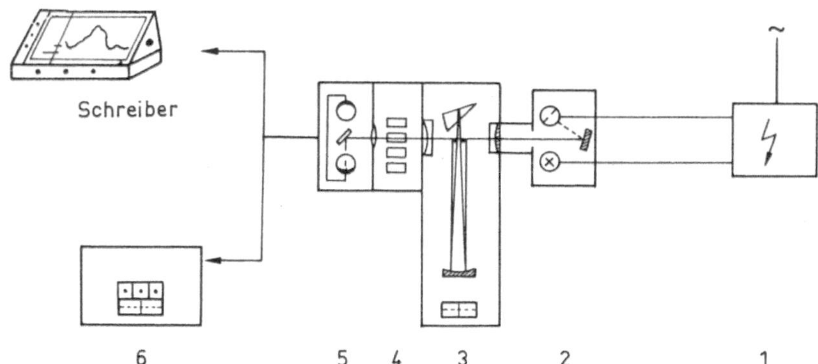

Abb. 49. Schema eines Spektralphotometers. 1. Netzanschluß für Lampen; 2. Leuchte mit Glüh(Vis)- und Deuteriumlampe (UV); 3. Monochromator; 4. Probenwechsler mit vier Küvetten; 5. Empfängergehäuse; 6. Anzeigegerät (digital und Schreiber)

Tabelle 42 enthält eine Reihe von üblichen Lösungsmitteln für die UV-Spektroskopie mit Angabe der unteren Grenze der Wellenlängen (für 1 cm Meßzellen).

Man beachte, daß häufig *Solvatationseffekte* auftreten. So beobachtet man bei Verwendung von Ethanol als Lösungsmittel die Maxima meist bei längerer Wellenlänge als in Hexan. Andererseits liegt z.B. λ_{max} für Aceton in Hexan bei 279 nm, in Wasser dagegen bei 264,5 nm.

Tabelle 42. Lösungsmittel für die UV-Spektroskopie

Lösungsmittel	λ_{min} [nm]
n-Hexan	201
Methanol	203
Ethanol (95 %)	204
Cyclohexan	195
Chloroform	237

42.4.4 Auswertung

In der Regel wird man ein Spektrum so auswerten, daß man die Intensität der Banden untersucht. Für eine qualitative Strukturanalyse wird man dann UV-Spektren von Verbindungen mit ähnlichem Chromophor heranziehen, wofür große Spektrensammlungen zur Verfügung stehen. Daneben gibt es Absorptionsregeln, die es erlauben, die Maxima mit Hilfe empirischer Werte zu berechnen. Besonders brauchbare Spektren liefern polycyclische Aromaten, die nicht nur zur Identifizierung, sondern teilweise auch zur Isomerenanalyse herangezogen werden können. So kann man aus der Lage, der Struktur und der Intensität der Banden oft erkennen, wie groß die Ringsysteme sind oder ob sie linear oder angular anelliert sind (Abb. 50 u. 51).

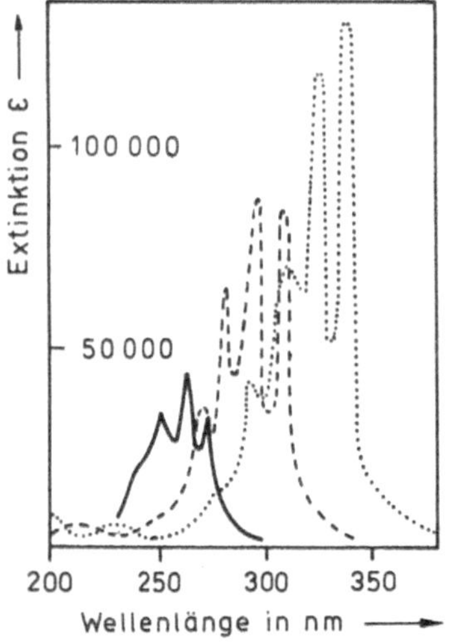

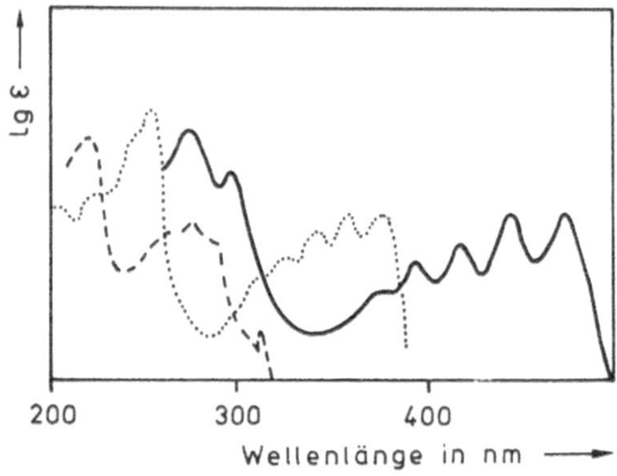

Abb. 50. UV-Spektren konjugierter Polyene. 2,4,6-Octatrien; 2,4,6,8-Decatetraen; 2,4,6,8,10-Dodecapentaen

Abb. 51. UV-Spektren polycyclischer Arene (Naphthalin ---, Anthracen ..., Tetracen —)

42.5 Grundlagen der Absorptionsphotometrie

<u>Die Photometrie ist eine Methode z.B. zur Konzentrationsbestimmung und Reinheitskontrolle von Lösungen.</u> Sie wird auch häufig zum Studium von Reaktionsabläufen herangezogen. Die theoretischen Grundlagen sind dieselben wie für die Absorptionsspektroskopie. Zur Messung verwendet man monochromatisches Licht einer Wellenlänge λ, wobei λ nahe dem Absorptionsmaximum liegen sollte. Die Geräte zur Absorptionsspektroskopie können daher auch als Photometer verwendet werden. Die Konzentration der Probenlösung ergibt sich aus dem Vergleich der gemessenen Extinktion mit einer empirischen Eichkurve. Die Genauigkeit der Konzentrationsbestimmung kann ohne weiteres 0,1 % erreichen.

42.6 Grundlagen der Infrarot-Absorptionsspektroskopie

42.6.1 Molekülanregung

In einem Molekül sind die Atome nicht starr fixiert, sondern können sich um ihre Ruhelage bewegen. Die verschiedenen Schwingungen eines

Moleküls sind Kombinationen von Bewegungen der Atome um ihre Ruhelage. Ihre Frequenz hängt u.a. ab von der Atommasse, der Bindungs-
stärke zwischen den Atomen und ihrer räumlichen Anordnung im Molekül.
Diese Eigenschwingungen können durch <u>infrarotes Licht</u> verstärkt werden, sofern sich während der Schwingung das Dipolmoment, also die
Symmetrie der Ladungsverteilung, ändert. Ein schwingender Dipol nimmt
immer dann Energie auf (Absorption), wenn die Frequenz der Strahlung
einer Eigenfrequenz des Moleküls entspricht (Resonanz).

Neben den Grundschwingungen können auch Oberschwingungen angeregt
werden. Verändern sich nur die Bindungswinkel, nicht aber die Atom-
abstände, spricht man oft von *Deformationsschwingungen,* im anderen
Fall auch von *Valenzschwingungen.* Zusätzlich werden auch die *Rota-
tionsschwingungen* der Moleküle angeregt, was eine Verbreiterung der
IR-Absorptionsbanden zur Folge hat. Abb. 52 zeigt verschiedene
Schwingungsmöglichkeiten einer Atomgruppe.

Beim Aufzeichnen eines IR-Absorptionsspektrums wird nacheinander
kontinuierlich der Wellenlängenbereich λ von 2 - 15 µm eingestrahlt
($\hat{=} \tilde{\nu} = 5000 - 600$ cm^{-1}). Dabei werden allerdings nicht alle Atome
eines Moleküls gleichmäßig, sondern verschiedene Atomgruppierungen
unterschiedlich stark angeregt.

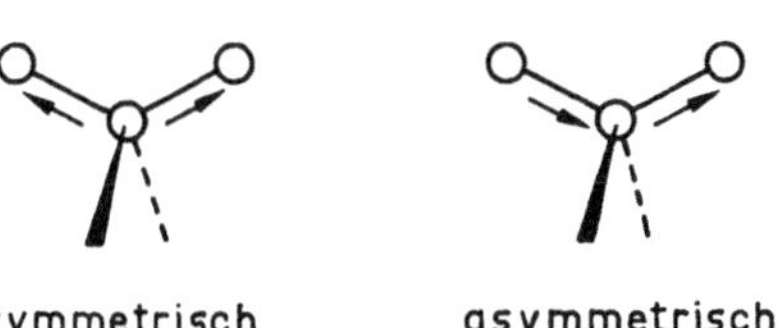

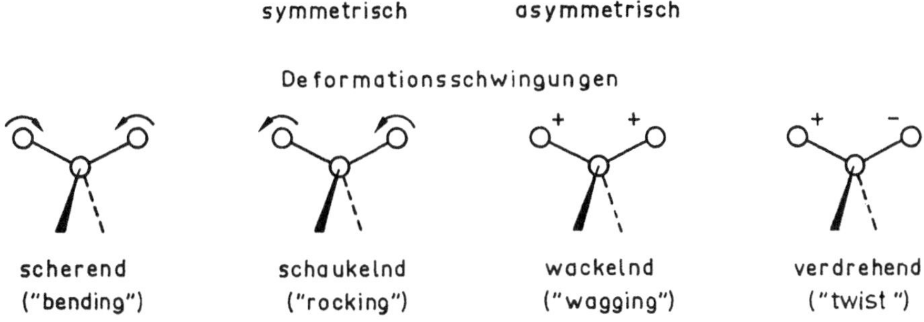

Abb. 52. Schwingungsmöglichkeiten einer Atomgruppe (+ und - deuten
Schwingungen senkrecht zur Papierebene an)

Dies hat zur Folge, daß man aufgrund vieler Vergleichsspektren charakteristische Gruppenfrequenzen für bestimmte Bindungstypen (z.B.
—C≡C—) oder funktionelle Gruppen (z.B. >C=O) angeben kann. Umgekehrt

lassen sich diese Erfahrungswerte für die Strukturanalyse unbekannter Substanzen verwenden.

Die für bestimmte Verbindungen charakteristischen Wellenzahlen (Gruppenfrequenzen) liegen im Bereich von $\tilde{\nu}$ = 4000 - 1250 cm^{-1} (λ = 2,5 - 8 µm). Absorptionsspektren im Gebiet von 1250 - 600 cm^{-1} sind für organische Moleküle meist so kompliziert, daß dieser Bereich für den Identitätsnachweis herangezogen wird (fingerprint-Gebiet). Man kann aufgrund vieler Erfahrungswerte annehmen, daß zwei Substanzen (z.B. Naturstoff und synthetisierte Verbindung) identisch sind, wenn ihre IR-Spektren in diesem Gebiet völlig übereinstimmen. In Kombination mit der UV-Spektroskopie bietet sich für Benzol-Derivate die Möglichkeit, im Bereich von 800 - 700 cm^{-1} Aussagen über das Substitutionsmuster am Benzol-Ring zu gewinnen, da die Frequenzen dieser Schwingungen durch die Anzahl der benachbarten H-Atome am Ring bestimmt werden.

42.6.2 Absorptionsbereich

Die für die Zuordnung zu einer Substanzklasse bzw. funktionellen Gruppe wichtigen Absorptionsbereiche sind in Tabelle 43 angegeben. Abb. 53 und 54 zeigen als Beispiel zwei IR-Spektren, deren Banden zugeordnet sind.

Aromaten und Olefine erkennt man an der =C—H-Valenzschwingung zwischen 3000 und 3100 cm^{-1} und den C—C-Valenz- sowie Gerüstschwingungen von 1200 - 600 cm^{-1}. Für Aromaten findet man noch Valenzschwingungen bei 1600 cm^{-1} und 1500 cm^{-1}. Die C=C-Valenzschwingung der Olefine liegt bei 1600 - 1660 cm^{-1}. Fehlen diese Banden und treten statt dessen Absorptionen zwischen 2800 - 3000 cm^{-1} auf, so handelt es sich um C—H-Valenzschwingungen von Alkanen.

O—H- und N—H-Gruppen in *Alkoholen, Phenolen* und *Aminen* lassen sich durch intensive Banden zwischen 3700 und 3100 cm^{-1} gut erkennen. Der Wert dieser Frequenzen wird häufig als Maß für die Stärke einer H-Brückenbindung angesehen.

Carbonyl-Verbindungen fallen durch intensive Absorption im Bereich von 1900 - 1600 cm^{-1} auf, wobei die Lage der Bande stark von Substituenten am Carbonyl-Kohlenstoff beeinflußt wird.

Tabelle 43. Charakteristische Gruppen- und Gerüstfrequenzen im IR-Gebiet

Wellenzahl (cm^{-1})	Schwingungstyp	Verbindungen
3700...3100	—O—H-Valenz u. N—H-Valenz frei u. assoziiert	Alkohole, Phenole, Säuren, Ketoalkohole, Hydroxyester prim. u. sek. Amine u. Amide
3300...3270	$\equiv$C—H-Valenz	monosubstituierte Acetylene
3300...2500 (sehr breit)	—O—H-Valenz (assoziiert)	Carbonsäuren, Chelate
3100...3000	=C—H-Valenz	Aromaten, Olefine
3000...2800	—C—H-Valenz	Paraffine, Cycloparaffine
2300...2100	—C$\equiv$X-Valenz (X = C, N, O)	Acetylene, Nitrile, Kohlenmonoxid
1900...1600	—C=O-Valenz	Carbonyl-Verbindungen
1850...1740	—C=O-Valenz	Carbonsäurehalogenide
1840...1780 1780...1720	—C=O-Valenz	Carbonsäureanhydride (2 Banden)
1760...1700	—C=O-Valenz	gesättigte Carbonsäuren
1750...1730	—C=O-Valenz	gesättigte Carbonsäurealkylester
1730...1710	—C=O-Valenz	gesättigte Aldehyde u. Ketone α,β-ungesätt. u. aromat. Carbonsäureester
1715...1680	—C=O-Valenz	α,β-ungesätt. u. aromat. Aldehyde
1690...1660	—C=O-Valenz	α,β-ungesätt. u. aromat. Ketone
1680...1630	—C=O-Valenz	prim., sek. u. tert. Carbonsäureamide (Amid-Bande I)
1660...1600	—C=C-Valenz	Olefine
1600...1500	—C=C-Valenz	Aromaten
1650...1620	—NH$_2$-Deform.	prim. Säureamide, Aromaten (Amid-Bande II)
1650...1580	—N—H-Deform.	prim. u. sek. Amine
1570...1510	—N—H-Deform.	sek. Säureamide (Amid-Bande II)
1560 / 1518	—NO$_2$-Valenz	Nitroalkane / Nitroaromaten
1480...1430 1390...1370	—CH$_3$- u. —CH$_2$- Deform.	Kohlenwasserstoffe, Ester usw.
1360...1030	—C—N-Valenz	Amide, Amine
1335...1310	—SO$_2$-Valenz	organ. Sulfonyl-Verb.
1290...1050	—C—O-Valenz	Ether, Alkohole, Lactone, Ketale, Acetale, Ester
1200....600	—C—C-Valenz Gerüstschwing.	Paraffine, Cycloparaffine, Olefine, Aromaten mit Seitenketten
915....905 900....860 810....750 725....680	=C—H-Deform.	1,3-disubstit. Benzole
860....800	=C—H-Deform.	1,4-disubstit. Benzole
780....500	—C—Hal-Valenz	aromat. u. aliphat. Halogen-Verb.
770....735	=C—H-Deform.	1,2-disubstit. Benzole
770....730 710....690	=C—H-Deform.	monosubstit. Benzole
705....550	—C—S-Valenz	organ. Schwefel-Verb. (Mercaptane, Thioether usw.)

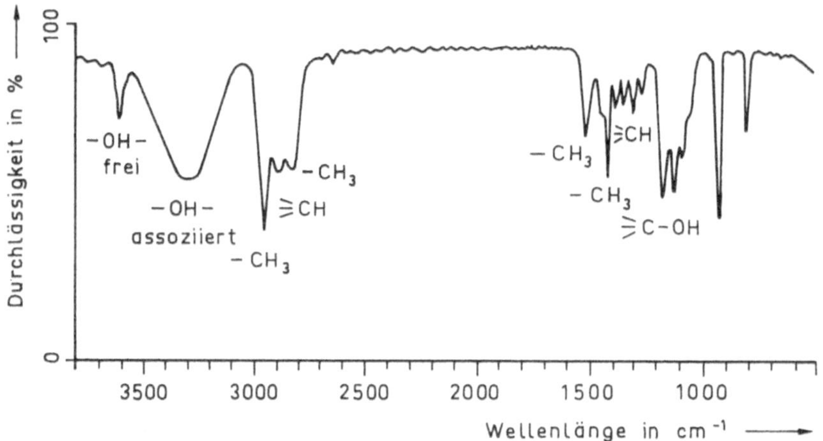

Abb. 53. IR-Spektrum von 2-Propanol, $(CH_3)_2CH-OH$

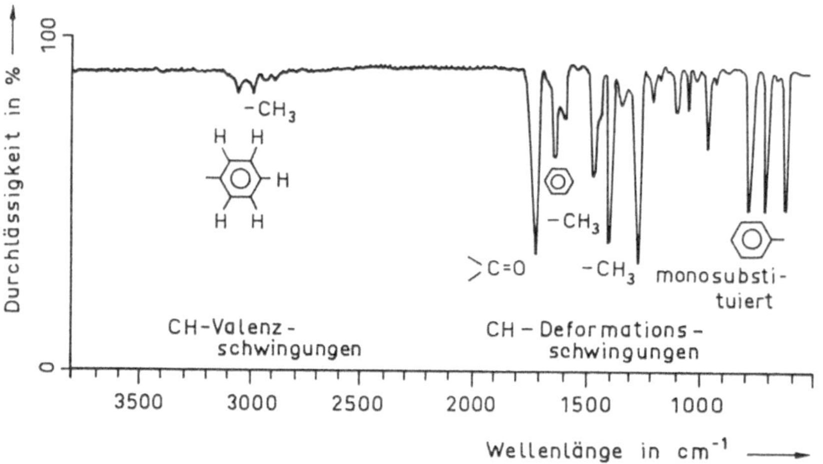

Abb. 54. IR-Spektrum von Methyl-phenyl-keton, $C_6H_5-CO-CH_3$

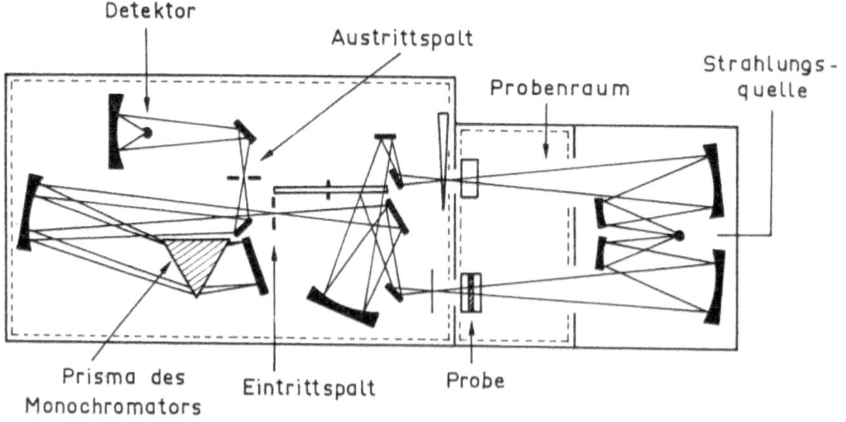

Abb. 55. Schema eines Infrarot-Spektralphotometers

42.6.3 Meßmethodik

Abb. 55 zeigt das Schema eines (Zweistrahl-)-IR-Spektrometers. Als Strahlungsquelle dient z.B. ein Nernst-Stift (Keramikstab), dessen Licht einen hohen IR-Anteil aufweist. Nach Durchlaufen der Probe wird das polychromatische Licht im Monochromator zerlegt und von einem IR-empfindlichen Detektor registriert. Das Verhältnis der Intensitäten des Meßstrahls I und des ungeschwächten Vergleichsstrahls I_o wird ermittelt und im Meßdiagramm gegen die Wellenzahl $\tilde{\nu}$ aufgezeichnet. Ein so erhaltenes Spektrum zeigen die Abb. 53 und 54.

Mittels IR-Spektroskopie kann eine Verbindung als Gas, als Flüssigkeit, in Lösung oder im festen Zustand untersucht werden. Flüssige Substanzen werden meist zwischen Kochsalzplatten gepreßt, die im Bereich von $4000 - 667$ cm^{-1} für IR-Licht durchlässig sind. Feste Substanzen werden in einem Mörser mit Nujol (flüssiger Kohlenwasserstoff), Hostaflon oder Perfluorkerosin verrieben und die Suspension als Paste zwischen NaCl-Platten gepreßt. Man kann aber auch die Verbindung mit wasserfreiem KBr verreiben und in einer Presse zu einer durchscheinenden Pille pressen. Mit diesem Verfahren erhält man meist sehr gute Spektren, die sich ausgezeichnet als Vergleichsspektren eignen. Bei der Verwendung der bekannten Spektrensammlungen muß allerdings auf die oft unterschiedlichen Aufnahmebedingungen geachtet werden. Dazu gehören auch Aufnahmen in Lösung, wozu Lösungsmittel wie CCl_4 ($820 - 720$, $1560 - 1550$ cm^{-1}) oder CS_2 ($2400 - 2200$, $1600 - 1400$ cm^{-1}) verwendet werden. In Klammern sind die Bereiche angegeben, in denen das Lösungsmittel wegen zu großer Eigenabsorption nicht anwendbar ist. Beim Messen ist außerdem darauf zu achten, daß zwei Küvetten verwendet werden, von denen eine mit der Probenlösung und die andere zur Kompensation mit dem Lösungsmittel gefüllt wird. Die erforderlichen Substanzmengen liegen meist im mg-Bereich, bei Mikrotechniken im µg-Bereich.

42.6.4 Anwendungen und Auswertung

Bei der Strukturanalyse von Verbindungen versucht man, aus den charakteristischen Frequenzlagen der Banden z.B. die Substanzklasse, funktionelle Gruppen oder das Substitutionsmuster (bei Aromaten) zu ermitteln. Für unbekannte Verbindungen stehen zahlreiche Spektrenkataloge zum Vergleich zur Verfügung. Für Reinheitsprüfungen ist die IR-Spektroskopie wegen der komplizierten Bandenmuster oft weniger geeignet.

42.7 Grundlagen der Kernresonanzspektroskopie (NMR, nuclear magnetic resonance)

Auch Atomkerne können elektromagnetische Strahlung absorbieren. Voraussetzung für eine Absorption ist, daß die Atomkerne ein magnetisches Moment besitzen, das durch den sog. Kernspin (ähnlich dem Elektronenspin) hervorgerufen wird. Die Kerne verhalten sich daher wie kleine Magnete, wobei die Spinquantenzahl I von der Art und Anzahl der vorhandenen Nucleonen abhängt. Bringt man geeignete Kerne in ein homogenes Magnetfeld, so beginnen diese zu präzedieren (s. Kreiseltheorie der Physik). Das magnetische Kernmoment hat nun verschiedene Orientierungsmöglichkeiten gegen die magnetische Feldstärke H_O, die durch I bestimmt werden. Für Kerne wie ^1H, ^{13}C, ^{15}N, ^{19}F, ^{31}P gilt I = 1/2, d.h. ihr magnetisches Moment kann nur die beiden gleichgroßen, aber entgegengesetzten Werte $+\mu$ und $-\mu$ annehmen. Das bedeutet: Die Kerne können sich entweder parallel (I = +1/2) oder antiparallel (I = -1/2) zu dem äußeren Magnetfeld einstellen. Diesen beiden Orientierungen entsprechen zwei Energieniveaus mit unterschiedlicher potentieller Energie.

Der Besetzungsunterschied zwischen beiden Energieniveaus ist gering; der Überschuß im tieferen Niveau (parallele Einstellung) beträgt ca. 0,0001 %. Durch Absorption von Energiequanten geeigneter Größe lassen sich die Kerne vom tieferen in das höhere Niveau "überführen", von wo aus sie wieder auf das tiefere Niveau zurückfallen (Relaxationserscheinungen). Die Resonanzbedingung ist $\omega_O = 2\ \pi\nu_O = \gamma \cdot H_O$, mit ν_O = Resonanzfrequenz, γ = gyromagnetisches Verhältnis (Stoffkonstante) $= \frac{2\pi}{|I|} \frac{|\mu|}{h}$. Bei einem Magnetfeld (mit der magnetischen Induktion B) von etwa 1-8 Tesla (1 Tesla = 10^4 Gauss) liegt die erforderliche Energie im Bereich der Radiofrequenzen (60 - 360 MHz).

Zur Aufnahme eines Spektrum benötigt man ein homogenes Magnetfeld, einen Radiofrequenz-Sender und -Empfänger (Abb. 55). Heute wird das Spektrometer meist bei konstantem Magnetfeld betrieben und die Senderfrequenz (z.B. für ^1H: 60, 90, 270 oder 500 MHz) etwas variiert (frequency-sweep-Verfahren). Die Variation der Resonanzfrequenz ist erforderlich, da Kerne des gleichen Isotops (z.B. ^1H) in Abhängigkeit von ihrer jeweiligen chemischen Umgebung geringe Unterschiede in ihren Resonanzfrequenzen zeigen.

42.7.1 Chemische Verschiebung

Die einzelnen Kerne werden verschieden stark durch die sie umgebenden
Elektronenhüllen gegen das Magnetfeld abgeschirmt und absorbieren
daher bei gegebener Frequenz bei verschiedenen Feldstärken. Diese
Erscheinung wird als *chemische Verschiebung (chemical shift)* bezeichnet. Der Unterschied ist nicht besonders groß. Er hängt von dem untersuchten Kern ab und beträgt z.B. für ^{1}H im allgemeinen nicht mehr als
1000 Hz (für ein 60-MHz-Gerät, d.h. B = 1,4 Tesla).

Zur Auswertung der Spektren hat man eine Skala mit feldunabhängigen
Einheiten gewählt, wobei man die chemische Verschiebung auf das Resonanzsignal einer *Standardsubstanz* bezieht (= willkürlicher Nullpunkt), z.B. Tetramethylsilan (TMS) bei ^{1}H, 85 % H_3PO_4 bei ^{31}P.
Als Maß für die chemische Verschiebung gilt dann die Differenz der
Resonanzfrequenz der Probensubstanz ν und des Standards ν_{St}, dividiert durch die jeweilige Senderfrequenz. Für Protonen ergibt sich
z.B. $\delta = \dfrac{\nu-\nu_{St}}{60} \, \dfrac{Hz}{MHz}$, bei 60 MHz Meßfrequenz. δ ist dimensionslos.
Die Division durch die Senderfrequenz ist notwendig, weil die chemischen Verschiebungen vom Magnetfeld bzw. der benutzten Radiofrequenz
abhängig sind und Geräte mit verschiedenen Radiofrequenzen verwendet
werden. Wegen $\dfrac{Hz}{MHz} = \dfrac{Hz}{10^6 \, Hz}$ wurde δ früher in ppm angegeben.
Die Abb. 57 und 58 zeigen als Beispiel das ^{1}H-NMR-Spektrum von
Ethanol. In Abb. 57 erkennt man deutlich drei Resonanzsignale, die
den Protonen der CH_3-, CH_2- und OH-Gruppe zuzuordnen sind. Die Protonen der jeweiligen Gruppen sind untereinander magnetisch äquivalent
und absorbieren daher an der gleichen Stelle. Die Protonen der Methylgruppe sind dabei am stärksten, die der OH-Gruppe am schwächsten
gegen das äußere Magnetfeld abgeschirmt (sie absorbieren bei tieferem
Feld). Die Flächen unter den Signalen verhalten sich wie 1 : 2 : 3,
d.h. durch Integration der Flächen kann man die relative Anzahl äquivalenter Protonen jeder Gruppe ermitteln.

42.7.2 Spin-Spin-Kopplung

Abb. 58 zeigt das Spektrum von reinstem Ethanol mit höherer Auflösung. Man erkennt deutlich eine zusätzliche Feinaufspaltung der
Signale, die sog. *Spin-Spin-Aufspaltung*. Diese beruht darauf, daß
auf die betreffenden Protonen nicht nur das äußere Magnetfeld H_o
wirkt, sondern daß sich auch das Magnetfeld der Nachbarkerne auswirkt. Es findet eine Wechselwirkung der Kerne miteinander statt.
Die resultierenden *Spin-Kopplungskonstanten* betragen meist nur

wenige Hz und sind (im Gegensatz zur chemischen Verschiebung) von H_O unabhängig.

Eine Spin-Spin-Kopplung zwischen magnetisch äquivalenten Protonen (z.B. den Methylprotonen untereinander) tritt im Spektrum nicht in Erscheinung. Bei der Interpretation einfacher Spektren (Spektren 1. Ordnung) gilt für die <u>Multiplizität Z der Aufspaltung</u> eines Signals für Kerne mit I = 1/2: <u>Z = N + 1</u> (mit N = Zahl der benachbarten Protonen). Die CH_2-Gruppe führt demnach zu je einem Triplett für die CH_3-Gruppe und die OH-Gruppe. Diese beiden ergeben ein Multiplett aus 8 Linien für die CH_2-Gruppe (Z_{CH_3} = 3 + 1 = 4, Z_{OH} = 1 + 1 = 2, Z = 2 · 4 = 8).

Das ^{1}H-NMR-Spektrum von wasserhaltigem Ethanol ist etwas einfacher als das in Abb. 119: Die OH-Gruppe tritt als Singulett auf, die CH_2-Gruppe als Quartett, die CH_3-Gruppe bleibt ein Triplett. Die Ursache hierfür ist ein schneller intermolekularer Austausch des H-Atoms der OH-Gruppe mit Spuren von Wasser in Ethanol. Beweis: Gibt man D_2O zu der Meßlösung, verschwindet das Signal der OH-Gruppe ($^2_1$H = D absorbiert im Resonanzbereich der Protonen nicht).

42.7.3 Messung und Anwendung

Zur Messung wird eine Lösung der Probensubstanz in einem Meßröhrchen in das Magnetfeld gebracht. Man benötigt etwa 0,5 - 1 ml Lösung, die ca. 1 - 25 mg Substanz enthalten sollte (abhängig von der Stärke des Magnetfeldes). Zum Ausgleich von Feldinhomogenitäten läßt man das Röhrchen während der Messung mittels einer Turbine rotieren.

Die Lösungsmittel sollten im Meßbereich möglichst nicht absorbieren. Für die ^{1}H-NMR-Spektroskopie verwendet man daher deuterierte Lösungsmittel wie $CDCl_3$, C_6D_6 oder perhalogenierte Substanzen wie CCl_4, C_6F_6. *Die NMR-Spektroskopie ist ein äußerst wichtiges Hilfsmittel zur Strukturaufklärung unbekannter Verbindungen, für Konformationsanalysen, zur Bestimmung von Reaktionsmechanismen* etc. Infolge der Entwicklung neuer Techniken wie z.B. der Fourier-Transform-Spektroskopie für kleine Probenmengen oder der Aufnahme von ^{13}C-Spektren ohne Isotopenanreicherung ist sie eine wichtige Meßmethode geworden.

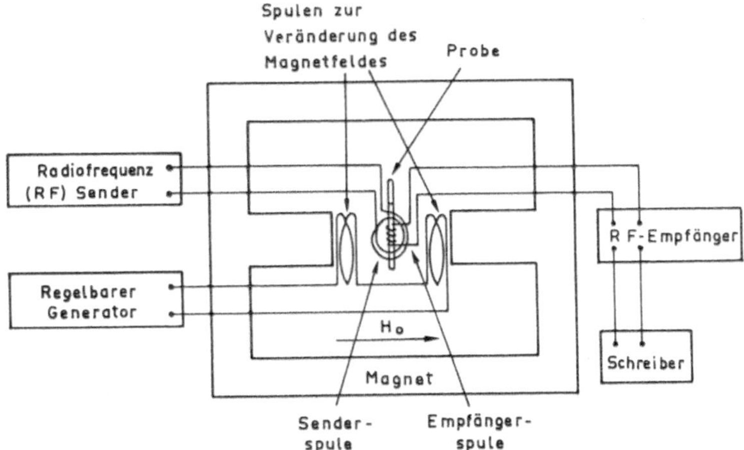

Abb. 56. Schema eines Meßgerätes für die Kernresonanz-Spektroskopie (NMR)

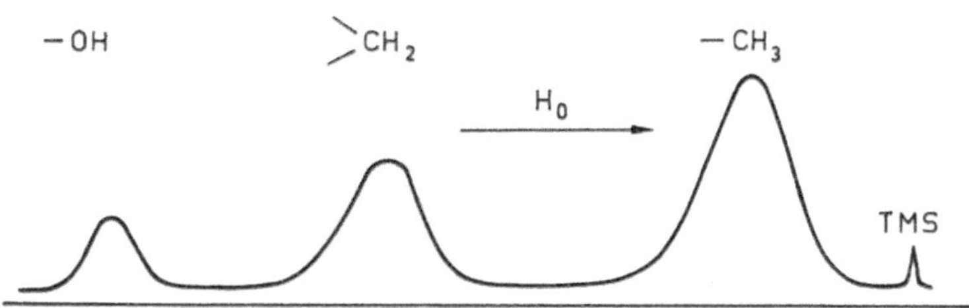

Abb. 57. NMR-Spektrum von Ethanol bei geringer Auflösung

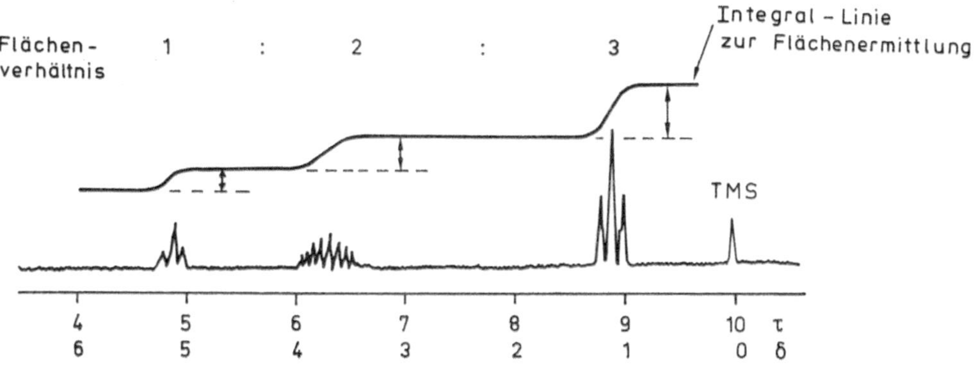

Abb. 58. NMR-Spektrum von reinstem Ethanol, CH_3-CH_2-OH

43 Zur Nomenklatur organischer Verbindungen

Es ist das Ziel der Nomenklatur, einer Verbindung, die durch eine
Strukturformel gekennzeichnet ist, einen Namen eindeutig zuzuordnen
und umgekehrt. Bei der Suche nach dem Namen für eine Substanz hat
man bestimmte Regeln zu beachten.

Einteilungsprinzip der allgemein verbindlichen IUPAC- oder Genfer
Nomenklatur:

*Jede Verbindung ist (in Gedanken) aus einem Stamm-Molekül (Stamm-
System) aufgebaut, dessen Wasserstoff-Atome durch ein oder mehrere
Substituenten ersetzt sind. Das Stamm-Molekül liefert den Hauptbestandteil des systematischen Namens und ist vom Namen des zugrunde
liegenden einfachen Kohlenwasserstoffes abgeleitet. Die Namen der
Substituenten werden unter Berücksichtigung einer vorgegebenen Rangfolge (Priorität) als Vor-, Nach- oder Zwischensilben zu dem Namen
des Stammsystems hinzugefügt.*

Trivialnamen sind auch heute noch verbreitet (vor allem bei Naturstoffen), weil die systematischen Namen oft zu lang und daher meist
zu unhandlich sind.

Stammsysteme

Stammsysteme sind u.a. die *acyclischen* Kohlenwasserstoffe, die gesättigt (Alkane) oder ungesättigt (Alkene, Alkine) sein können.

Weitere Stammsysteme sind die *cyclischen* Kohlenwasserstoffe. Auch
hier gibt es gesättigte (Cycloalkane) und ungesättigte Systeme
(Cycloalkene, Aromaten).

Das Ringgerüst ist entweder nur aus C-Atomen aufgebaut (*isocyclische*
oder *carbocyclische* Kohlenwasserstoffe) oder es enthält auch andere
Atome *(Heterocyclen)*. Ringsysteme, deren Stammsystem oft mit Trivialnamen benannt ist, sind die polycyclischen Kohlenwasserstoffe.

Cyclische Kohlenwasserstoffe mit Seitenketten werden entweder als
kettensubstituierte Ringsysteme oder als ringsubstituierte Ketten
betrachtet.

Substituierte Systeme

In substituierten Systemen werden die funktionellen Gruppen dazu
benutzt, die Moleküle in verschiedene Verbindungsklassen einzutei-
len. Sind mehrere Gruppen in einem Molekül vorhanden, so wird eine
funktionelle Gruppe als Hauptfunktion ausgewählt, und die restlichen
werden in alphabetischer Reihenfolge als Vorsilben hinzugefügt
(s. Anwendungsbeispiel). Die Rangfolge der Substituenten ist ver-
bindlich festgelegt.

Tabelle 44 und 45 enthalten hierfür Beispiele. *Beachte*: Bei den
Carbonsäuren und ihren Derivaten sind zwei Bezeichnungsweisen möglich.

Tabelle 44. Funktionelle Gruppen, die nur als Vorsilben auftreten

Gruppe	Vorsilbe	Gruppe	Vorsilbe
$-F$	Fluor-	$-NO_2$	Nitro-
$-Cl$	Chlor-	$-NO$	Nitroso-
$-Br$	Brom-	$-OCN$	Cyanato-
$-I$	Iod-	$-OR$	Alkyloxy- bzw. Aryloxy-
$=N_2$	Diazo-	$-SR$	Alkylthio- bzw. Arylthio-
$-CN$	Cyan-		

Beachte die Verwendung der Zwischensilbe -azo-:

Diazomethan: CH_2N_2 oder $CH_2=\overset{\oplus}{N}=\overset{\ominus}{\underline{N}}| \longleftrightarrow |\overset{\ominus}{CH_2}-\overset{\oplus}{N}\equiv N|$

Azomethan: $H_3C-N=N-CH_3$ (besser: Methyl-azo-methan)

Tabelle 45. Funktionelle Gruppen, die als Vor- oder Nachsilben auftreten können[*]

Verbindungsklasse	Formel	Vorsilbe	Nachsilbe	Beispiel
Kationen	$-\overset{\oplus}{O}R_2$, $-\overset{\oplus}{N}R_3$		-onium	Tetraalkyl-ammoniumchlorid
	$R-\overset{\oplus}{N}\equiv N$	-onio	-diazonium	Diazoniumhydroxid
Carbonsäure	$R-\overset{O}{\overset{\|}{C}}-OH$	Carboxy-	-carbonsäure	Cyclohexan-carbonsäure
	$R-\overset{O}{\overset{\|}{\underline{C}}}-OH$	-	-säure	Butansäure
Sulfonsäure	$R-SO_3H$	Sulfo-	-sulfonsäure	Benzolsulfonsäure
Carbonsäure-Salze	$R-COO^{\ominus}M^{\oplus}$	Metall-carboxylato	Metall-...carboxylat	Natriumbenzol-carboxylat
	$R-\underline{C}OO^{\ominus}M^{\oplus}$	-	Metall-...oat	Natriumethanoat (= Na-Acetat = Na-Salz der Essig-säure)
Carbonsäure-Ester	$R-\overset{O}{\overset{\|}{C}}-OR'$	-yloxycarbonyl	-yl...carboxylat	Ethylcyclopentan-carboxylat
	$R-\overset{O}{\overset{\|}{\underline{C}}}-OR'$	-	-yl...oat	Ethyl-ethanoat (= Ethylacetat = Ethylester der Essigsäure)
Carbonsäure-Halogenid	$R-\overset{O}{\overset{\|}{C}}-X$	Halogenformyl-	-carbonsäure-halogenid	Benzoesäurechlorid
	$R-\overset{O}{\overset{\|}{\underline{C}}}-X$	-	-oylhalogenid	Ethanoylchlorid (= Acetylchlorid)

(Links vertikal: Priorität, mit Pfeil nach unten.)

[*]Falls C-Atome in den Stammnamen einzubeziehen sind, wurden diese unterstrichen.

Tabelle 45 (Fortsetzung)

	Verbindungsklasse	Formel	Vorsilbe	Nachsilbe	Beispiel
↑ Priorität	Amide	$R-\overset{O}{\overset{\|}{C}}-NH_2$	Carbamoyl-	-carboxamid	Methan-carboxamid =
		$R-\underline{\overset{O}{\overset{\|}{C}}}-NH_2$	-	-amid	Essigsäure-amid
	Nitrile	$R-C{\equiv}N$	Cyan-	-carbonitril	Cyanwasserstoff
		$R-\underline{C}{\equiv}N$	-	-nitril	Ethan-nitril
	Aldehyd	$R-CHO$	Formyl-	-carbaldehyd	Methan-carbaldehyd
		$R-\underline{C}HO$	Oxo-	-al	Ethanal
	Keton	$\underset{R}{\overset{R'}{{>}}}C{=}O$	Oxo-	-on	Propanon
	Alkohol, Phenol und Salze	$R-OH$	Hydroxy-	-ol	Ethanol
		$R-O^{\ominus}M^{\oplus}$	-	-olat	Natrium-ethanolat
	Thiol	$R-SH$	Mercapto-	-thiol	Ethanthiol
	Amin	$R-NH_2$	Amino-	-amin	Methylamin
↓	Imin	$RR'C{=}NH$	Imino-	-imin	Iminoharnstoff

Gruppennomenklatur

Neben der vorstehend beschriebenen substituierten Nomenklatur wird
bei einigen Verbindungsklassen auch eine andere Bezeichnungsweise
verwendet. Dabei hängt man an den abgewandelten Namen des Stamm-Mole-
küls die Bezeichnung der Verbindungsklasse an (Tabelle 45 bzw. 46).

Tabelle 46. Gruppennomenklatur

Funktionelle Gruppe	Verbindungsname	Beispiel
$R-\overset{\overset{O}{\|\|}}{\underset{-}{C}}-X$	-halogenid, -cyanid	Acetyl-chlorid
$R-C\equiv N$	-cyanid	Methyl-cyanid
$\overset{R}{\underset{R'}{>}}C=O$	-keton	Methyl-phenylketon
$R-OH$	-alkohol	Isopropyl-alkohol
$R-O-R'$	-ether oder -oxid	Diethyl-ether
$R-S-R'$	-sulfid	Diethyl-sulfid
$R-Hal$	-halogenid	Methylen-dichlorid
RNH_2, $RR'NH$, $RR'R''N$	-amin	Ethylmethyl-amin $(CH_3-NH-C_2H_5)$

Anwendungsbeispiel

Gesucht: der Name des folgenden Moleküls.

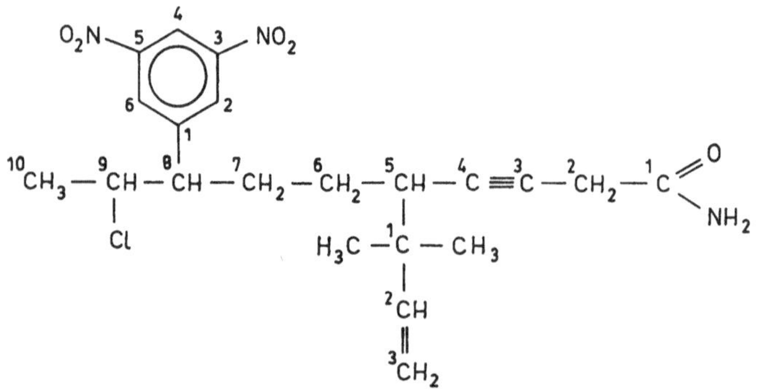

Lösung: Bei der Betrachtung des Moleküls lassen sich folgende Feststellungen treffen:

1. Die wichtigste funktionelle Gruppe ist: $-CONH_2$, -amid.

2. Das Molekül enthält eine Kohlenstoff-Kette von 10 C-Atomen: Dekan-amid.

3. Es besitzt eine Dreifachbindung in 3-Stellung: 3-Dekin-amid.

4. Die Substituenten sind in alphabetischer Reihenfolge:

   a) Chlor-Atom an C-9,

   b) 1,1-Dimethyl-2-propenyl-Gruppe an C-5,

   c) 3,5-Dinitrophenyl-Gruppe an C-8.

Ergebnis: Aus der Zusammenfassung der Punkte 1 - 4 ergibt sich als nomenklaturgerechter Name:

9-Chlor-5-(1,1-dimethyl-2-propenyl)-8-(3,5-dinitrophenyl)-3-dekin-amid.

44 Literaturnachweis und Literaturauswahl an Lehrbüchern

(1) Allgemeine Lehrbücher

Allinger N L, Cava M P, Jongh D C De, Johnson C R, Lebel N A, Stevens
    C L (1971) Organic chemistry. Worth Publishers, New York
Beyer H (1976) Lehrbuch der organischen Chemie. Hirzel, Stuttgart
Breitmaier E. Jung G (1983) Organische Chemie, Bd I und II. Thieme,
    Stuttgart
Christen H R (1970) Grundlagen der organischen Chemie. Sauerländer-
    Diesterweg-Salle, Aarau Frankfurt
Hauptmann S, Graefe J, Remane H (1976) Lehrbuch der organischen Chemie.
    Deutscher Verlag für Grundstoffindustrie, Leipzig
Hendrickson J B, Cram D J, Hammond G S (1970) Organic Chemistry.
    McGraw-Hill, New York
Morrison R T, Boyd R N (1974) Lehrbuch der organischen Chemie. Verlag
    Chemie, Weinheim ·
Streitwieser A Jr, Heathcock C H (1976) Introduction to organic
    chemistry. Macmillan, New York
Ternay A L Jr (1979) Contemporary organic chemistry. Saunders, Phila-
    delphia
Vollhardt KPC (1987) Organic chemistry, Freeman, New York

(2) Kurzlehrbücher

Eberson L (1974) Organische Chemie Bd I, II. Verlag Chemie, Weinheim
Freudenberg K, Plieninger H (1977) Organische Chemie. Quelle & Meyer,
    Heidelberg
Heyns K (1970) Allgemeine organische Chemie. Akademische Verlags-
    gesellschaft, Frankfurt
Kaufmann H (1974) Grundlagen der organischen Chemie. Birkhäuser, Basel
Latscha H.P, Klein H (1990) Organische Chemie, Springer, Berlin,
    Heidelberg, New York

Schrader B (1979) Kurzes Lehrbuch der Organischen Chemie. Gruyter,
   Berlin
Wu C N (1979) Modern organic chemistry, vol I, II. Barnes & Noble,
   New York
Wünsch K H, Miethchen R, Ehlers D (1975) Organische Chemie - Grund-
   kurs. Deutscher Verlag der Wissenschaften, Berlin

(3) Sondergebiete

Autorenkollektiv (1969) Organikum. Deutscher Verlag der Wissenschaf-
   ten, Berlin
Autorenkollektiv (1972) Chemiekompendium. Kaiserlei, Offenbach
Auterhoff H (1974) Lehrbuch der Pharmazeutischen Chemie. Wissenschaft-
   liche Verlagsgesellschaft, Stuttgart
Bähr W, Theobald H (1973) Organische Stereochemie. Springer, Berlin
   Heidelberg New York
Brown H C (1975) Organic syntheses via boranes. Wiley Interscience,
   New York
Coates G E, Green M L H, Powell P, Wade K (1972) Einführung in die
   metallorganische Chemie. Enke, Stuttgart
Dose K (1980) Biochemie. Springer, Berlin Heidelberg New York
Ernest I (1972) Bindung, Struktur und Reaktionsmechanismen in der
   organischen Chemie. Springer, Wien New York
Hellwinkel D (1974) Nomenklatur der organischen Chemie. Springer,
   Berlin Heidelberg New York
Kagan H B (1972) Organische Stereochemie. Thieme, Stuttgart
Lehninger A L (1977) Biochemie. Verlag Chemie, Weinheim
Osteroth D (Hrsg) (1979) Chemisch-Technisches Lexikon, Springer,
   Berlin Heidelberg New York
Shreve R N, Brink J A Jr (1977) Chemical process industries. McGraw-
   Hill, New York
Sund H (Hrsg) (1970) Große Moleküle. Suhrkamp, Frankfurt
Sykes P (1976) Reaktionsmechanismen der organischen Chemie. Verlag
   Chemie, Weinheim
Weissermel K, Arpe H J (1978) Industrielle organische Chemie. Verlag
   Chemie, Weinheim

Außer den genannten Lehrbüchern wurden für spezielle Zwecke weitere Monographien, Handbücher und Originalartikel herangezogen. Sie können bei Bedarf im Literaturverzeichnis der größeren Lehrbücher gefunden werden.

H. P. Latscha, H. A. Klein, K. Gulbins

Chemie für Laboranten und Chemotechniker

Allgemeine und Anorganische Chemie

2., korr. Aufl. 1992. XII, 332 S. 87 Abb. 26 Tab.
38 Formeln. Brosch. DM 38,–
ISBN 3-540-55164-6

Das dreibändige Werk **Chemie für Laboranten und Chemotechniker** ist inhaltlich und didaktisch speziell auf die Erfordernisse der in Ausbildung stehenden Chemie-, Physik-, und Biologielaboranten sowie auf die Weiterbildung zum Chemotechniker ausgerichtet. Auch die korrigierte 2. Auflage von Band 2 **Allgemeine und Anorganische Chemie** orientiert sich ausnahmslos an der Neuordnung der Berufsausbildung zum Chemielaboranten.

H. P. Latscha, H. A. Klein, K. Gulbins

Chemie für Laboranten und Chemotechniker

Analytische Chemie

1989. XI, 411 S. 132 Abb. 30 Tab. 86 Formeln. Brosch.
DM 46,– ISBN 3-540-50137-1

Der Band **Analytische Chemie** vervollständigt die Reihe
Chemie für Laboranten und Chemotechniker. Die
„Neuordnung der Ausbildungsberufe zum Chemielaboranten / zur Chemielaborantin" vom Dezember 1986
weist der analytischen Chemie einen erweiterten Rahmen
zu. Insbesondere wurde das Gebiet der instrumentellen
Analytik stärker betont. Die klassischen Verfahren der
qualitativen chemischen Naßanalyse und der herkömmli-
chen quantitativen Analytik, wie Gravimetrie und Volu-
metrie, werden gleichwohl auch in der neu geordneten
Berufsausbildung für Chemielaboranten beibehalten. Die
Autoren führen in Übereinstim-
mung mit den Erfordernissen
der Neuordnung der Berufsausbildung von Chemielaboranten
die wichtigsten Analysenverfah-
ren, mit denen Chemielaboranten im Laufe ihrer Ausbildung
und während ihres Berufes
vertraut sein müssen, ein.

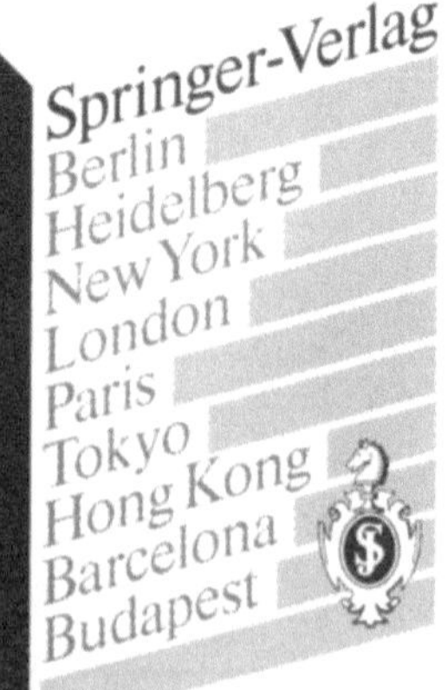

Springer-Verlag und Umwelt

Als internationaler wissenschaftlicher Verlag sind wir uns unserer besonderen Verpflichtung der Umwelt gegenüber bewußt und beziehen umweltorientierte Grundsätze in Unternehmensentscheidungen mit ein.

Von unseren Geschäftspartnern (Druckereien, Papierfabriken, Verpackungsherstellern usw.) verlangen wir, daß sie sowohl beim Herstellungsprozeß selbst als auch beim Einsatz der zur Verwendung kommenden Materialien ökologische Gesichtspunkte berücksichtigen.

Das für dieses Buch verwendete Papier ist aus chlorfrei bzw. chlorarm hergestelltem Zellstoff gefertigt und im ph-Wert neutral.

Systematik der Stoffklassen

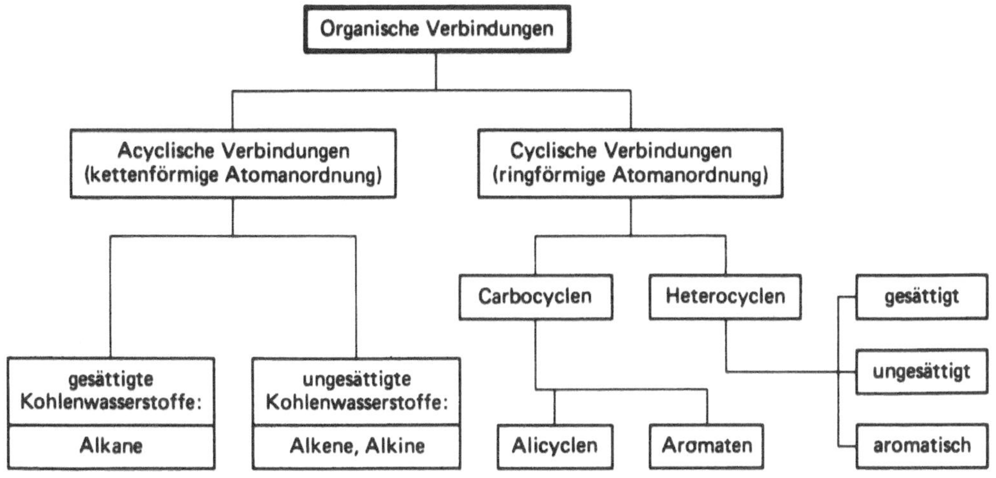

Aufteilung der Untergruppen

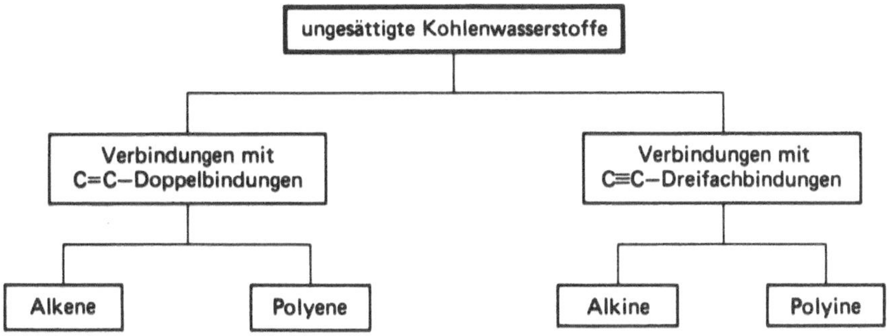

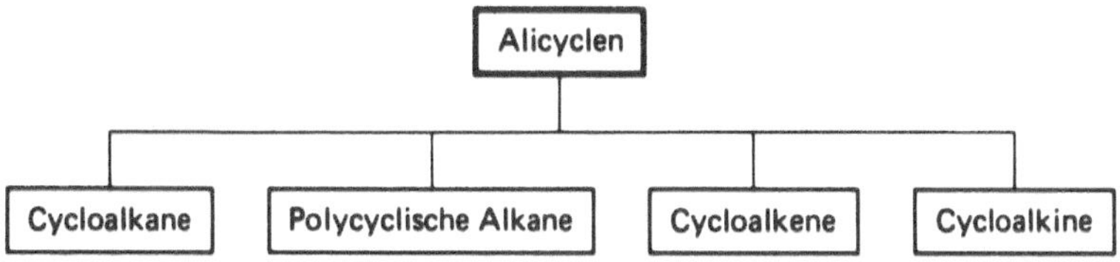

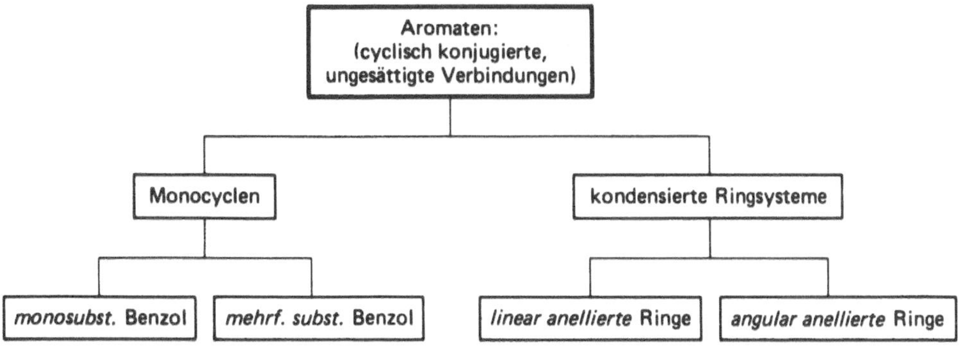